空气质量模型：从入门到实践

伯　鑫　等著

中国环境出版集团 · 北京

图书在版编目（CIP）数据

空气质量模型：从入门到实践/伯鑫等著. —北京：中国环境出版集团，2022.9（2024.9 重印）

ISBN 978-7-5111-5314-2

Ⅰ. ①空… Ⅱ. ①伯… Ⅲ. ①环境空气质量—质量模型 Ⅳ. ①X823

中国版本图书馆 CIP 数据核字（2022）第 167227 号

审图号：GS（2022）2659 号

责任编辑 李兰兰
封面设计 宋 瑞

出版发行 中国环境出版集团
（100062 北京市东城区广渠门内大街 16 号）
网 址：http://www.cesp.com.cn
电子邮箱：bjgl@cesp.com.cn
联系电话：010-67112765（编辑管理部）
发行热线：010-67125803，010-67113405（传真）
印 刷 北京中科印刷有限公司
经 销 各地新华书店
版 次 2022 年 9 月第 1 版
印 次 2024 年 9 月第 2 次印刷
开 本 787×1092 1/16
印 张 12.5
字 数 255 千字
定 价 48.00 元

【版权所有。未经许可，请勿翻印、转载，违者必究。】
如有缺页、破损、倒装等印装质量问题，请寄回本集团更换。

中国环境出版集团郑重承诺：
中国环境出版集团合作的印刷单位、材料单位均具有中国环境标志产品认证。

内容简介

根据学科发展和教学要求，本书系统介绍了源清单、碳排放、气象数据处理、地形数据处理、地表参数处理、空气质量模型模拟、后向轨迹模型计算等基本知识和操作步骤，总结了模型在环评、环评技术复核、微生物气溶胶、企业污染预报等方面的方法及案例应用。

本书可作为高等院校环境科学、环境工程、环境管理、大气科学等专业的教学参考书，也可作为环评从业人员的《环境影响评价技术导则　大气环境》推荐模型培训教材，还可供科研院所以及环境管理部门的科研人员参考。

学习须知

读者开始学习本书之前，请注意如下提示：

1．本书主要针对排放清单、空气质量模型初级入门者，强调实际操作和应用。

2．本书的 QQ 学习群，QQ 群号：477687452、515553577，欢迎读者加入。

3．读者开展模型在线视频学习，可扫描封面二维码或者访问 https://appfaw3duvv1673.h5.xiaoeknow.com/。

前　言

本书系统讲解了大气污染源排放清单编制、碳排放清单编制、气象数据处理、地形数据处理、地表参数处理、空气质量模型模拟、后向轨迹计算等过程，并介绍了空气质量模型在我国环评、环评技术复核、微生物气溶胶模拟、大气污染快速效果评估等方面的应用案例。本书的读者对象是没有任何空气质量模型经验的初学者，本书旨在让初学者快速学会源清单编制—气象数据处理—地形数据处理—空气质量模拟等内容，迅速掌握空气质量模型基本概念，以便能够正确开展空气质量建模工作。本书可作为高校环境类专业的教学用书，也可供从事环保工作的技术人员、环保管理者参考。

本书分为14章，主要内容包括源清单编制、地面气象数据处理、常见地形数据下载及绘图、地表参数AERSURFACE系统案例、估算模型AERSCREEN案例、预测模型AERMOD案例、HYSPLIT后向轨迹模式应用案例、空气质量模拟结果验证案例、2018版大气环评导则技术复核研究——以垃圾焚烧厂为例、AERMOD模型在建设环评中的应用案例、基于气象大数据的环评技术复核研究、基于算法的大气污染模拟快速效果评估、特殊情景下（2020年2—10月）河北省典型钢铁企业大气污染影响、含菌气溶胶扩散对人群的潜在影响风险。本书重点强调基本操作，注重理论与实际的结合。本书的研究成果得到了国家自然科学基金项目（72174125）、中央高校基本科研业务费（buctrc202133）、国家重点研发计划项目（2019YFE0194500）、欧盟地平线2020项目（870301）、清洁高效燃煤发电与污染控制国家重点实验室/国家能源火力发电节能减排与污染控制技术研发（实验）中心开放课题（D2020Y004-2）等课题的支持。

本书主要基于作者团队、合作团队的相关研究成果，由伯鑫策划并统稿。第1章由伯鑫、桑敏捷、尤倩、阮建辉、翟文慧、贾敏撰写；第2章由王骏、李昶撰写；第3章由宛如星、汤铃、伯鑫撰写；第4章由伯鑫、尤倩、李洪枚撰写；第5章由屈加豹、雷团团撰写；第6章由吴成志、马煊怡、王超、程吉撰写；第7章由王成鑫、楚英豪撰写；第8章由阮建辉、汤铃撰写；第9章由伯鑫、马岩、康明雄、崔磊、王彤、李时蓓撰写；第10章由崔磊、郭治敏撰写；第11章由伯鑫撰写；第12章由伯鑫、崔建升、桑敏捷、王鹏、郭静撰写；第13章由伯鑫、陈雷、王鹏、王成鑫、杨朝旭、贾敏、刘健佑撰写；第14章由伯鑫、袁文燕、王鹏、郭静、杨朝旭、常象宇、张金良、田军、王刚、马岩撰写。马啸天、宛如星、郭静、黄鑫磊、王年禧、李建晖参与了本书文字校核工作，宛如星、黄鑫磊、屈加豹、雷团团、桑敏捷、尤倩、朱荣杰、王刚参与了本书的案例测试工作。特别感谢潘鹏高级工程师对本书出版的长期支持。

由于研究条件和作者能力有限，加上时间仓促，本书不足之处在所难免，敬请同行专家、读者批评指正。

伯　鑫

2022年6月

目　录

第1章
源清单编制

1.1 排放清单综述

1.1.1 大气污染物清单综述

大气污染物的排放清单是对某区域尺度范围及某一时间段内的一种或多种大气污染物排放源的排放量进行估算的结果集合，可以直观体现出此地区及时间段内的各类污染源排放状况，是大气环境研究、分析及管理的基础部分。

欧美国家早在20世纪80年代就建立了完善的大气污染源排放清单编制技术体系，国内外研究学者近年来才逐步建立了多个包含我国在内的东亚地区排放清单。Streets等（2003）为帮助TRACE-P（Transport and Chemical Evolution over the Pacific，太平洋上空的运输和化学演化）计划和支持ACE-Asia（Asian Pacific Regional Aerosol Characterization Experiment，亚太区域气溶胶表征实验）观测实验，编制了排放基准年为2000年，分辨率为0.1°×0.1°的TRACE-P人为源大气清单，其中，中国为亚洲地区大气污染物排放量最大的国家。Zhang等（2009）为支持INTEX-B（Intercontinental Chemical Transport Experience-Phase B，洲际化学品运输体验-B阶段）计划，基于TRACE-P清单，使用2004—2006年各国能源统计数据，建立了分辨率为0.5°×0.5°的2006年亚洲部分地区排放清单，加入了新能源技术影响分析，研究了东亚地区污染物的传输模式及排放污染新特征。

Ohara等（2007）基于历史统计数据及估算数据，建立了亚洲部分地区1980—2020年分辨率为0.5°×0.5°的大气污染物排放清单REAS1.1（Regional Emission Inventory in Asia，亚洲区域排放清单）。Kazuyo等（2008）使用REAS清单数据，进行了多种排放情景下对流层臭氧未来浓度分布的模拟，分析各污染物排放量对臭氧浓度的影响情况。Kurokawa等（2013）将REAS1.1版本更新到REAS2.1版本，分析得出大气污染物排放量及增长速率最大和第二大的国家分别是中国和印度；REAS2.1清单将REAS1.1清单中所用的2003—2008年基础数据由估算数据替换为统计年鉴中的基础能源消耗数据，也增加了污染控制新技术的推广应用对排放因子的影响分析；目前该清单的部分数据内容已用于东亚模式比较计划（MICS-Asia）。Kurokawa等（2020）之后又将其更新为REAS3版本，分析了 1950—2015 年亚洲部分地区大气污染物排放的长期趋势，提供了各国分辨率为0.25°×0.25°的月度网格排放量数据。

清华大学于2010年开始致力于建立中国多尺度排放清单，并于2012年开发了第一代数据产品MEIC（Multi-resolution Emission Inventory for China，中国多尺度排放清单模型），构建了较为完善、统一的源分类及分级体系和排放因子数据库，并实现了排放清单的实时化动态计算与在线下载；2015年在原有基础上，升级发布了MEICv1.2，2018年更新为MEICv1.3。针对《大气污染防治行动计划》（简称“大气十条”）实施以来大规模污染治理对排放变化的影响进行了精细化模拟表征，清单数据更新至2017年。Liu等（2020）使用MEIC清单数据研究了1990—2015年大气污染物人为排放源贡献的污染物中细颗粒物（$PM_{2.5}$）的变化情况及其对人群健康的影响，并分析阐明了这一时间段内有关转变背后的驱动因素。

作者团队伯鑫、蔡博峰、高阳等结合全国重点污染源在线监控数据、环评数据、排污许可数据、统计年鉴、调研数据等，建立了全国分层网格化的污染源排放数据库，开发了多部门、多年度、不同分辨率、不同空间尺度、多化学组分的全国大气污染物与碳排放清单（CHRED 3.0A，China High Resolution Emission Database），实现了与空气质量模型的无缝对接，为环评、科研、环境管理等提供了坚实的数据基础和技术支持。

作者团队基于全国范围内火电在线监测（CEMS）、环境统计和排污许可等数据，提出一种自下而上逐企业建立中国火电行业排放清单的方法，自下而上编制了2014—2018年中国高分辨率火电行业排放清单。

作者团队根据企业调研、污染源调查、CEMS等数据，自下而上建立了2012年、2015年、2018年中国高时空分辨率钢铁行业大气污染物排放清单（HSEC），并使用空气质量模型定量模拟了对大气环境污染的贡献情况。

作者团队基于企业在线监测等数据，自下而上建立了2018年中国高时空分辨率水泥行业大气污染物排放清单（High Resolution Cement Emission Inventory for China，HCEC）。北京化工大学伯鑫教授实验室基于中国民用航空局飞机起降数据、机队配置数据和国际民用航空组织（ICAO）飞机发动机排放因子数据库等数据，自下而上编制了中国民用航空机场高分辨率飞机起飞着陆（LTO）循环大气污染物及碳排放清单（HAEC，2020），在此基础上深入探究了中国民用航空机场大气污染物和碳排放时空分布特征。伯鑫团队开发了一系列排放清单（相关排放清单下载地址：https://www.ieimodel.org/），为区域空气质量模型提供了精确的大气污染源排放参数，并为空气质量达标规划、减污降碳、污染源解析、污染预报预警等提供了有力的数据基础和技术支持。

1.1.2　碳排放清单综述

大气环境中温室气体不断积累引起的全球气候变暖现象，危害自然生态系统平衡，并严重影响人类生存环境，而能源生产和消费活动是我国温室气体的重要排放源。我国已将气候变化调控纳入生态规划管理内容，致力于发展低碳社会建设和低碳经济体系规划，积极开展温室气体评估和管控工作。白卫国等（2013）总结分析了《省级温室气体清单编制指南》等对我国城市温室气体清单编制的适用性和局限性，并与国外城市温室气体清单方法进行了对比分析。我国于 2004 年编制完成了 1994 年国家温室气体排放清单，2010 年启动低碳城市试点，已有学者在试点城市编制完成了温室气体排放清单（Cai et al.，2019）。我国的温室气体评估工作起步较晚，但发展迅速，计划于 2030 年实现 CO_2 排放总量达峰并争取尽早实现这一目标，这对碳排放量评估提出了更高的要求。

目前已有学者进行国内外城市碳排放有关研究，Li 等（2019）从社会意识和生活方式出发，对我国家庭碳排放进行研究，结果显示，家庭生活使用消耗、食品物资消费及交通出行是影响家庭碳排放的主要因素。Lin 等（2013）利用排放因子法对中国和芬兰两个国家的城市居民生活碳排放分别进行核算并针对排放差异进行比较分析。Keiichiro 等（2020）基于统计数据，构建了日本 1 172 个城市的家庭碳排放清单，对碳足迹进行分析研究。詹梨苹等（2020）参照联合国政府间气候变化专门委员会（IPCC）指南，对四川雅安某社区 2015—2017 年的碳排放进行核算分析研究并提出不同功能建筑的碳排放强度存在明显差异。覃小玲（2019）基于 IPCC 清单编制方法，建立了惠州市工业源温室气体排放清单，并研究分析了排放强度较大的行业源及生产使用的燃料中贡献最大的类型。黄国华等（2019）运用清单法与情景法编制了湖北省碳排放清单，分析了省内未来碳减排潜力。孟凡鑫等（2019）基于世界资源研究所（WRI）及世界可持续发展工商理事会（WBSCD）推荐的城市碳排放核算方法，编制了我国“一带一路”沿线 37 个节点城市 2005 年、2012 年、2015 年的 CO_2 排放清单，系统分析了各城市排放特征。Cai 等（2018）开发了中国城市区域边界划分方法，综合排放源与官方统计数据，构建了 2012 年京津冀地区高分辨率排放清单，分析研究了碳排放现状，为碳减排规划方案决策提供支持。

另有学者从行业类别出发，就农业、工业、交通运输业等单个人为碳排放源排放量及核算方法展开分析研究。

1.2 单个面源排放清单编制案例

1.2.1 单个加油站活动水平获取

加油站活动水平包括汽油销售量、柴油销售量和油气控制水平。本案例采集了2017年某加油站的汽油和柴油销售量（汽油销售量3 484 t/a，柴油销售量2 377 t/a），主要通过现场调查和市级经信部门获取。加油站 VOCs 主要产生来源为卸油、加油过程，也有少量来源于储油罐油气储存的呼吸损失。卸油过程，主要是因为油罐车向储罐内卸油时，罐内液面上升，油蒸气经通气管排向大气；加油过程中，加油枪与油箱口非密切接触，大量的油气从油箱口排出。加油站油气回收系统主要为一次油气回收系统、二次加油油气回收系统和三次油气排放处理装置。油气回收效率对排放量影响极大，3种系统的去除效率见表1-1，本案例加油站的油气去除系统为二次油气回收。

表1-1 3种油气回收措施的去除效率

	一次油气回收	二次油气回收	三次油气回收
去除效率/%	50	80	90

1.2.2 单个加油站排放因子获取

生态环境部发布了两个加油站油气排放国家标准，即《加油站大气污染物排放标准》（GB 20952—2020）和《储油库大气污染物排放标准》（GB 20950—2020）。标准规定了加油站油气排放控制要求、排放限值和大气污染物监测方法等，可指导加油站 VOCs 排放因子的测量和选取，本案例中的清单计算只考虑作为主要排污环节的加油过程和卸油过程。

排放因子的选取应首先使用实测法，主要污染物的主要排放过程为加油过程和卸油过程，对其展开测试，得到加油站相对准确的排放水平。也可采用加油站在线监测系统的检测值计算排放因子。若不方便实测，且加油站没有在线监测系统，可采用物料衡算法和检索排放系数法，结合控制措施计算得到排放源的排放系数。本书采用检索排放系数法，从《城市大气污染源排放清单编制技术手册（2018）》中检索到油气储运污染物产生系数（见表1-2）。

表 1-2　加油站排放因子

燃料/产品	单位	VOCs 排放因子
汽油加油站	g/kg 油品	3.24
柴油加油站	g/kg 油品	0.08

1.2.3　单个加油站常规污染物排放量计算

本书采用排放因子法，计算加油站大气污染物排放量。

计算公式为

$$E = [A \times \mathrm{UEF}_1(1-\eta) + B \times \mathrm{UEF}_2] / 1\,000 \tag{1-1}$$

式中：E——加油站 VOCs 排放量，t/a；

A——汽油销售量，t/a；

UEF_1——汽油 VOCs 排放因子，本案例中取 3.24 g/kg（kg/t）；

η——加油站油气回收系统去除效率，取 80%；

B——柴油销售量，t/a；

UEF_2——柴油 VOCs 排放因子，取 0.08 g/kg（kg/t）。

综上，本案例中加油站的排放量计算过程及结果如下：

$$E = \frac{3\,484 \times 3.24 \times (1-80\%) + 2\,377 \times 0.08}{1\,000} = 2.45\ \text{t/a} \tag{1-2}$$

1.3　碳排放计算

1.3.1　火电行业碳排放计算

火电行业进行发电和供热过程中，CO_2 排放主要源自化石燃料燃烧。其计算公式为

$$E_{i,j} = \mathrm{EF}_{i,j} \times A_{i,j} \tag{1-3}$$

式中：i——发电机组；

j——燃料类型；

EF——不同燃料类型的 CO_2 排放因子（固体和液体燃料单位为 g/kg，气体燃料单位为 g/m^3）；

A——活动水平，对应化石燃料的燃料消耗（固体和液体燃料单位为 kg，气体燃料单位为 m^3），为年度数据（由生态环境部提供；未公开数据）；

E——估计的排放量，g。

通过计算所消耗燃料的碳含量，估算 CO_2 的排放因子。不同燃料的燃烧源 CO_2 排放因子借鉴 IPCC 的方法进行折算：

$$\mathrm{EF}_j = \mathrm{CA} \times \mathrm{O} \times H_j \times 44/12 \quad (1\text{-}4)$$

式中：CA——燃料的碳含量，kg/GJ；

O——燃料的氧化率，%；

H——热值（固体和液体燃料单位为 kJ/g，气体燃料的单位为 MJ/m^3），每种燃料类型热值数据均来自国际能源署（IEA）；

44/12——CO_2 与碳的分子重量比。

1.3.2　水泥行业碳排放计算

水泥行业生产熟料过程中，CO_2 排放主要源自生产过程和燃料燃烧。过程源 CO_2 排放主要源自石灰石的分解，燃烧源 CO_2 排放主要源自煤炭燃烧。其计算公式为

$$E_{f,p,m} = \mathrm{EF}_{f,p,m} \times A_{f,p,m} \quad (1\text{-}5)$$

式中：f——水泥生产机组；

p——排放工序（生产过程或燃料燃烧）；

m——月份；

EF——排放因子，分为过程排放因子和燃料燃烧排放因子，过程排放因子定义为每单位熟料生产的排放量（g/kg），燃料燃烧排放因子定义为单位能源消耗（g/kg）的排放量；

A——活动水平，对应生产过程熟料产量（kg）或燃料消耗（kg），为年度数据（由生态环境部提供；未公开数据），并按每月省级熟料产量分配到月维度；

E——估计排放量，g。

其中不同水泥窑的过程源 CO_2 排放因子来源于已有的研究，不同燃料的燃烧源 CO_2 排放因子借鉴 IPCC 的方法进行折算：

$$\mathrm{EF}_{\mathrm{CO_2},f} = \mathrm{CA}_f \times \mathrm{O}_f \times H_f \times 44/12 \quad (1\text{-}6)$$

式中：f——水泥生产机组；

CA——燃料的碳含量，kg/GJ；

O——燃料的氧化率，%；

H——热值（固体或液体燃料单位为 kJ/g，气体燃料的单位为 MJ/m^3）；

44/12——CO_2 与碳的分子重量比；

EF_{CO_2}——估计的燃料源 CO_2 排放因子（固体或液体燃料单位为 g/kg，气体燃料单位为 g/m^3）。

这些 CO_2 燃料排放因子来源于已有文献。

1.3.3 钢铁行业碳排放计算

钢铁行业电炉工序生产过程中，CO_2 排放主要源自生产过程中的化学反应过程，主要包含电炉炼钢过程中消耗电极过程的 CO_2 排放。其计算公式为

$$E_{i,m} = \mathrm{EF}_i \times A_{i,m} \tag{1-7}$$

式中：i——应用电炉设备生产粗钢的企业；

m——生产月份；

EF——排放因子，即每单位电炉钢生产的 CO_2 排放量，g/kg；

A——活动水平，对应电炉钢产品产量，数据尺度为年度数据（由生态环境部提供；未公开数据），并按每月省级粗钢产量同比例分配到月维度（数据来源于《中国统计年鉴》）；

E——估计排放量，g。

其中钢铁行业电炉工序的 CO_2 排放因子主要来源于 2019 年 IPCC 针对钢铁行业更新提供的缺省排放因子数据，取值为 0.18 t CO_2/t 产品。

1.3.4 机场碳排放计算

飞机燃油排放 CO_2 一般分为起降排放和非起降排放。本章仅对起降排放进行计算，计算公式为

$$E_{i,j} = F_{i,j} \times I \times \mathrm{LTO} \tag{1-8}$$

式中：i——飞机起降阶段，包括起飞、爬升、进近和滑行；

j——发动机机型；

F——燃料消耗量，kg；

I——排放因子，定义为单位能源消耗（g/kg）的排放量，由中国民用航空局发布的《民用航空飞行活动二氧化碳排放监测、报告和核查管理暂行办法》提供；

LTO——活动水平，对应飞机起降次数，为年度数据（由中国民用航空局提供）；

E——估计排放量，g。

$$F_{i,j} = f_{i,j} \times n \times t_i \times 60 \tag{1-9}$$

式中：n——飞机发动机个数；

t——工作时间，min，标准情况下分别为 0.7 min、2.2 min、4 min 和 26 min；

f——燃油效率，kg/s，发动机单位时间消耗的燃油量，数据来源于国际民用航空组织（ICAO）。

第 2 章 地面气象数据处理

2.1 概述

地面气象数据是空气质量模型不可或缺的基本参数，但随着气象部门地面气象观测业务改革的不断深化，地面气象观测流程和采集到的地面气象数据规格相较 20 年前已发生较大变化，观测使用的技术方法和气象业务标准也在不断更新，这给环保从业者的工作开展带来了新的难度。为了便于读者对气象部门现行地面气象观测业务的理解，本章将从地面气象观测网络、地面气象数据规格、数据来源、要素种类、质量控制流程和基本的数据处理方法等几个方面进行详细介绍，以期能为空气质量模拟相关工作带来一定的帮助。

地面气象数据一般指的是由地面气象观测站对地球表面一定范围内的气象状况及其变化过程进行系统地、连续地监测、收集，并经过严格的质量控制的气象观测记录。在我国，地面气象数据的实时采集是通过气象部门在国境内架设的地面气象观测网络实现的。各类气象要素，如气温、相对湿度、风、降水、能见度、气压、云量等，通过地面气象观测网络定时传输至中国气象局，经过严格的质量控制后再通过各种渠道分发给政府部门、企事业单位、科研机构使用。

中国地面气象观测网络由各级地面气象观测台站组成。根据承担的观测任务和作用不同，可分为国家气候观象台（也称作国家基准气候站）、国家气象观测站和区域气象观测站（也称作加密气象观测站）3 类，其中国家气候观象台和国家气象观测站合称为国家级地面气象观测站。

国家气候观象台是对地球气候系统多圈层及其相互作用开展长期、连续、立体和综合观测的平台，用于获取具有代表性、准确性和比较性的气候基准资料。

国家气象观测站是国家获取基本气象观测资料的平台，根据业务性质不同分为一级站（国家基本气象站）和二级站（国家一般气象站）。一级站承担着国家气象综合观测任务，为全国的天气预报和服务提供基本气象观测资料；二级站是一级站的重要补充，主要承担国家基本气象观测任务和根据地方服务需要承担其他观测任务。

区域气象观测站是根据中小尺度灾害性天气预警，大中城市、特殊地区和专属经济区的气象和环境预报服务需要，在国家级观测站布局的基础上，根据当地经济社会发展需要建设的观测站，是国家气象观测站的重要补充。

目前，我国共有 2 423 个国家级地面气象观测站，近 7 万个区域气象观测站，其中国家级地面气象观测站的平均站间距约为 70 km，区域气象观测站的平均站间距约为 25 km。

根据现行业务规定，气象部门会对国家级地面气象观测站实时观测数据从数据完整性、及时性、可用性等维度进行更为严格的考核。中国气象局 2019 年统计公报显示，全国国家级地面气象观测站设备稳定运行率为 99.99%，地面气象观测质量综合指数为 99.92%。无论是观测设备的稳定运行程度，还是观测数据的质量，国家级地面气象观测站观测数据相对于区域气象观测站数据具备更大的优势，所以在气象部门的日常业务、对外服务、科研项目中也往往以国家级地面气象观测站的观测数据为基准，区域气象观测站的观测数据作为辅助参考使用。因此，建议读者在进行空气质量模拟时也尽可能采用国家级地面气象观测站采集的气象数据。

过去，国家级地面气象观测站需要配备专业的气象观测员从事人工定时观测、人工连续观测天气现象、地面气象观测日常值班、重要天气报编发等观测任务。自 2020 年 4 月 1 日起，我国地面气象观测迈入全面自动化时代，过去需要通过人工观测的云量、能见度和天气现象等要素均实现了自动化观测，观测频次比人工观测提高 4～8 倍，其中云观测站点数较过去增加了 3 倍。

2.2 地面气象要素介绍

相较区域气象观测站，国家级地面气象观测站对观测场地和观测环境的要求更高，承担的气象要素观测项目也更多，如空气温度和湿度、风向和风速、降水、日照、气压、能见度、云、蒸发、地表温度、浅层和深层地温、辐射、天气现象等。而区域气象观测站一般采取自动气象站布设，多为两要素气象站（空气温度和降水）或四要素气象站（空气温度、降水、风速和风向），部分站点会增加气压和相对湿度的观测。

地面气象观测数据中比较常见的几类气象要素介绍如下。

（1）风。

风指的是空气的流动现象，在地面气象观测中测量的是空气相对于地面的水平运动，用风向和风速表示。在现行地面气象观测业务中，地面气象观测站测定的是距离地面 10 m 高度处的风速和风向，具体观测项目有 5 类，分别是 2 min 平均风速和风向、10 min 平均风速和风向、瞬时风速和风向、最大风速和风向、极大风速和风向。

地面逐小时气象观测数据中，2 min 平均风速和风向指的是正点前 2 min 内的平均风速和风向；10 min 平均风速和风向指的是正点前 10 min 内的平均风速和风向；瞬时风速和风向指的是正点前 3 s 内的平均风速和风向；最大风速和风向指的是过去 1 h 内 10 min 平均风速的最大值及其对应的风向；极大风速和风向指的是过去 1 h 内瞬时风速的最大值及其对应的风向。考虑空气质量模型模拟的是一定时段内平均风场背景下各类污染物的扩散状态，建议采用 10 min 平均风速和风向作为模型的基本参数。

需要注意的是，气象标准中静风指的是小于或等于 0.2 m/s 的气象条件，在地面气象数据中用“C”或“999017”特征值表示；而环境标准中，静风指的是小于或等于 0.5 m/s 的气象条件。因此，将地面风速风向观测数据输入空气质量模型前需要对静风条件进行处理。

另外，从上文的定义中可以看到，小时最大风速和小时极大风速数据是对过去 1 h 的统计回顾，这意味着某个台站 17 时发布的最大风速和极大风速，实际上是在 16 时 0 分 0 秒至 16 时 59 分 59 秒期间出现的，因此在使用这两个要素数据时也需要注意。

（2）云。

地面气象观测业务中，云的观测项目包含云量、云高、云状三大类，其中云量又分为总云量和低云量。总云量是指观测时天空被所有的云遮蔽的总成数，低云量是指天空中被低云族的云遮蔽的成数。

2014 年，中国气象局对地面气象观测业务进行调整，取消了一般气象站云的观测项目，仅保留基准气象站、基本气象站每日 3～5 次定时人工云量、云高观测，这给当时的空气质量模拟工作带来了较大的影响。但自 2020 年 4 月 1 日起，全国所有国家级地面气象观测站上线了总云量和云底高度的自动观测任务（取消低云量观测），开始对总云量和云底高度进行逐小时观测，这一升级对空气质量模拟工作有重大意义，突破了难以获得有效、完整云量数据的困境。

需要注意的是，在云量观测业务中，当天空完全为云所遮蔽，但从云隙中仍可见蓝天时，观测数据将记录为“10^-”或“11”特征值；另外，随着“云能天”自动观测仪器的普及，地面气象数据中的云量单位已经变更为百分比，而不再是成数。因此，地面云量观测数据在应用至空气质量模型前需要进行预处理。

（3）空气温度和空气湿度。

地面气象观测业务中，空气温度和空气湿度测定的是距离地面 1.5 m 高度处百叶箱内的气温和湿度，其中湿度的观测项目包含水汽压、相对湿度和露点温度 3 类。

在逐小时地面气象数据中，每个小时的气温、相对湿度、露点温度、水汽压数据均表示的是正点观测时的瞬时值。

（4）气压。

地面气象观测业务中，针对气压的观测项目有站点气压和海平面气压两类，其中站点气压指的是测站气压表或气压传感器所在高度上的气压，而海平面气压是由本站气压推算得出的海平面高度上的气压值。在逐小时地面气象数据中，每个小时的本站气压数据表示的是正点观测时的气压瞬时值。

（5）降水量。

地面气象观测业务中，降水量指的是一定时段内未经蒸发、渗透、流失的降水在水平面上积累的深度。此处的降水不仅指降雨，也包含纯雾、露、霜形成的降水，以及雪、雨夹雪等固态降水。

在逐小时地面气象数据中，小时降水量数据指的是过去 1 h 内降水量的累计值，这和最大风速、极大风速数据具备类似的特征，即某个台站 17 时发布的小时降水量数据，其实际表示的是 16 时 0 分 0 秒至 16 时 59 分 59 秒期间出现的所有降水的累计量之和。

需要注意的是，逐小时降水数据中会出现多种特征值：当小时降水量不足 0.05 mm（微量降水）时，会用“999990”来表示；当降水量为纯雾、露、霜形成的降水时，会用“9998××.×”表示，其中“××.×”为纯雾、露、霜形成的降水量；当降水量为雪等固态降水时，会用“9997××.×”表示，其中“××.×”为固态降水量；当降水量为雨夹雪等降水时，会用“9996××.×”表示，其中“××.×”为雨夹雪降水量。另外，还有一种特殊情况：在某些时段内小时降水量可能无法取值，这时最后一个无法取值的小时值后面的小时降水量用“999×××.×”表示，其中“×××.×”为无法取值时段内的累计降水量，期间无法取值的小时降水量均用“999997”表示。如果降水数据中出现上述特征值，在输入空气质量模型前请进行预处理。

2.3 地面气象数据收集

按照中国气象局印发的《气象数据管理办法》的规定，组织机构或个人可以直接向气象部门负责气象产品数据服务的业务单位提出数据申请，或通过中国气象局基本气象数据和产品的共享门户网站“中国气象数据网”下载的方式来获取地面气象数据。

目前，“中国气象数据网”每日通过国内卫星通信系统、全球通信系统收集全球和国内各类实时和非实时的气象观探测资料，面向个人、企业和科研用户提供了覆盖地面、高空、气象卫星、天气雷达、数值模式等 49 种基本气象资料和产品服务，同时提供三维台风、“一带一路”等 10 个气象大数据专题服务，能够基本满足各类科研项目的需求。

从中国气象数据网下载逐小时地面气象数据的步骤介绍如下。

（1）账号注册。

中国气象数据网的账号分为 4 种类型，分别为普通注册用户、个人实名注册用户、单位实名注册用户和教育科研实名注册用户，不同类型的账号对应不同的气象数据产品下载权限。教育科研实名注册用户可下载的气象数据产品范围最广，但申请难度较大，建议至少注册个人实名注册用户（见图 2-1）。

图 2-1　中国气象数据网账号注册

（2）气象数据产品选择。

通过网站导航栏，在“数据服务—地面资料—数据和产品”栏目下找到“中国地面气象站逐小时观测资料”（见图 2-2），该数据产品包含全国 2 200 多个国家级地面气象观测站近 7 日内的小时数据，要素包括气温、气压、相对湿度、水汽压、风速风向、降水量等，个人实名注册用户即可下载。

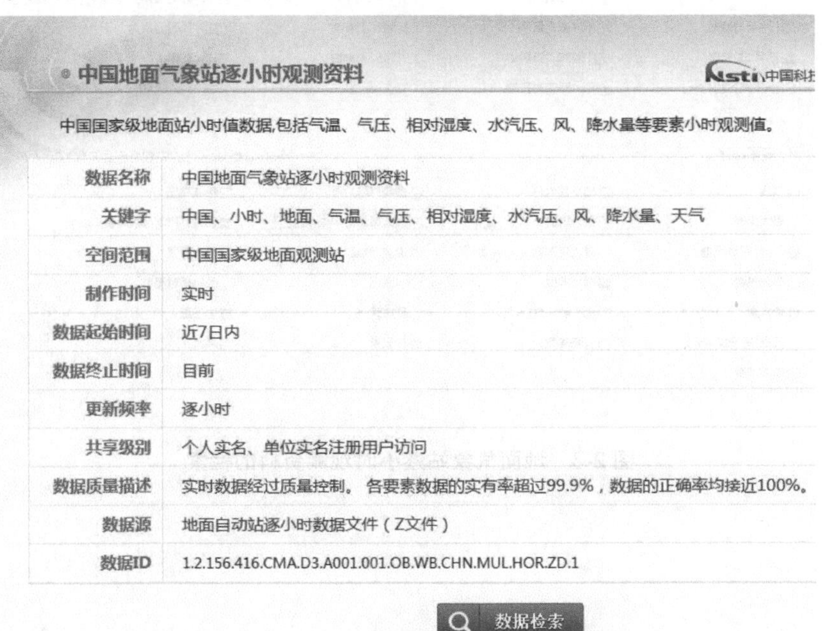
中国地面气象站逐小时观测资料

中国国家级地面站小时值数据,包括气温、气压、相对湿度、水汽压、风、降水量等要素小时观测值。

数据名称	中国地面气象站逐小时观测资料
关键字	中国、小时、地面、气温、气压、相对湿度、水汽压、风、降水量、天气
空间范围	中国国家级地面观测站
制作时间	实时
数据起始时间	近7日内
数据终止时间	目前
更新频率	逐小时
共享级别	个人实名、单位实名注册用户访问
数据质量描述	实时数据经过质量控制。 各要素数据的实有率超过99.9%，数据的正确率均接近100%。
数据源	地面自动站逐小时数据文件（Z文件）
数据ID	1.2.156.416.CMA.D3.A001.001.OB.WB.CHN.MUL.HOR.ZD.1

数据检索

图 2-2　地面气象站逐小时观测资料

（3）数据检索和下载。

点击“数据检索”，选择所需下载数据的日期范围、台站名称、气象要素种类，然后点击提交（见图 2-3）。提交后页面会显示所需下载数据的前 20 条记录，完整数据需点击“加入我的数据篮”后待后台处理完毕后下载（见图 2-4）。注意，此页面的数据时间均为世界标准时间（UTC 时间），而非北京时间，如需按照北京时间下载数据请自行换算。

数据加入数据篮后请点击“生成订单”，订单生成后一般需要 1 h 的时间供后台进行处理，处理进度可在“检索定制订单”栏目中查看。处理完成后即可在该页面下载完整数据。

图 2-3　地面气象站逐小时观测资料的检索

查询条件简述

- 数据集名称：中国地面气象站逐小时观测资料
- 日期选择：从 2021-06-29 00 到 2021-06-30 23
- 台站列表：[54511]北京
- 要素选择：区站号/观测平台标识 (字符)，年，月，日，时次，2分钟平均风向，2分钟平均风速，温度/气温，相对湿度，降水量，总云量，低云量

结果列表（999999表示缺测，999998表示未观测）　加入我的数据篮

序号	区站号/观测平台标识(字符)	年	月	日	时次	2分钟平均风向(角度)	2分钟平均风速	温度/气温	相对湿度	降水量	总云量	低云量
1	54511	2021	6	29	0	60	3	24.4	83	0	89	999999
2	54511	2021	6	29	1	95	1.7	25.6	78	0	96	999999
3	54511	2021	6	29	2	115	2	25.6	75	0	96	999999
4	54511	2021	6	29	3	127	2.4	26.9	70	0	96	999999
5	54511	2021	6	29	4	212	2	26.8	70	0	999998	999999
6	54511	2021	6	29	5	211	1.3	26.5	74	0	999998	999999
7	54511	2021	6	29	6	199	1.4	27.6	71	0	96	999999
8	54511	2021	6	29	7	67	2.5	27.4	72	0	96	999999
9	54511	2021	6	29	8	62	3.2	27.5	73	0	96	999999
10	54511	2021	6	29	9	77	3.1	25.6	80	0	89	999999
11	54511	2021	6	29	10	89	4.5	25.3	79	0	96	999999
12	54511	2021	6	29	11	86	2.2	25	81	0	96	999999
13	54511	2021	6	29	12	94	2.3	24.8	82	0	96	999999
14	54511	2021	6	29	13	62	2.7	24.2	84	0	23	999999
15	54511	2021	6	29	14	72	1.5	23.8	84	0	23	999999

图 2-4　地面气象站逐小时观测资料下载

2.4　地面气象数据质量控制

地面气象数据在分发给政府部门、企事业单位、科研机构使用或面向社会公众服务之前会进行严格的质量控制。质量控制的目的是从地面气象观测站采集到的原始观测数据中确定正确的数据记录，找出缺测数据记录、错误数据记录、可疑数据记录，并对这些数据记录做出标识或使用尽可能准确的值来代替。通过数据的质量控制，能够使数据具有更好的代表性、准确性、可比性，以便数据的国际、国内交换及共享和使用。

地面气象观测数据的质量控制分为实时质量控制和非实时质量控制两类。

实时质量控制主要是自动气象站对采样值和测量值的实时质量检查，保证原始数据记录的正确，实时质量控制方法包括采样值的可疑性检查、采样值时间一致性检查、瞬时值合理性检查、瞬时值时间一致性检查、瞬时值内部一致性检查等，由于实时质量控制在原始观测数据生成时就已通过与气象站配套安装的气象质量控制软件自动完成，不受人工干预影响，因此不再赘述。

非实时质量控制是对气象数据观测记录及统计值的质量检查，以进一步保证数据资料质量。在我国，中国气象局国家气象信息中心承担着对全国地面气象观测站观测数据的非实时质量控制工作。

地面气象观测数据记录的非实时质量控制包括气候学界限值检查、逻辑检查、气候学极值检查、内部一致性检查、时间一致性检查、空间一致性检查等。

（1）气候学界限值检查。

地面气象观测数据中的各要素观测值不能超出气候学界限值。比如本站气压的气候学界限值为 400～1 080 hPa，气温的气候学界限值为–75～80℃，露点温度的气候学界限值为–90～70℃，2 min 或 10 min 平均风速的气候学界限值为 65 m/s，瞬时风速的气候学界限值为 150 m/s，小时降水量的气候学界限值为 240 mm 等。

（2）逻辑检查。

气象观测数据中的各要素观测值应符合一定的逻辑关系。比如总云量≤100%、相对湿度≤100%、风向为 0°～360°等。

（3）气候学极值检查。

当气象观测数据超出该气象站不同月份的历史气候极值时，应进一步检查和判断。

（4）内部一致性检查。

气象观测数据中的各要素观测值应符合内部一致性关系。比如定时气温≥露点温度、总云量≥低云量、干球温度≥湿球温度、最大风速≥10 min 平均风速、极大风速≥最大风速等。

（5）时间一致性检查。

气象观测数据中的各要素观测值不能超出一定时间内的变化范围。以逐小时地面气象数据为例，气温在连续 2 h 的变化幅度不应超过 8℃，在 24 h 内的变化幅度不应超过 50℃；气压在连续 2 h 的变化幅度不应超过 10 hPa，在 24 h 内的变化幅度不应超过 50 hPa；露点温度在连续 2 h 的变化幅度不应超过 15℃；相对湿度在连续 2 h 的变化幅度不应超过 70%等。

（6）空间一致性检查。

利用与被检站下垫面及周围环境相似的一个或多个邻近气象站观测数据计算被检站要素值，对被检站观测值和计算值进行比较，比较结果超出给定的阈值，即认定被检站观测数据为可疑资料（杨代才等，2019）。

2.5 小结

地面气象数据的采集、传输、质控、整编、发布、应用以及气象数据的类型、格式、要素种类、单位量度、处理方法均严格遵循气象相关法规法律、业务标准和规范文件。因此，在处理地面气象数据的过程中如果遇到任何问题，建议访问中国气象局官方网站，在“政务公开—政策文件—法律法规标准”栏目中检索对应数据类型的气象标准文件。

基于气象标准文件中的技术方法对气象数据进行处理可以确保数据的规范性和可用性，也有助于提高空气质量模拟的准确性。

另外，随着地面气象观测全面自动化的实现，各类地面气象数据的每日更新量呈几何倍增长，数据格式也从过往的 TXT、CSV 等文本格式升级为 GRIB、NetCDF 等海量数据压缩格式，这对传统的人工数据处理方式提出了极大的挑战。因此，利用编程工具对气象数据进行快速处理、计算、统计和绘图已然成为趋势。

以 python 为例，NumPy、Pandas、SciPy 等科学计算、数据结构体算法程序库，Matplotlib、Seaborn、Basemap 等图形交互算法程序库，Magics、PyNGL、MetPy、wrf-python 等数值模式、资料同化、大气诊断算法程序库为气象数据处理和可视化提供了丰富的底层工具和技术资源，在掌握基本的编程语法后即可进行快速开发和功能实现，不仅能缩短气象数据预处理的周期、提高气象数据分析的质量、避免人工处理导致的各类错误，而且能强化与空气质量模型的技术衔接。如果读者朋友们感兴趣，可以进一步学习。

第3章 常见地形数据下载及绘图

3.1 常见地形数据产品介绍

地形是指地球表面各种形态（高低起伏），高程是描述地表起伏形态最基本的几何量（李振洪等，2018）。1958 年，学者首次提出“数字高程模型”（Digital Elevation Model，DEM）这个概念，即对地形的数字化描述。随即，DEM 作为地学分析的基础，在多个领域得到广泛应用，其发展也不断趋于精确化。目前，常见的 DEM 主要是通过全球卫星遥感、卫星测高以及船载测深等途径获取，如 GTOPO30、ETOPO 系列、GMTED2010、SRTM、ASTER GDEM 等。

（1）GTOPO30。

GTOPO30 是由美国地质勘探局（United State Geological Survey，USGS）与多家组织机构于 1996 年联合制作的分辨率为 30″（约 1 km）的全球地形数据产品，其由 8 种不同数据源拼接而成，主要来源为美国国家地理空间情报局（National Geospatial-Intelligence Agency，NGA）生产的数字地面高程数据（Digital Terrain Elevation Data，DTED）和世界数字地图（Digital Chart of the World，DCW）。

GTOPO30 系列数据可通过 USGS 官方网址（https：//earthexplorer.usgs.gov/）获取。

（2）ETOPO 系列。

ETOPO 系列主要包括 ETOPO5、ETOPO2 及 ETOPO1 数据，其网格分辨率分别为 5′（约 10 km）、2′（约 4 km）及 1′（约 1.8 km）。其中，ETOPO5 数据是美国国家海洋和大气管理局（National Oceanic and Atmospheric Administration，NOAA）与国家地球物理数据中心（National Geophysical Data Center，NGDC）于 1998 年发布的首个全球高程模型；但 ETOPO5 分辨率较低，目前逐渐被 ETOPO2 和 ETOPO1 数据所取代。

ETOPO 系列数据产品可通过美国国家海洋和大气管理局官方网址（https：//www.ngdc.noaa.gov/mgg/global/global.html）获取。

（3）GMTED2010。

GMTED2010（Global Multi-resolution Terrain Elevation Data 2010，2010 年全球多分辨率地形高程数据）是 USGS 和 NGA 发布的 GTOPO30 等 30″（约 1 km）的全球高程模型替代版本，该高程数据集具有 30″（约 1 km）、15″（约 500 m）、7.5″（约 250 m）3 种分辨率。

GMTED2010 数据可通过 USGS 官方网址（https：//earthexplorer.usgs.gov/）获取。

（4）SRTM。

SRTM（Shuttle Radar Topography Mission，航天飞机雷达地形任务）是美国多部门合作发布的地形数据产品。主要包括 SRTM v1&v2.1、SRTM v3.0、SRTM v4.1、SRTMGL3 及 X-SAR SRTM 等多个版本的数据产品，经纬度网格分辨率包括 1″、3″及 30″等，其中 SRTM v1&v2.1 在美国的分辨率为 1″（约 30 m），在其他地区为 3″（约 90 m）。

SRTM 数据可通过 USGS 官方网址（https：//earthexplorer.usgs.gov/）或 SRTM 官方网址（https：//srtm.csi.cgiar.org/）获取。

（5）ASTER GDEM。

ASTER GDEM（Advanced Spaceborne Thermal Emission and Reflection Radiometer Global Digital Elevation Model，先进星载热发射和反射辐射成像仪全球数字高程模型）是美国 NASA 和日本经济、贸易与工业部（Ministry of Economic，Trade，and Industry，METI）联合发布的地形数据产品。自 2009 年发布分辨率为 1″的 ASTER GDEM v1 版本后，于 2011 年和 2019 年分别发布了 ASTER GDEM v2 和 ASTER GDEM v3，两者分别在前一个版本的基础上新增 26 万幅和 36 万幅光学立体像对数据。

ASTER GDEM 数据可通过 USGS 官方网址（https：//earthexplorer.usgs.gov/）获取。

（6）AW3D 系列。

AW3D 是自 2014 年起，由日本宇航局（Japan Aerospace Exploration Agency，JAXA）与遥感技术中心（the Remote Sensing Technology Center of Japan，RESTEC）、日本 NTT DATA 公司联合开发的覆盖全球的数据产品，主要包括 5 m 分辨率的 AW3D Standard，0.5 m、1 m、2 m 分辨率的 AW3D Enhanced 及 30 m 分辨率的 AW3D30。

AW3D 系列数据可通过日本 NTT DATA 公司官方网址（https：//www.aw3 d.jp/）获取；同时，AW3D30 数据也可通过 JAXA Earth Observation Research Center（EORC，地球观测中心）获取：在网址（http：//www.eorc.jaxa.jp/ALOS/en/aw3 d30/registration.htm）注册后，再通过下载网址（http：//www.eorc.jaxa.jp/ALOS/en/aw3 d30/data/index.htm）获取。

（7）WorldDEM™ 系列。

WorldDEM™ 系列是德国宇航中心（DLR）与法国空中客车防务与空间公司（Airbus Defense and Space，ADS）合作发布的地形数据产品，主要包括 $\text{WorldDEM}_{\text{core}}$、

WorldDEM™、WorldDEM DTM 3 款数据产品。

WorldDEM™ 系列数据可通过 ADS 官方网址（https：//www.airbus.com/）获取。

（8）NEXTMAP 系列。

NEXTMAP 系列是由美国 Intermap 公司推出的商业化地形数据产品，主要包括 1 m 分辨率的 NEXTMAP ONE™、5 m 分辨率的 NEXTMAP 5™、（1/3）″（约 10 m）分辨率的 NEXTMAP World 10™、1″分辨率的 NEXTMAP World 30™ 4 款产品。

NEXTMAP 系列数据为商业化产品，可通过美国 Intermap 公司官方网址（https：//www.intermap.com/）获取。

（9）AIRBUS Elevation 系列。

AIRBUS Elevation 系列是 ADS 公司推出的多尺度地形数据产品，主要包括 Elevation1（1 m 格网、1.5 m 高程精度）、Elevation4（4 m 格网、2 m 高程精度）、Elevation8（8 m 格网、3 m 高程精度）、Elevation10（10 m 格网、5 m 高程精度）、Elevation30（30 m 格网、8 m 高程精度）等多款产品。

AIRBUS Elevation 系列数据可通过网址 https：//www.cloudeo.group/获取。

其余的地形数据产品还包括美国地质勘探局兰勃特数据 USGSLA、加拿大的 DMDF 和 CDED 数据产品、新西兰的 NZGEN 数据产品等，该部分数据可通过 USGS 官方网址或 CALPUFF 系统网址（http：//src.com/calpuff/data/terrain.html）获取。可根据研究需求，选择合适的数据进行下载。

3.2 地形数据下载步骤

3.1 节所提及的大部分数据产品都可从已提供的官方网址或登录 USGS 网站下载。本节分别以 SRTM3 和 GTOPO30 数据下载为例，详细阐述地形数据下载步骤。

3.2.1 SRTM3 数据下载

（1）进入网址 https：//srtm.csi.cgiar.org/（见图 3-1）。

（2）点击“SRTM Data”，进入下载管理界面。

在本界面，可根据需要进行数据产品网格分辨率和格式的选择，其中分辨率分别为 5°×5°和 30°×30°两种，数据格式分别是 Geo TIFF 和 Esri ASCII；本节选择分辨率为 5°×5°，格式为 Geo TIFF。

同时，用户需在网格化的地图中选择研究区域，选中区域后，点击“Search”进行数据搜索（见图 3-2）。

UPDATE – VERSION 4: THE SRTM DATA NOW AVAILABLE FROM THIS SITE HAS BEEN UPGRADED TO VERSION 4. THIS LATEST VERSION REPRESENTS A SIGNIFICANT IMPROVEMENT FROM PREVIOUS VERSIONS, USING NEW INTERPOLATION ALGORITHMS AND BETTER AUXILIARY DEMs. WE ARE CONFIDENT THIS IS NOW THE HIGHEST QUALITY SRTM DATASET AVAILABLE

The CGIAR-CSI GeoPortal is able to provide SRTM 90m Digital Elevation Data for the entire world. The SRTM digital elevation data, produced by NASA originally, is a major breakthrough in digital mapping of the world, and provides a major advance in the accessibility of high quality elevation data for large portions of the tropics and other areas of the developing world. The SRTM digital elevation data provided on this site has been processed to fill data voids, and to facilitate it's ease of use by a wide group of potential users. This data is provided in an effort to promote the use of geospatial science and applications for sustainable development and resource conservation in the developing world. Digital elevation models (DEM) for the entire globe, covering all of the countries of the world, are available for download on this site. The SRTM 90m DEM's have a resolution of 90m at the equator, and are provided in mosaiced 5 deg x 5 deg tiles for easy download and use. All are produced from a seamless dataset to allow easy mosaicing. These are available in both ArcInfo ASCII and GeoTiff format to facilitate their ease of use in a variety of image processing and GIS applications. Data can be downloaded using a browser or accessed directly from the ftp site. If you find this digital elevation data useful, please let us know at **csi@cgiar.org**

The NASA Shuttle Radar Topographic Mission (SRTM) has provided digital elevation data (DEMs) for over 80% of the globe. This data is currently distributed free of charge by USGS and is available for download from the National Map Seamless Data Distribution System, or the USGS ftp site. The SRTM data is available as 3 arc second (approx. 90m resolution) DEMs. A 1 arc second data product was also produced, but is not available for all countries. The vertical error of the DEM's is reported to be less than 16m. The data currently being distributed by NASA/USGS (finished product) contains "no-data" holes where water or heavy shadow prevented the quantification of elevation. These are generally small holes, which nevertheless render the data less useful, especially in fields of hydrological modeling.

Dr. Andy Jarvis and Edward Guevara of the CIAT Agroecosystems Resilience project, Dr. Hannes Isaak Reuter (JRC-IES-LMNH) and Dr. Andy Nelson (JRC-IES-GEM)

图 3-1　网站首页

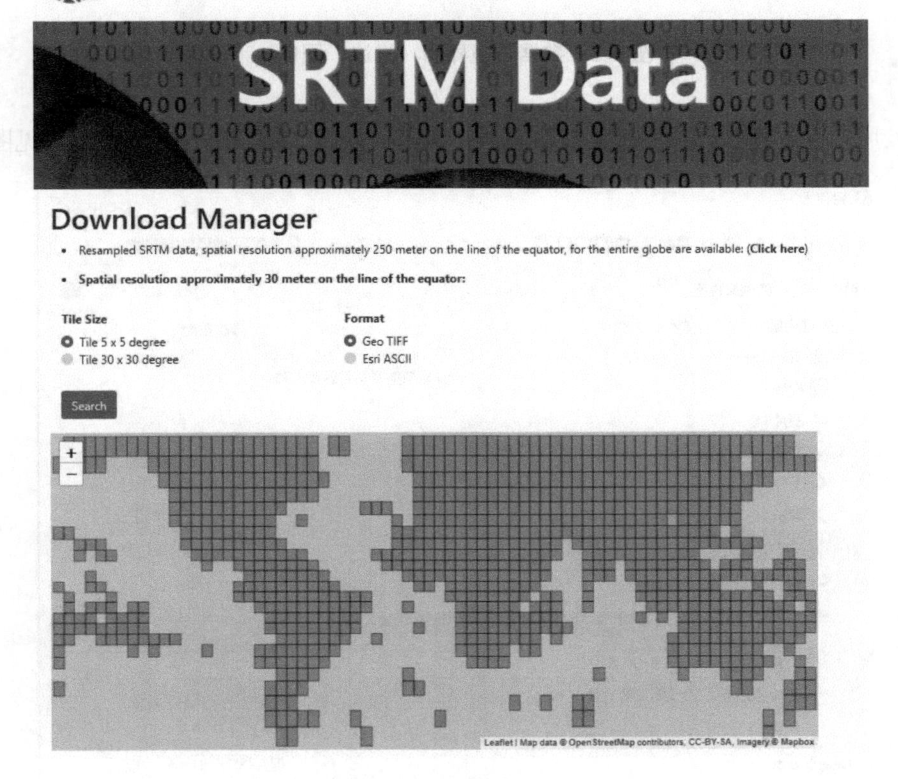

图 3-2　下载管理界面

（3）点击“Search”后，进入数据下载界面。

用户在本页可以查看所选数据的有关描述信息，包括数据名称、经纬度范围（最大、最小以及中心点位置），位置以及图像内容。

确认数据是所需数据后，点击“Download SRTM”进行数据下载（见图 3-3）。

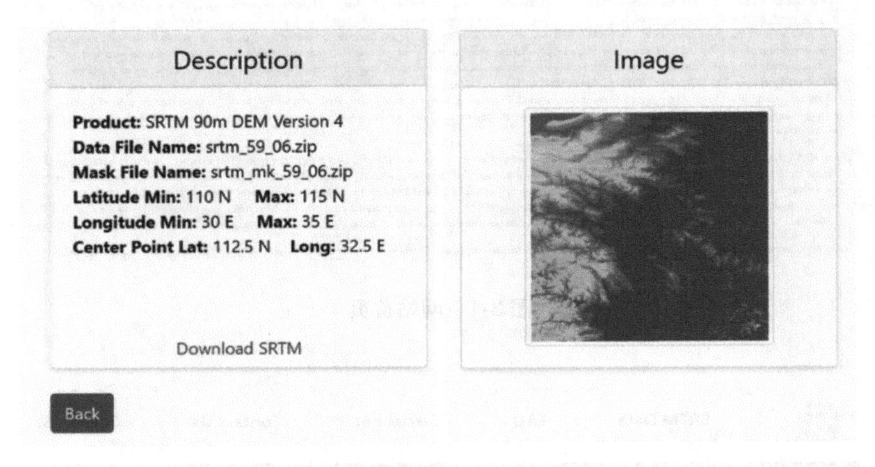

图 3-3 数据下载界面（描述、图像）

（4）用户在选择路径和进行文件命名后，点击“保存（S）”进行数据保存（见图 3-4）。

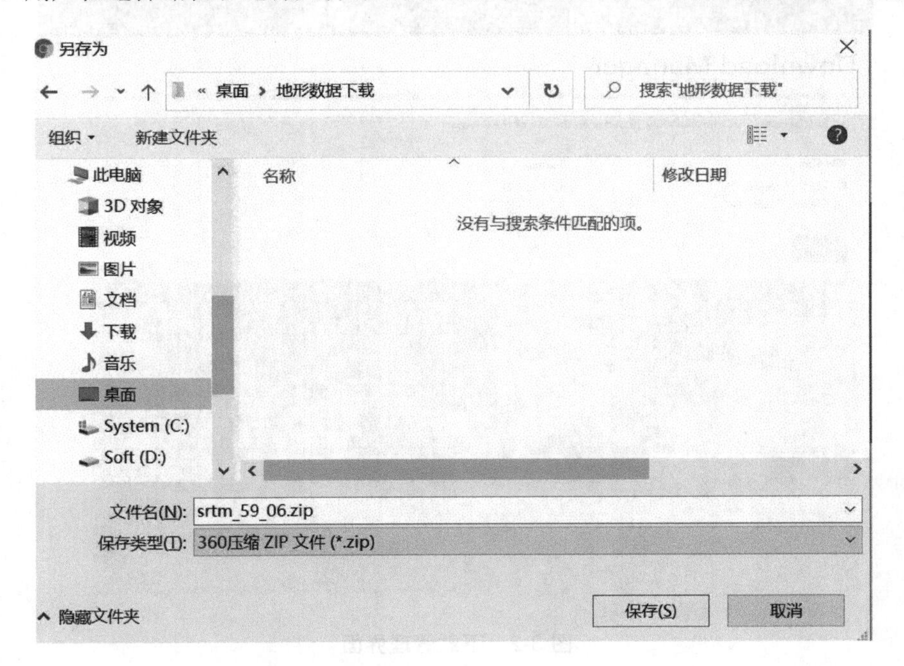

图 3-4 数据保存界面

（5）将所下载的数据进行解压，解压后的文件见图 3-5。

名称	修改日期	类型	大小
readme.txt	2008/9/19 15:05	文本文档	3 KB
srtm_59_06.hdr	2008/9/20 2:41	HDR 文件	2 KB
srtm_59_06.tfw	2008/9/20 2:41	TFW 文件	1 KB
srtm_59_06.tif	2008/9/20 2:41	TIF 文件	70,407 KB

图 3-5　解压后的数据文件

3.2.2　GTOPO30 数据下载

（1）点击 http：//earthexplorer.usgs.gov/或通过 http：//src.com/calpuff/data/terrain.html 进入下载网页（见图 3-6）。

图 3-6　USGS 首页

（2）在右边地图添加坐标点，确定要下载的数据范围（见图 3-7）。

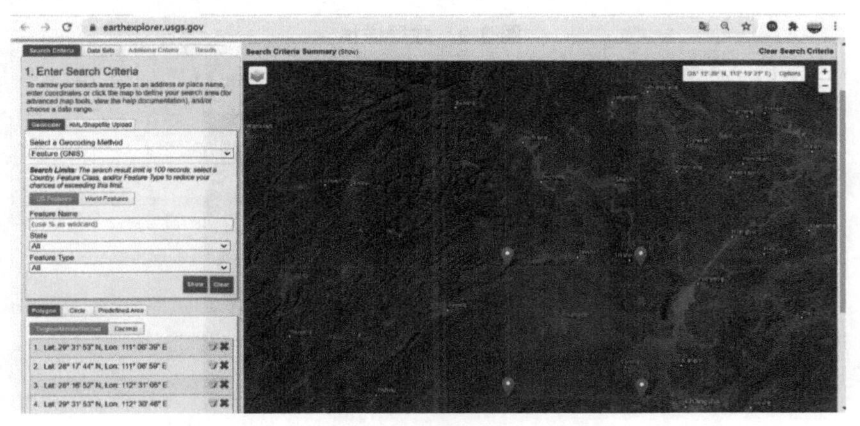

图 3-7　数据范围确定

（3）选取所需数据格式。在本节中我们选择“Digital Elevation”→“GTOPO30”，选完后，点击“Results”（见图 3-8）。

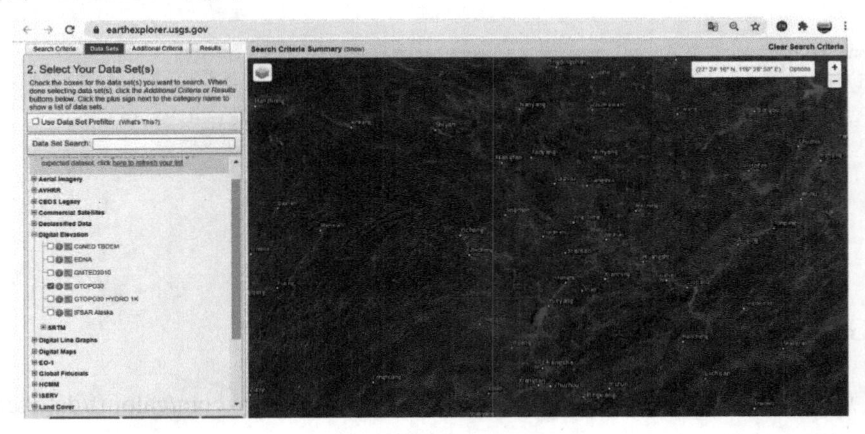

图 3-8 数据格式确定

（4）出现选取数据详细数据及下载选项，点击即可下载（见图 3-9 和图 3-10）。

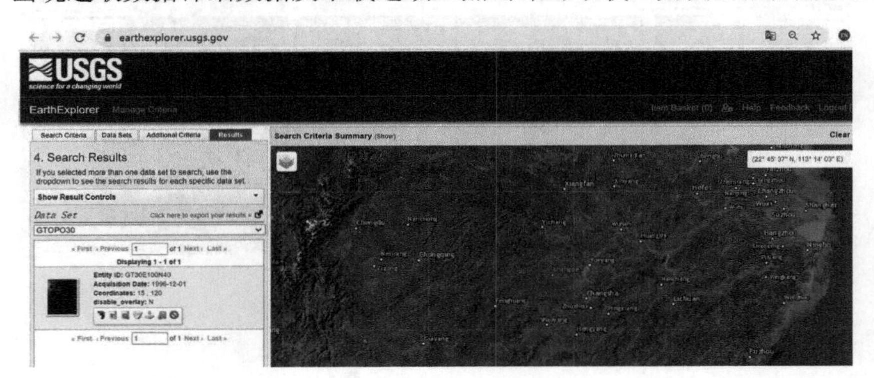

注：本图仅展示软件功能，不体现界线、注记等国家版图相关内容。

图 3-9 数据详情

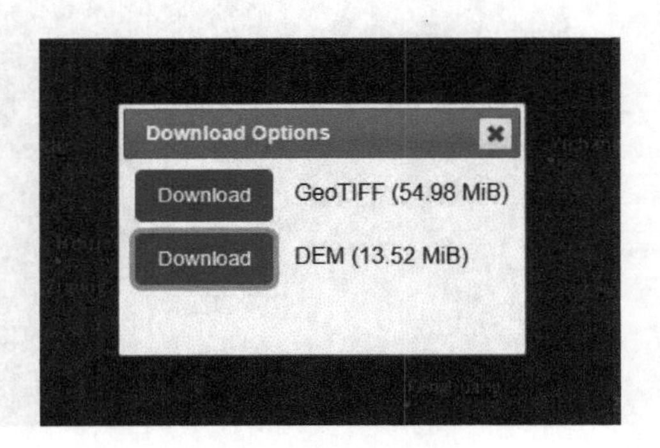

图 3-10 数据下载选项

（5）用户在选择路径和进行文件命名后，点击“保存（S）”进行数据保存（见图 3-11）。

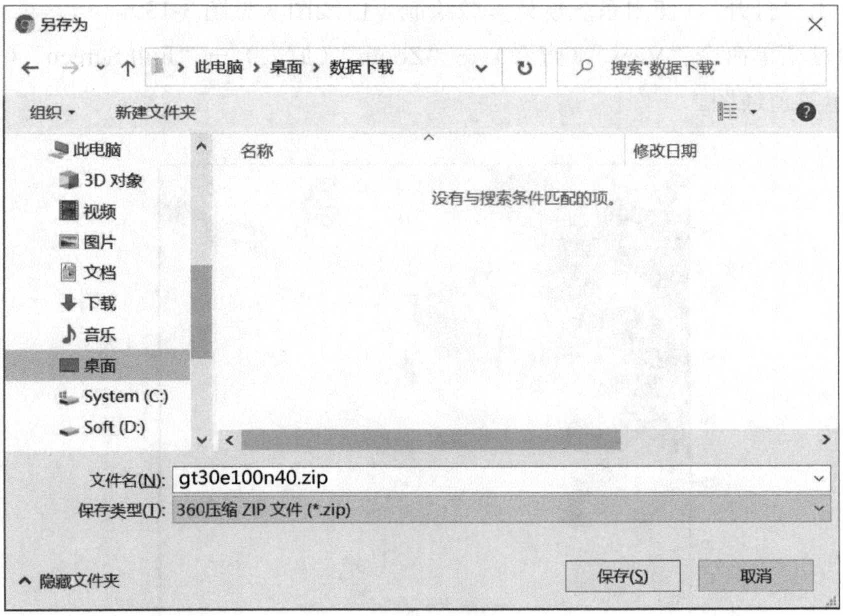

图 3-11　数据保存

（6）将所下载的数据进行解压，解压后的文件见图 3-12。

名称	修改日期	类型	大小
gt30e100n40.dem	1997/1/22 6:44	DEM 文件	56,250 KB
gt30e100n40.dmw	1997/1/22 6:44	DMW 文件	1 KB
gt30e100n40.gif	1997/1/23 2:00	GIF 文件	128 KB
gt30e100n40.hdr	1997/1/23 23:11	HDR 文件	1 KB
gt30e100n40.prj	1997/1/22 6:44	PRJ 文件	1 KB
gt30e100n40.sch	1997/1/23 23:11	SCH 文件	1 KB
gt30e100n40.src	1997/1/22 6:38	SRC 文件	28,125 KB
gt30e100n40.stx	1997/1/22 6:44	STX 文件	1 KB

图 3-12　数据解压后详情

3.3　地形数据绘图步骤

本节使用 3.2 节所下载的地形数据 srtm_60_07.zip，通过 Surfer 13 进行等值线图绘制。

（1）新建等值线图。

① 在菜单栏，单击“New Contour Map”（新等值线图）命令按钮，弹出“Open Grid”

（打开网格文件）对话框，选择地形数据文件“gt30e100 n40.dem”。

② 单击“打开”，使用系统默认参数绘制等值线图（见图 3-13）。

③ 通过菜单命令“View”（查看）→“Zoom”（放大）→“Full Screen”（全屏幕），可全屏显示等值线图。

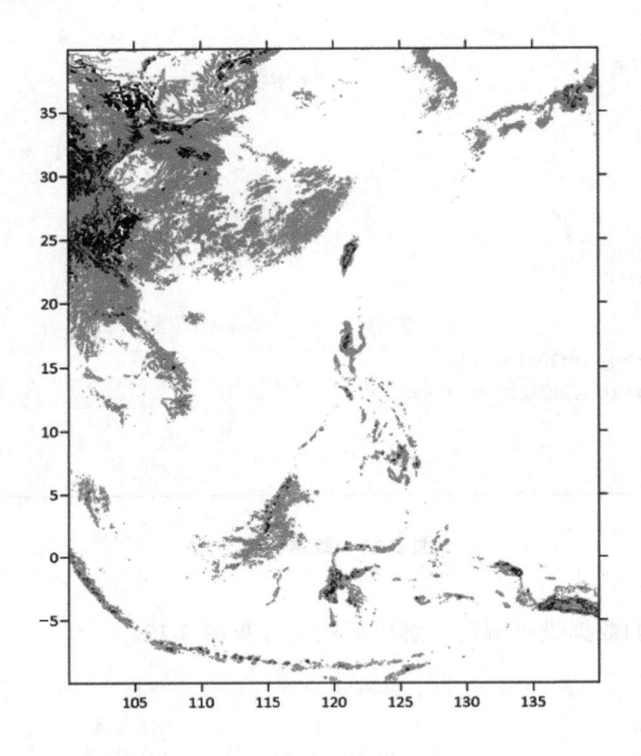

图 3-13 默认参数绘制的等值线图

（2）修改等值线图等级。

① 在绘图区域双击鼠标，弹出属性管理器“Map：Contours”（地图：等值线），点击“Levels”（等级）选项卡（见图 3-14）。

② “Levels”（等级）中显示了等值线图等级和属性。本节绘制的等值线图最小、最大等级分别为：*Z*=–500（“Minimum contour”）、*Z*=7 500（“Maximum contour”），等值线间隔（“Contour interval”）是 500（见图 3-14）；也可在此进行等值线图范围和间隔的修改。

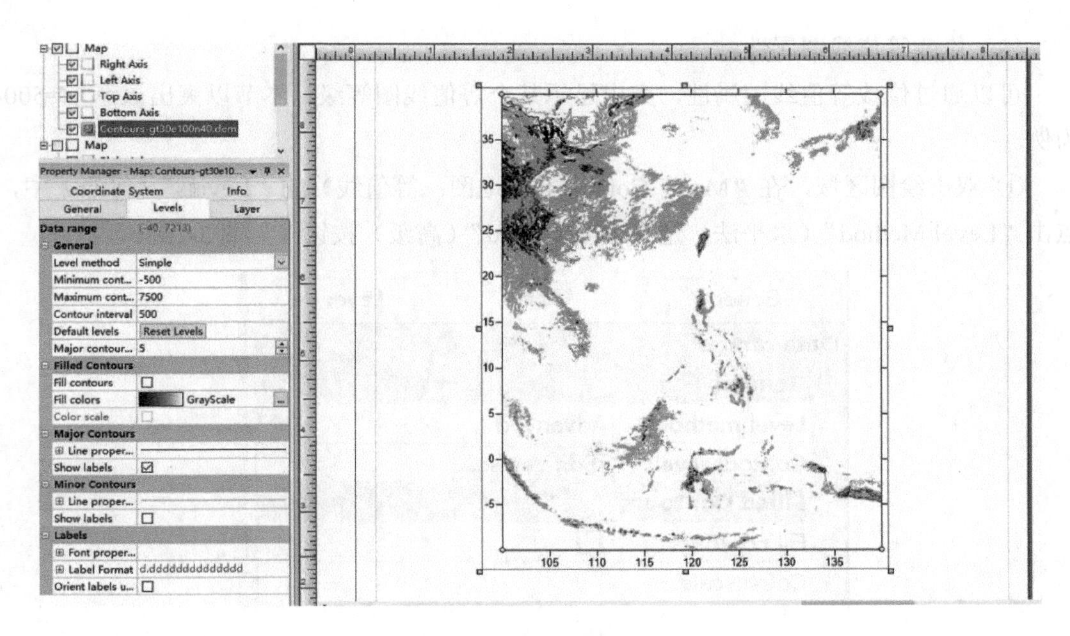

图 3-14　等级选项界面

③ 在"Contour interval"（等值线间隔）的编辑框中输入"1 000"，即修改等值线间隔为 1 000；单击"Enter"键或点击绘图空白区域，新等值线图参数更新完成（见图 3-15）。

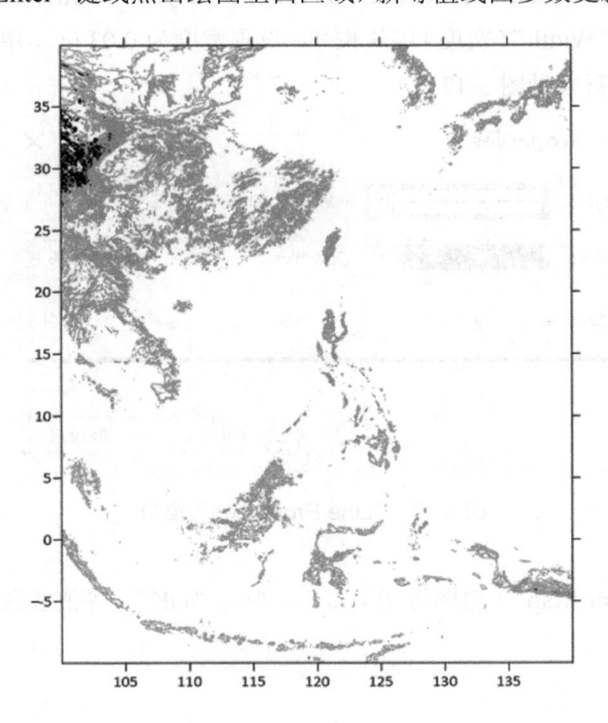

图 3-15　间隔为"1 000"的等值线图

（3）修改等值线图属性。

可以通过修改等值线图属性，突出显示某个等值线图等级，本节以突出显示 Z=500 为例。

① 双击绘图区域，在“Map：Contours”（地图：等值线）的“Levels”（等级）中，点击“Level Method”（水平法）选择“Advanced”（高级）按钮（见图 3-16）。

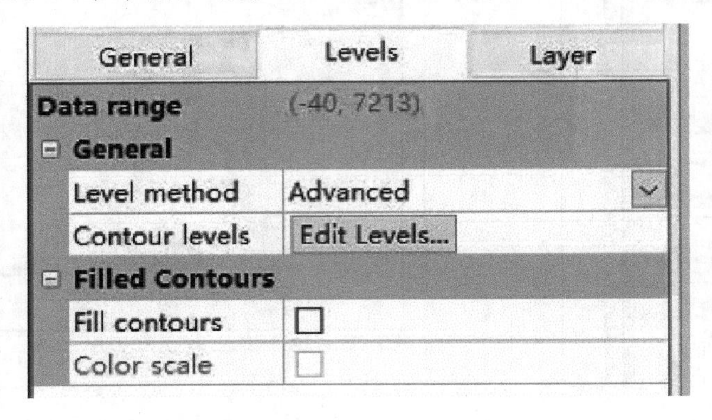

图 3-16 “Levels”窗口

② 单击“Contour levels”（等值线等级）编辑框的“Edit Levels”（编辑等级），在“Levels for Map”（地图等级）中双击线，选择线的“Style”（风格）、“Color”（颜色）或“Width”（宽度）。在“Width”（宽度）编辑框里，设置宽度为 0.03 in[①]，单击“OK”，“Levels”（等级）选项卡被更新（见图 3-17）。

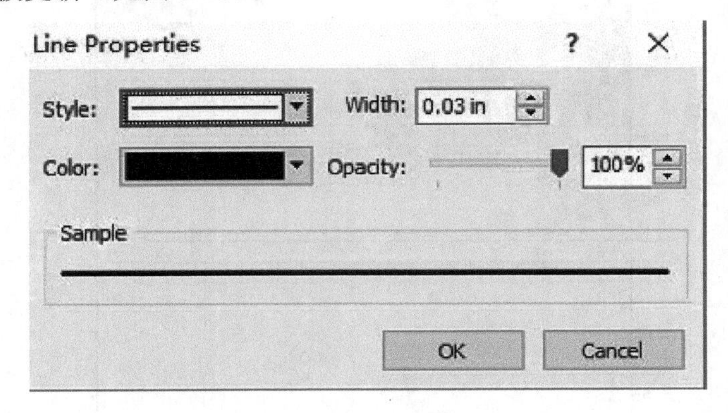

图 3-17 “Line Properties”窗口

③ 在“Levels for Map”（地图等级）窗口，单击“OK”，等值线图更新（见图 3-18）。

① 1 in=2.54 cm。

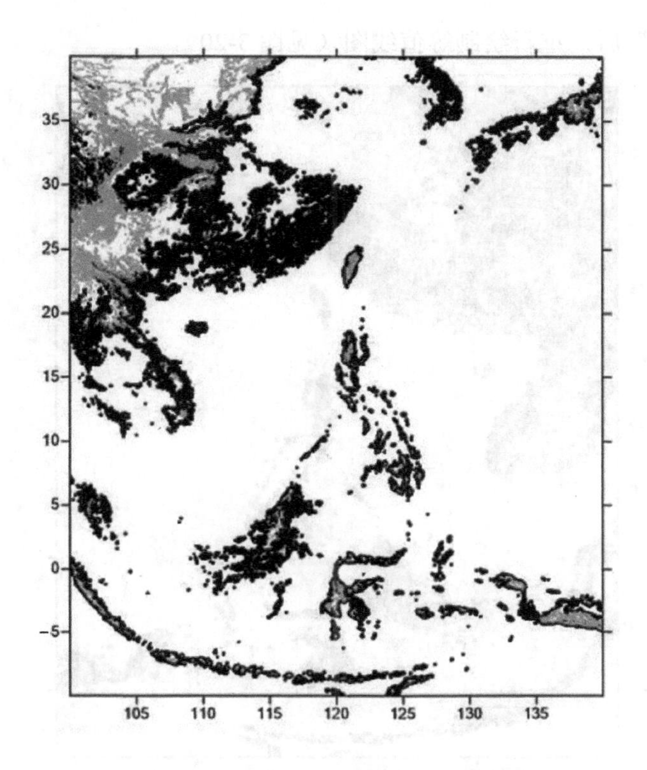

图 3-18　修改 Z=500 绘制的等值线图

（4）在等值线图之间填充颜色。

可修改等值线属性给单个的等级填充颜色。

① 选择“Map：Contours”（地图：等值线）→“Levels”（级别）→“Filled Contours”（填充等值线图）→“Fill Contours”（填充等值线图），单击“Fill colors”（填充颜色）按钮中的 ... ，弹出“Colormap”（颜色谱）对话框（见图 3-19）。在光谱上，通过左边的锚点按钮，可选择颜色，给特定的 Z 值分配颜色。

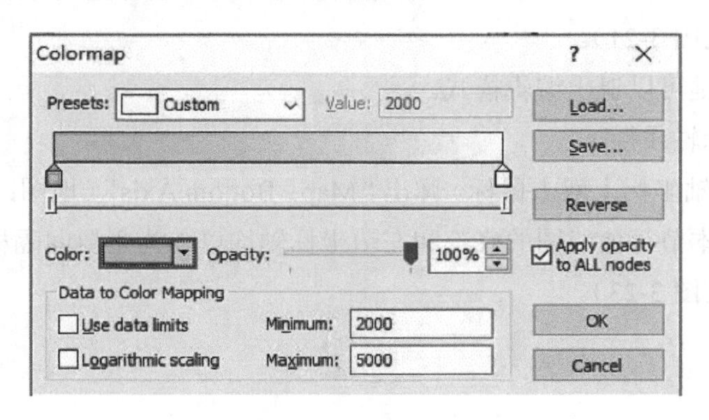

图 3-19　“Colormap”对话框

② 单击“OK”后，重新绘制等值线图（见图 3-20）。

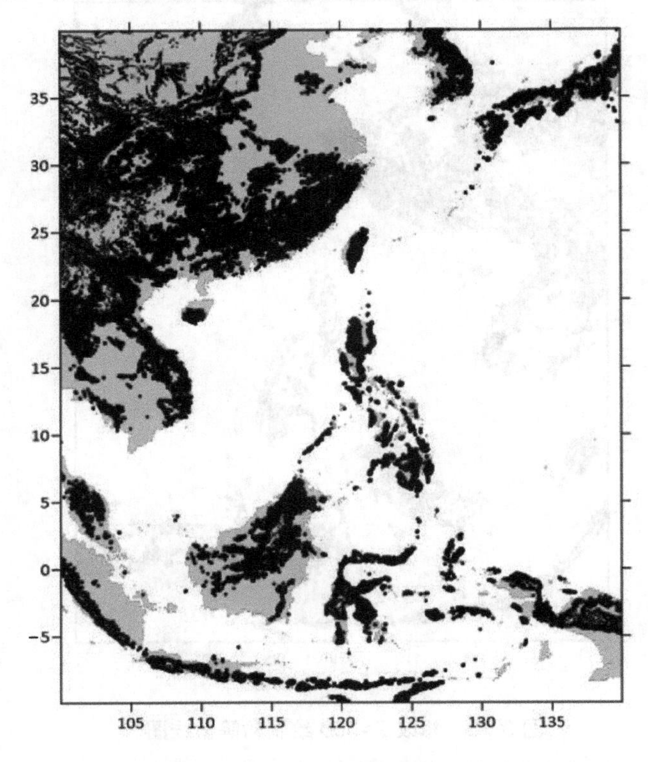

图 3-20 等值线填充颜色绘制的等值线图

（5）添加、删除、移动等值线图标志。

① 使地图处于编辑模式。点击“Map”（地图）→“Edit Contour Labels”（编辑等值线图标志），绘图窗口中的鼠标箭头变成黑色的箭头表明处于编辑模式。

② 按住 Ctrl 键，在等值线图的左下方单击鼠标，添加 Z=500 的新标志；单击 Z=500 的等值线图标志，按住 Delete 键删除该标志；按住鼠标左键，拖动 Z=500 的等值线图标志，将其移动（见图 3-21）。

③ 通过 Esc 键可以退出编辑模式。

（6）更改坐标轴属性。

① 在底部 X 轴坐标上双击鼠标。弹出“Map：Bottom Axis”（地图：底部坐标轴）（见图 3-22），可看到本节等值线图的底部和左边坐标轴均以 5 为主要间隔标记，每个间隔标记有 0 位小数（见图 3-23）。

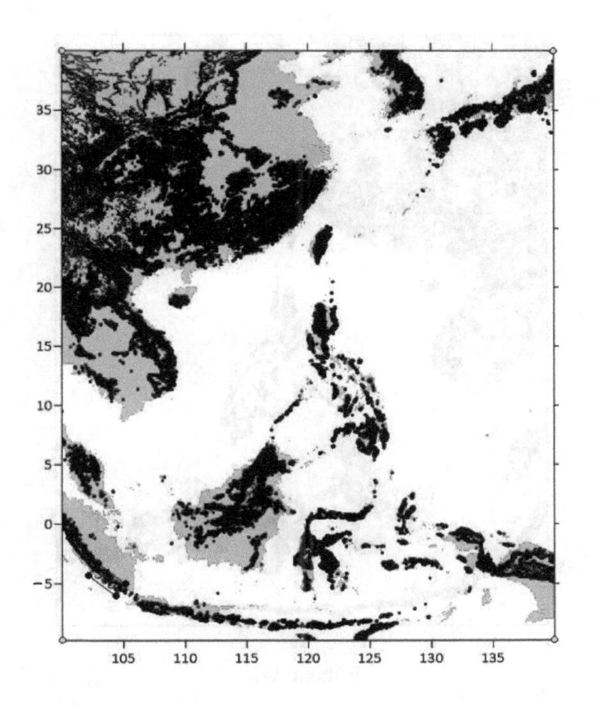

图 3-21 添加、删除和移动等值线图上的标志

Property Manager - Map: Bottom Axis

General | Ticks | Scaling | Grid Lines | Info

Axis	
⊞ Line proper...	
Axis plane	XY
Title	
Title text	
Offset along a...	0 in
Offset from axis	0 in
Angle (degrees)	0
⊟ Font proper...	
Font	Arial
Size (points)	10
Foreground...	Black
Foreground...	100 %
Backgroun...	White
Backgroun...	0 %
Bold	☐
Italic	☐
Strikeout	☐
Underline	☐

图 3-22 “Map：Bottom Axis”属性管理器

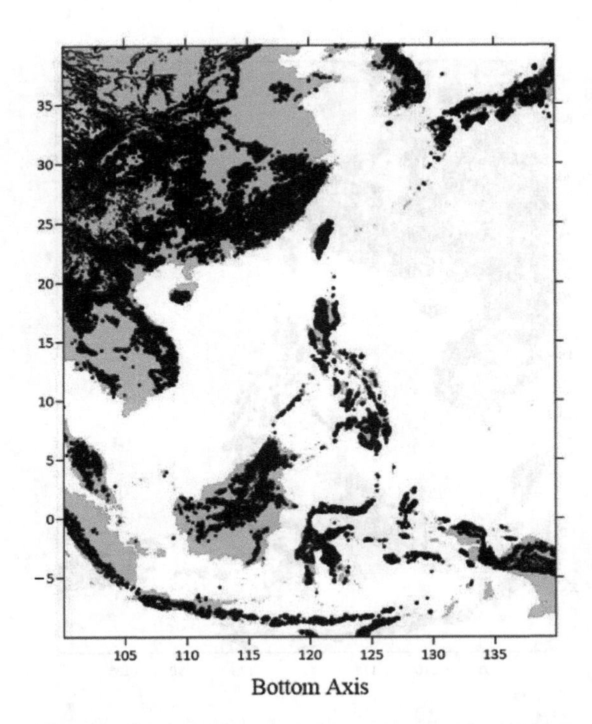

图 3-23　具有相同底部、左边坐标轴刻度的等值线

② 在“General”（常规）选项下“Title”（标题）编辑框输入“Bottom Axis”，即为底部坐标轴命名为“Bottom Axis”。

③ 在“Scaling”（尺度）选项下，在“Major interval”（主要的间隔）编辑框中，输入 10，将底部坐标轴的主要刻度之间的间隔修改为 10（见图 3-24）。

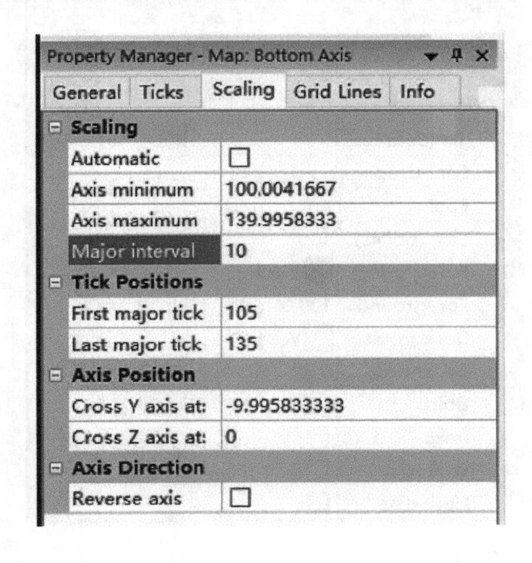

图 3-24 “Scaling”选项

④ “General”（常规）选项卡下，在“Labels”（标志）组中选择“Label Format”（标志格式），则弹出“Label Format”对话框，在“Type”（类型）组中选择“Fixed”（固定）选项，可在“Decimal digits”（小数点）选项中设置小数位数，此处设置值为“0”（见图 3-25）。单击“OK”，返回“Map：Bottom Axis”（地图：底部坐标轴）。

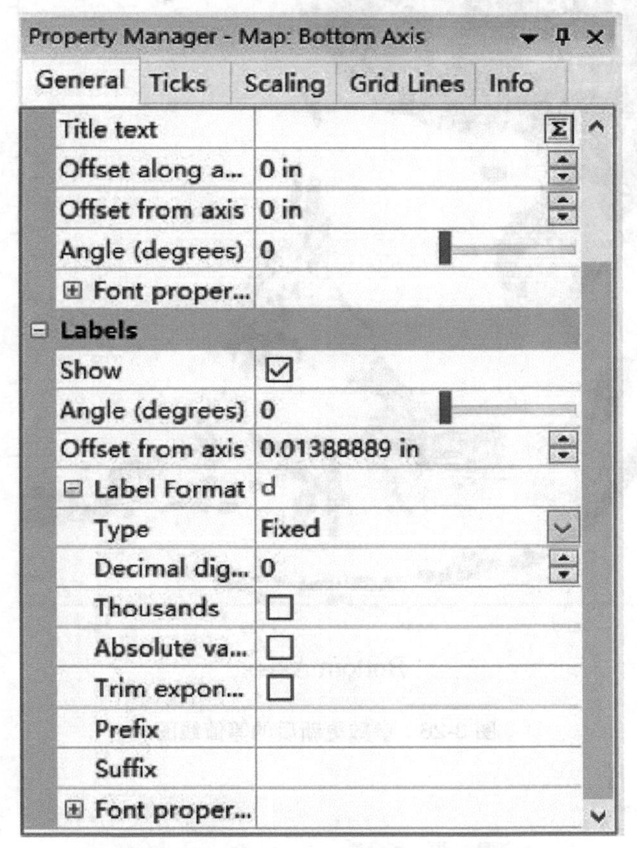

图 3-25　“Label Format”对话框

⑤ 在对话框里单击“OK”，等值线图参数更新，在地图下面，显示坐标轴标题，重新绘制等值线（见图 3-26）。

（7）保存等值线图。

① 选择菜单命令“File”（文件）→“Save”（保存），或单击主要工具栏上的，进入保存对话框（见图 3-27）。

② 在文件名编辑框中输入文件名称。

③ 单击“保存”，文件以.srf 为后缀在当前目录下保存。

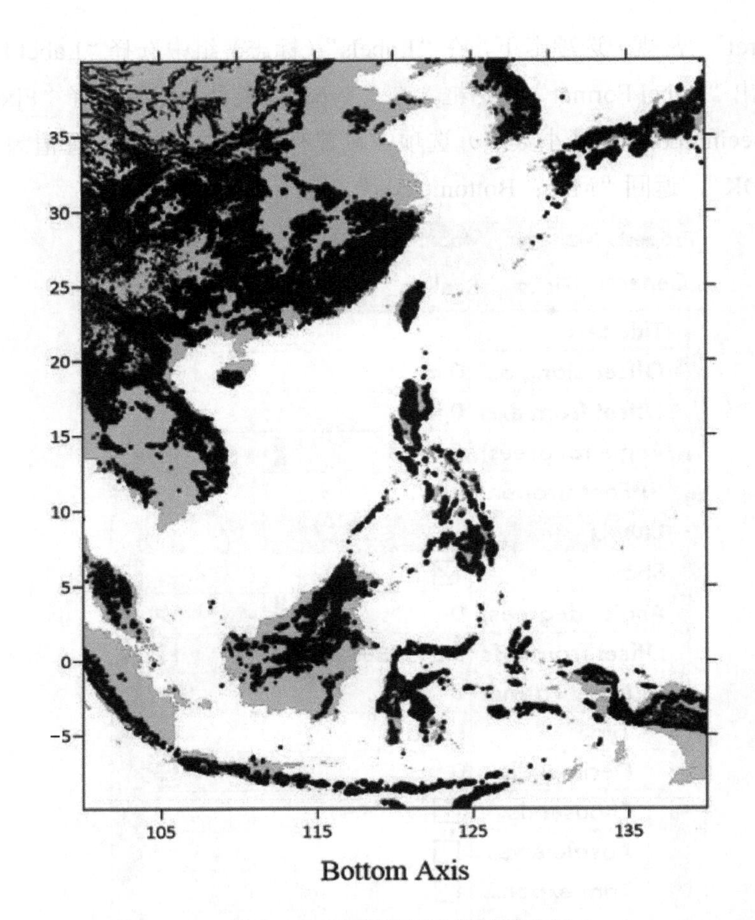

图 3-26 参数更新后的等值线图

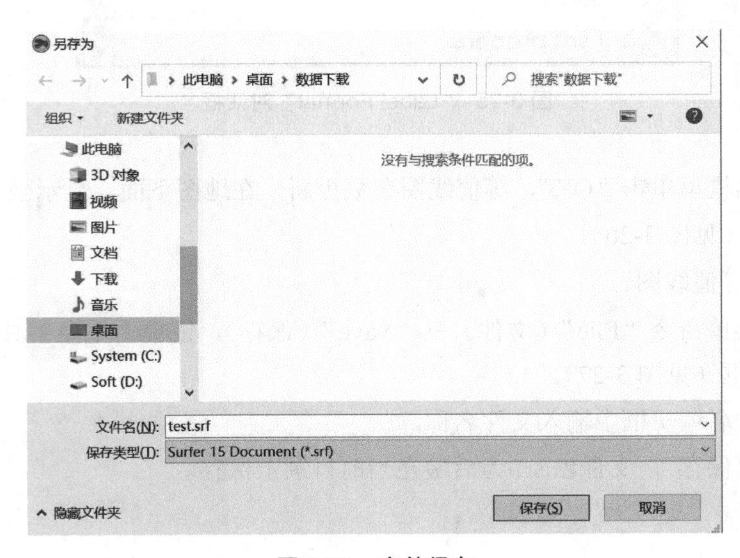

图 3-27 文件保存

3.4　小结

地形数据是进行空气质量模型模拟的基础数据。本章首先对主要的地形数据产品进行了介绍，以便读者能更好地了解地形数据；其次，为读者提供了详细的地形数据下载步骤，为后续进行研究工作提供了便利；最后，本章详细介绍了如何用 Surfer 13 绘制等值线图，不仅可以让读者进一步了解地形数据，还可以掌握 Surfer 13 绘图的基本操作。有关于地形数据的详细介绍，如果感兴趣，可以在其官方网站仔细阅读官方所提供的数据说明。

第4章 地表参数 AERSURFACE 系统案例

4.1 AERSURFACE 介绍

AERMOD 模型作为我国《环境影响评价技术导则　大气环境》（HJ 2.2—2018）以及美国国家环境保护局（EPA）推荐的预测模式之一，已在国内外环境影响评价等领域得到了广泛应用。国内外学者分别将 AERMOD 模型应用于 NO_2 环境影响评价、垃圾焚烧厂二噁英的扩散迁移、燃煤电厂污染物的健康风险评估、硫化氢排放因子的测定、工业区 SO_2 情景模拟、PM_{10} 扩散研究、钢铁企业大气防护距离等研究工作中。

AERMOD 是稳态烟羽模型，包括了 3 个模块：AERMOD（扩散模块）、AERMET（气象预处理模块）和 AERMAP（地形预处理模块）。通过输入地表参数（地表粗糙度、反照率、波文比）以及地形数据，该模型可以计算复杂地形条件下的污染物扩散。其中，粗糙度是确定机械湍流大小的重要变量；反照率为太阳辐射通过地表反射回去的比例；波文比是感热通量和潜热通量之比，这 3 个参数是计算行星边界层条件的重要依据，对模型预测结果有着非常重要的影响。然而，目前国内大部分项目在地表参数选取时以人工判断为主，不同的人判断出来的地表参数都会有一定的差别，最终会反映在预测结果的偏差上，不利于模型的标准化应用。

AERSURFACE 工具是由美国国家环境保护局空气质量方案和标准办公室中的空气质量模型组（Air Quality Modeling Group）开发，用于制作可靠的地表特征参数文件的程序。在使用 AERMET 过程中，需要确定 3 种地表特征参数：地表粗糙度、波文比、反照率。地表特征参数如果通过人工手动计算将会十分复杂烦琐，而使用 AERSURFACE 工具可以快捷方便地得到可以被 AERMET.EXE 读取并输入的地表特征参数文件。

作者开发了 AERSURFACE 在线服务系统，本系统正是针对大气环境影响评价工作中 AERMOD 模型应用存在的一些问题和需求，基于全国高分辨率土地利用数据、地理信息系统（GIS）、AERSURFACE 地表参数处理模块构建的 AERSURFACE 在线服务系统，以标准化、自动化的方法建立一套全国地表参数在线计算与管理系统，为 AERMOD 模型的标准化应用提供支持，为法规模型的标准化应用提供参考。

4.2　AERSURFACE 提取地表参数系统案例

AERSURFACE 在线服务系统的在线计算与管理业务的操作步骤如下。

（1）AERSURFACE 在线服务系统网址为 http：//ieimodel.org/，输入账号和密码，点击“登录”（见图 4-1）。（注册申请账号，请邮件联系本书作者。）

图 4-1　AERSURFACE 在线服务系统登录界面

（2）填写订单。

① 点击“在线计算” → “填写参数”（见图 4-2）。

图 4-2　填写订单-1

② 点击“新建”，输入基本信息，点击“提交”（见图 4-3）。

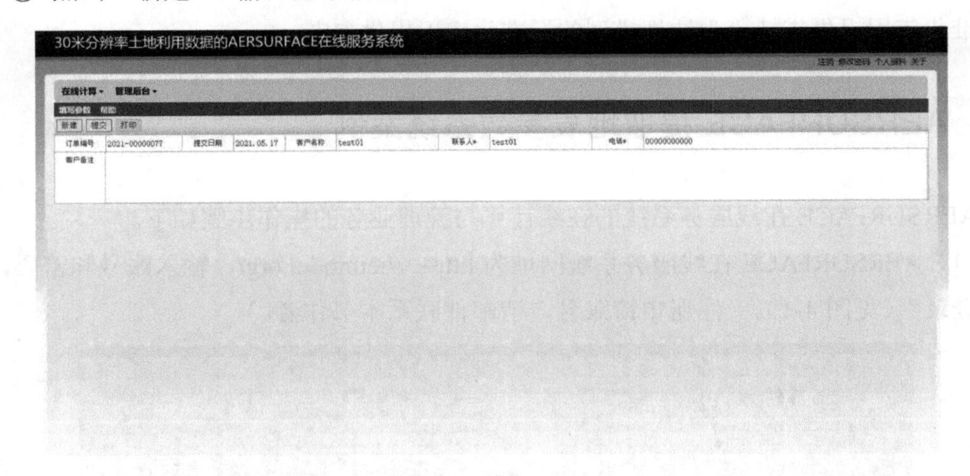

图 4-3　填写订单-2

（3）填写参数。

① 坐标填写。

坐标填写有两种方式。第一种是直接在地图上选取，点击“转为地图选取”，直接在地图上标注目标点；第二种为手动填写，点击“转为手动填写”，手动输入经纬度坐标（见图 4-4）。

② 地表土壤湿度填写。

点击“说明”，参照示意图进行湿度选择。

③ 其他参数填写。

其他参数根据实际需要和所选点的当地实际情况进行选择。

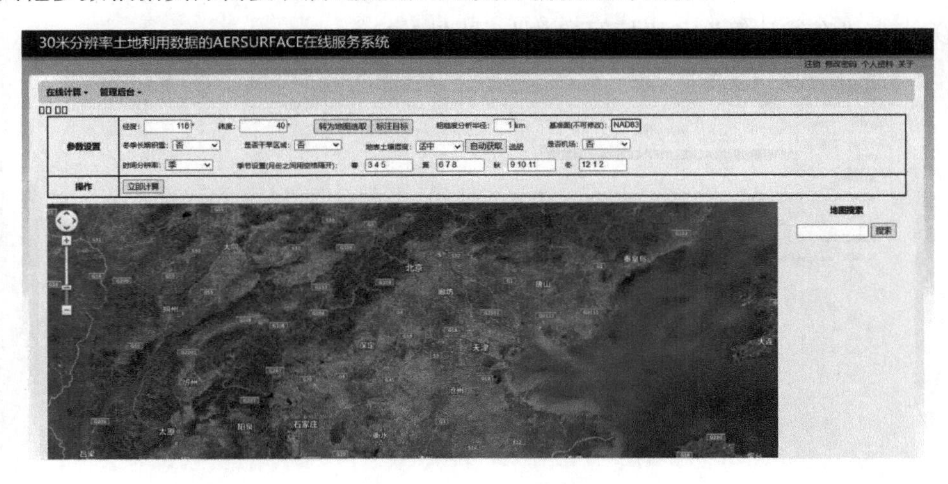

图 4-4　填写参数

④ 自动计算。

输入参数后，点击“立即计算”。

⑤ 订单查询。

计算成功后，点击“结果浏览”（见图 4-5）。

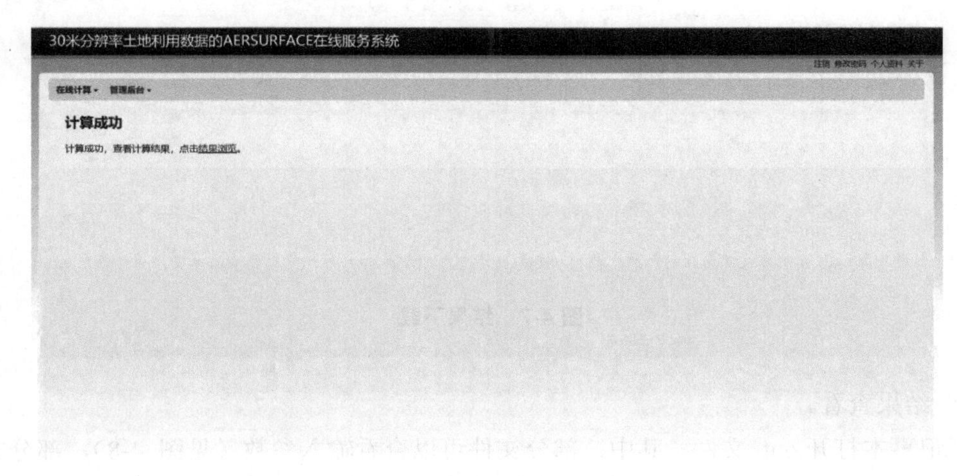

图 4-5　订单查询

⑥ 结果查询。

点击“在线计算”→“结果查询”。查看订单结果，选择需查看订单，点击“查看明细”（见图 4-6）。

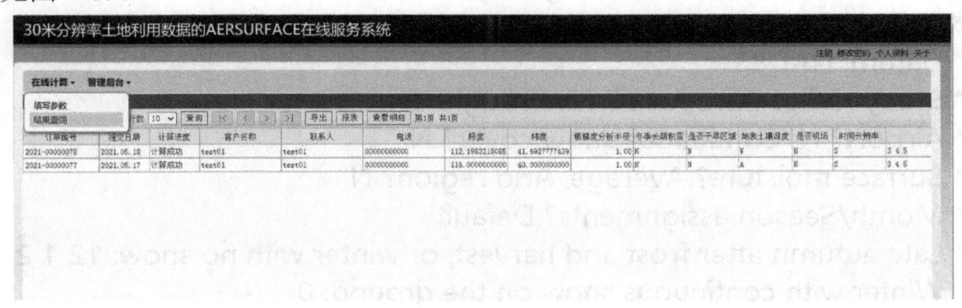

图 4-6　结果查询

⑦ 结果下载。

计算完成后，在结果界面下载计算结果，.out 文件可直接输入 AERMOD 模型使用（见图 4-7）。

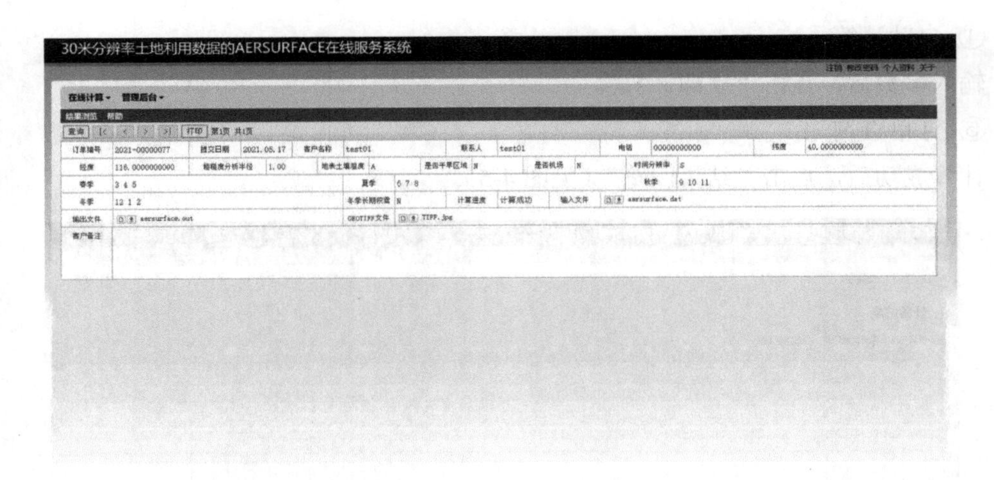

图 4-7 结果下载

⑧ 结果查看。

用记事本打开.out 文件。其中，部分文件可以查看输入参数（见图 4-8），部分文件为 AERMOD 需要的 3 个地表特征参数（见图 4-9），字段含义分别是：Alb——反照率、Bo——波文比、Zo——地表粗糙度。

```
** Generated by AERSURFACE, dated 13016
** Generated from "TIFF.tif"
** Center Latitude (decimal degrees):     40.000000
** Center Longitude (decimal degrees):  116.000000
** Datum: NAD83
** Study radius (km) for surface roughness:  1.0
** Airport? N, Continuous snow cover? N
** Surface moisture? Average, Arid region? N
** Month/Season assignments? Default
** Late autumn after frost and harvest, or winter with no snow: 12 1 2
** Winter with continuous snow on the ground: 0
** Transitional spring (partial green coverage, short annuals): 3 4 5
** Midsummer with lush vegetation: 6 7 8
** Autumn with unharvested cropland: 9 10 11
```

图 4-8 结果查看-1

```
**          Season  Sect   Alb     Bo       Zo
  SITE_CHAR   1      1    0.16    1.05    0.393
  SITE_CHAR   1      2    0.16    1.05    0.394
  SITE_CHAR   1      3    0.16    1.05    0.251
  SITE_CHAR   1      4    0.16    1.05    0.428
  SITE_CHAR   1      5    0.16    1.05    0.855
  SITE_CHAR   1      6    0.16    1.05    0.900
  SITE_CHAR   1      7    0.16    1.05    0.900
  SITE_CHAR   1      8    0.16    1.05    0.900
  SITE_CHAR   1      9    0.16    1.05    0.900
  SITE_CHAR   1     10    0.16    1.05    0.782
  SITE_CHAR   1     11    0.16    1.05    0.311
  SITE_CHAR   1     12    0.16    1.05    0.300
  SITE_CHAR   2      1    0.16    0.76    0.498
  SITE_CHAR   2      2    0.16    0.76    0.480
  SITE_CHAR   2      3    0.16    0.76    0.269
  SITE_CHAR   2      4    0.16    0.76    0.474
  SITE_CHAR   2      5    0.16    0.76    1.037
  SITE_CHAR   2      6    0.16    0.76    1.100
```

图 4-9　结果查看-2

第5章 估算模型 AERSCREEN 案例

5.1 AERSCREEN 模拟火电厂案例

5.1.1 概述

本节包括如下几部分：

（1）准备模拟排放源案例，包括模拟排放源地点、模拟工况、模拟环境等资料；

（2）下载模型资料；

（3）实际案例操作。

本节以火电行业排放源为例，为读者提供训练实例。

本节为读者准备以下 8 个模拟排放源参数（八选一即可），见表 5-1；并提供以下 5 套模拟环境参数（五选一即可），包括各种环境所需要的土地利用类型文件及地形文件（见表 5-2）。

表 5-1 模拟排放源参数

序号	排放烟囱高度/m	内径/m	烟气流速/（m/s）	烟气温度/℃	流量/（m^3/h）	压力	湿度	浓度/（mg/m^3）	排放量/（kg/h）	排放量/（g/s）
模拟污染源 1	70	3	9.5	47	241 745.6	/	/	10	2.417	0.671
模拟污染源 2	60	3	9.5	47	241 745.6	/	/	10	2.417	0.671
模拟污染源 3	80	4	9.5	47	429 769.9	/	/	10	4.298	1.194
模拟污染源 4	120	4.5	9.5	47	543 927.5	/	/	10	5.439	1.511
模拟污染源 5	180	6	9.5	47	966 982.2	/	/	10	9.67	2.686
模拟污染源 6	210	7.5	9.5	47	1 510 910	/	/	10	15.109	4.197
模拟污染源 7	240	9	9.5	47	2 175 710	/	/	10	21.757	6.044
模拟污染源 8	240	11	9.5	47	3 250 135	/	/	10	32.501	9.028

表 5-2 模拟环境参数

参数	模拟环境 1	模拟环境 2	模拟环境 3	模拟环境 4	模拟环境 5
模拟项目经度/（°）	116.672 985 7	117.878 286 5	106.223 614 1	109.694 048 4	109.174 058 6
模拟项目纬度/（°）	38.058 931 17	38.310 473 53	29.527 180 94	18.638 575 06	19.762 636 55
项目海拔/m	10.5	3	287.5	49.8	15.2
农村/城市	农村 R	农村 R	农村 R	城市 U	农村 R
城市人口/人	1 000 000	1 000 000	1 000 000	1 000 000	1 000 000
气象站点经度/（°）	116.85	116.85	106.221 4	109.696 7	109.583 3
气象站点纬度/（°）	38	38	29.586 9	18.643	19.516 7
气象站点海拔/m	8	8	331.5	68.6	169
最低环境温度/℃	–14.8	–14.8	1	9.9	8.4
最高环境温度/℃	38.5	38.5	39.8	37.3	38.2
最小风速	默认	默认	默认	默认	默认
风速计高度/m	8	8	8	8	8
AERMET	默认	默认	默认	默认	默认
土地利用类型	M1aersurface.out	M2aersurface.out	M3aersurface.out	M4aersurface.out	M5aersurface.out
湿度类型	干燥	平均湿度	平均湿度	潮湿	潮湿
是否考虑地形高度	否	否	是	否	否
地形文件	/	/	模拟环境 3.dem	/	/

参数	模拟环境 1	模拟环境 2	模拟环境 3	模拟环境 4	模拟环境 5
SRTM	SRTM_60_05	SRTM_60_05	SRTM_58_07	SRTM_59_09	SRTM_59_09
是否考虑逆温熏烟	否	否	是	否	否
是否考虑岸边熏烟	否	是	否	否	是
影像资料					

注：1. 本书所选用污染源案例地址均为假设地址，并非真实污染源，城市人口等数据均为假定数值。

2. 本书所给出的 AERSCREEN 模型所用的土地利用类型数据来自 AERSURFACE 在线服务系统，登录网址：https：//www.ieimodel.org/。

3. 本书所用模拟气象数据资料来自作者团队（减污降碳协同控制实验室），网址：https：//www.ieimodel.org/。

4. 表中影像资料截自天地图影像。

本节以模拟污染源 8、模拟环境 2 进行演示。

5.1.2　具体操作步骤

（1）步骤一：打开 AERSCREEN 软件。

解压 AERSCREEN_exe.rar 压缩包文件，出现如图 5-1 所示的 6 个文件，其中 AERSCREEN.exe 即为模型主程序，双击打开（见图 5-2）。第一次打开该程序，由于没有初始 INP 文件，需要从初始信息开始输入（注：如已有 INP 文件，可在 INP 文件中更改信息，后文介绍）。

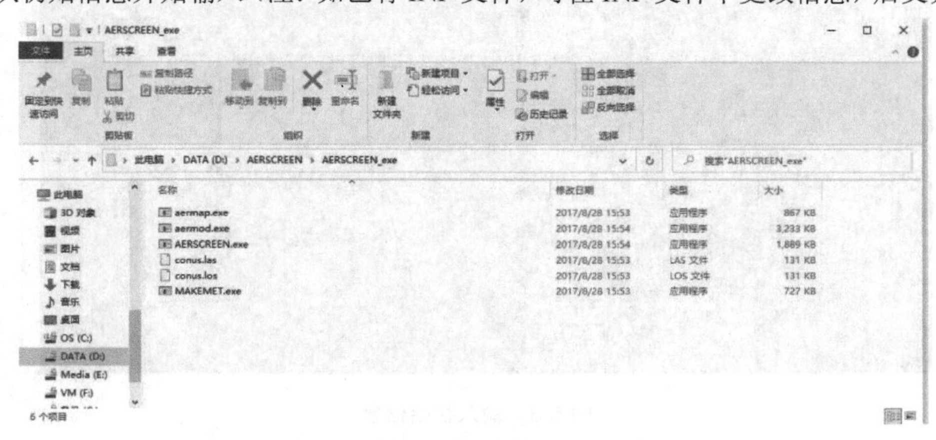

图 5-1　主程序解压

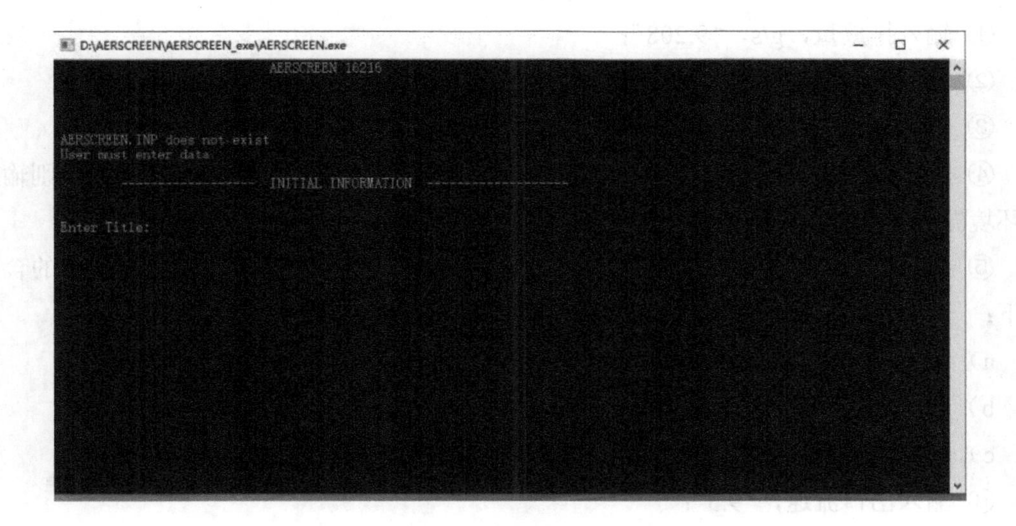

图 5-2　双击进入

（2）步骤二：按提示输入初始信息（见图 5-3）。

① 首先输入 case 名，命名方式依个人习惯或需求来决定，本节 case 名为“M64_W8_

H2_N10_POWER”；

② 选择单位英制或国际单位制（米），选择“M”；

③ 选择点源、体源、矩形面源、圆形面源、火炬源、有盖帽点源、水平通风口排放源，选择点源“P”。

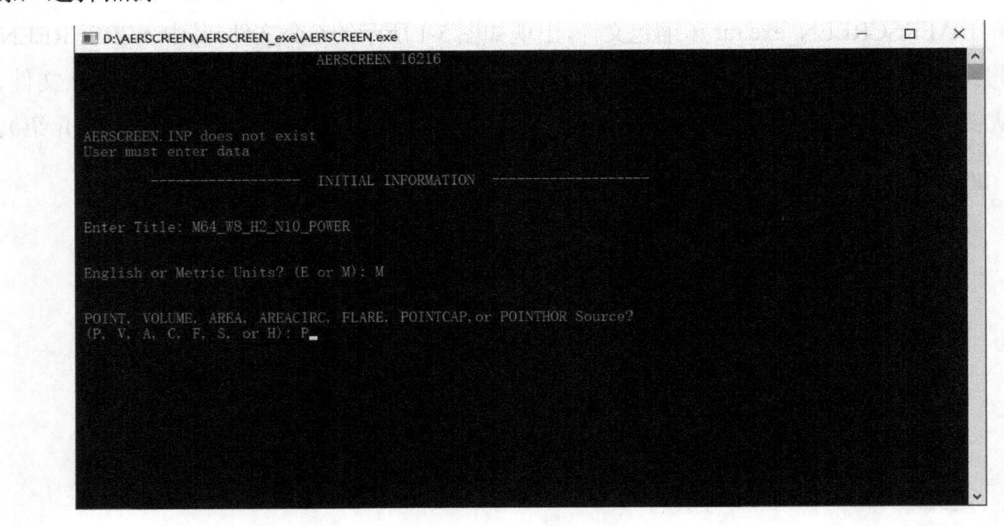

图 5-3 输入初始信息

（3）步骤三：输入污染源信息参数（见图 5-4）。

① 输入排放量，g/s，“9.208”；

② 输入烟囱高度，m，“240”；

③ 输入烟囱内直径，m，“11”；

④ 输入烟气温度，如果等于环境温度，则输入“0”；如果与环境温度不同，则输入与环境温度差值，用负数表示，本案例输入“–45”；

⑤ 选择烟气出口流量或流速的单位，“1”；其中，此处选择不同值及不同值的含义如下：

a）选择 1，流速，单位为 m/s；

b）选择 2，流速，单位为 ft/s；

c）选择 3，实际流量，单位为 ft^3/min；

⑥ 输入出口流速，“9.5”；

⑦ 选择所在地属于农村 R 或城市 U，本例选农村“R”，如若选择城市，还需输入城市人口；

⑧ 输入计算点的最近距离，键入“Enter”，默认为 1 m；

⑨ 输入 NO_2 化学选项，“1”；其中，此处选择不同值及不同值的含义如下：

a）输入“1”，不考虑 NO_2 的化学转化或没有 NO_2 此种污染物；

b）输入“2”，使用臭氧限值方法；

c）输入“3”，使用体积摩尔比法。

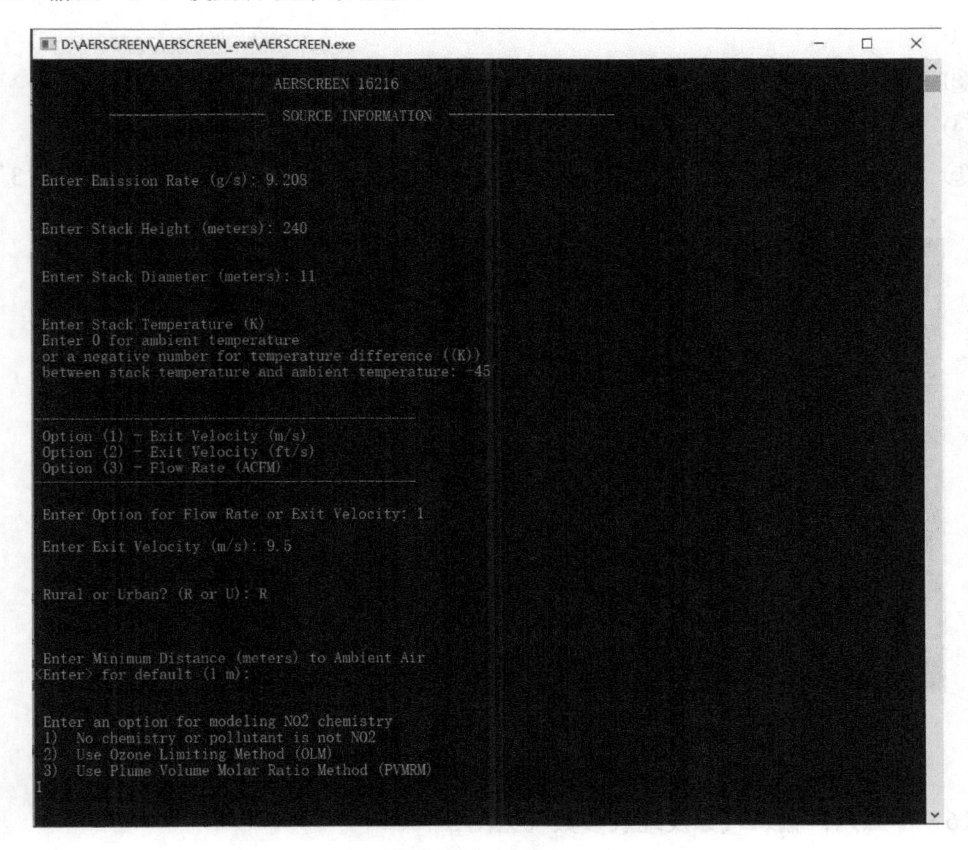

图 5-4 污染源信息参数输入

（4）步骤四：建筑物下洗选项输入（见图 5-5）。

本案例为农村地区，可不考虑建筑物下洗选项，输入“n”。

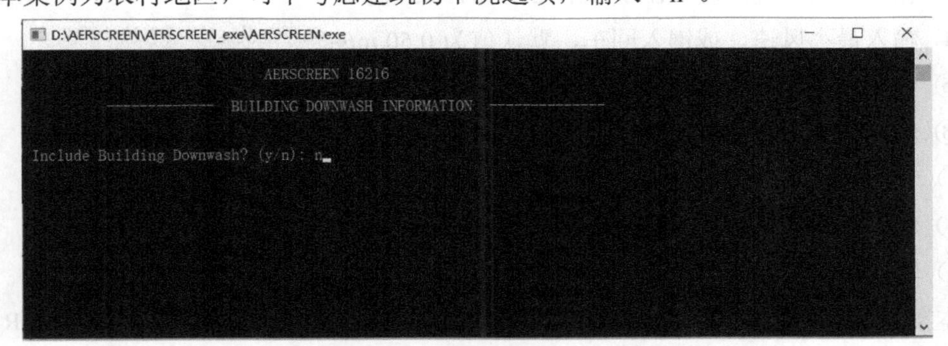

图 5-5 输入是否考虑建筑物下洗选项

（5）步骤五：输入地形高程信息参数（见图 5-6）。

① 是否考虑地形，本案例为平坦地形，输入“n”；

② 输入模拟最大距离，键入“Enter”，默认值为 5 000 m，本案例为 50 000 m，输入“50000”；

③ 是否需要计算关注点，最多 10 个，本案例不考虑，输入“n”；

④ 是否有关注点的高度，输入“n”；

⑤ 输入源基底高度，键入“Enter”，默认值为 0 m，本案例假定 3 m，输入“3”；

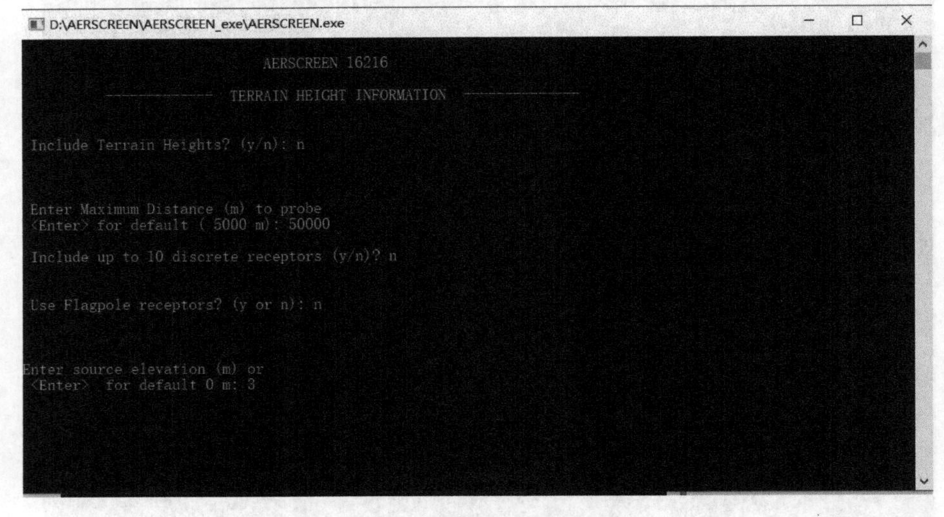

图 5-6　地形高程信息参数输入示例

（6）步骤六：输入气象及地表参数（见图 5-7）。

① 输入最低和最高环境温度，键入“Enter”，默认最低环境温度为 250 K，最高环境温度为 310 K；

② 输入最低环境温度（K），−14.8℃，“258.35”；

③ 输入最高环境温度（K），38.5℃，“311.65”；

④ 输入最小风速，或键入回车，默认值为 0.50 m/s；

⑤ 输入风速计高度，或键入“Enter”，默认值为 10.0 m；

⑥ 输入地表参数选项。

a）输入“1”，用户指定值；

b）输入“2”，AERMET 按季节给定的值；

c）输入“3”，由外部文件导入。

本案例选择外部文件导入，“3”，键入“Enter”。本书采用相对路径输入，“..\POWER_test\aersurface\M2aersurface.out”，也可输入绝对路径。

外部文件来自 AERSURFACE 在线服务系统，本书给出的另外 4 个模拟环境均提供了 aersurface.out 文件。

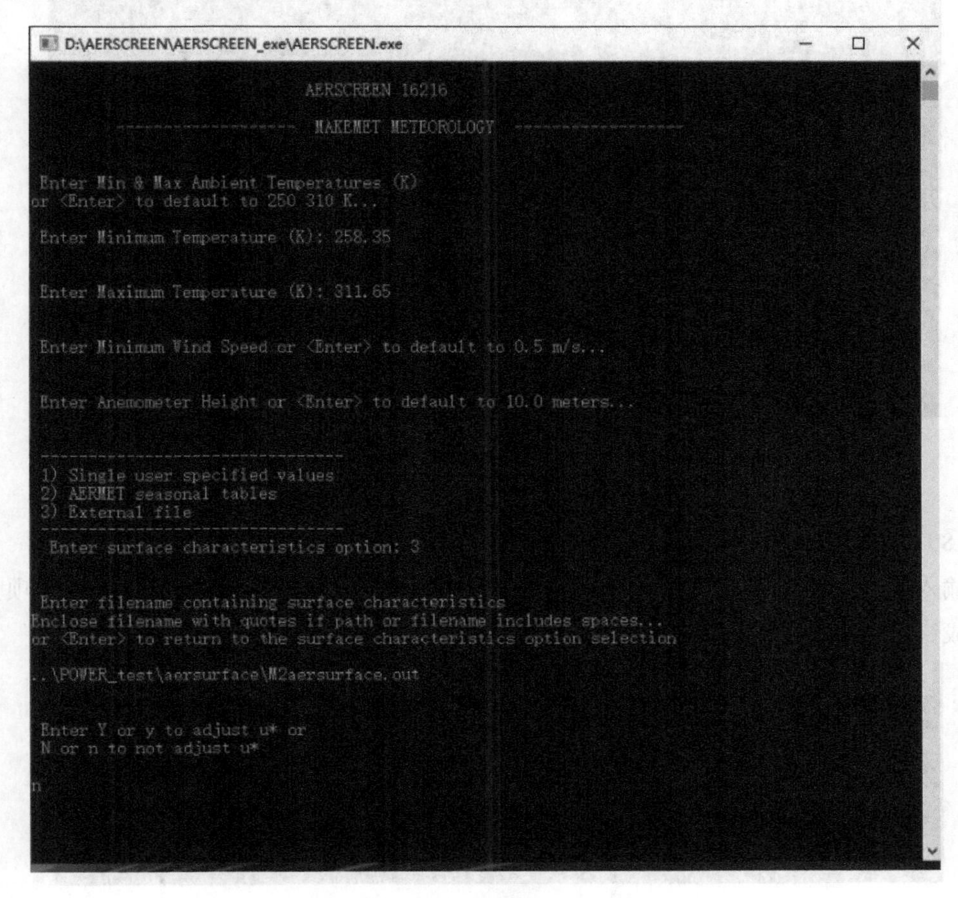

图 5-7 环境及地表参数输入示例

（7）步骤七：逆温熏烟与岸边熏烟选项输入（见图 5-8）。

① 是否考虑逆温熏烟，否，输入“n”；

② 是否考虑岸边熏烟，是，输入“y”；

③ 输入距岸边的最近距离（m），本案例 400 m，输入“400”；

④ 输入海岸线的方向（0°～360°），或输入“–9”或键入“Enter”，代表没有特定方向（注：均指与北方向的夹角）。

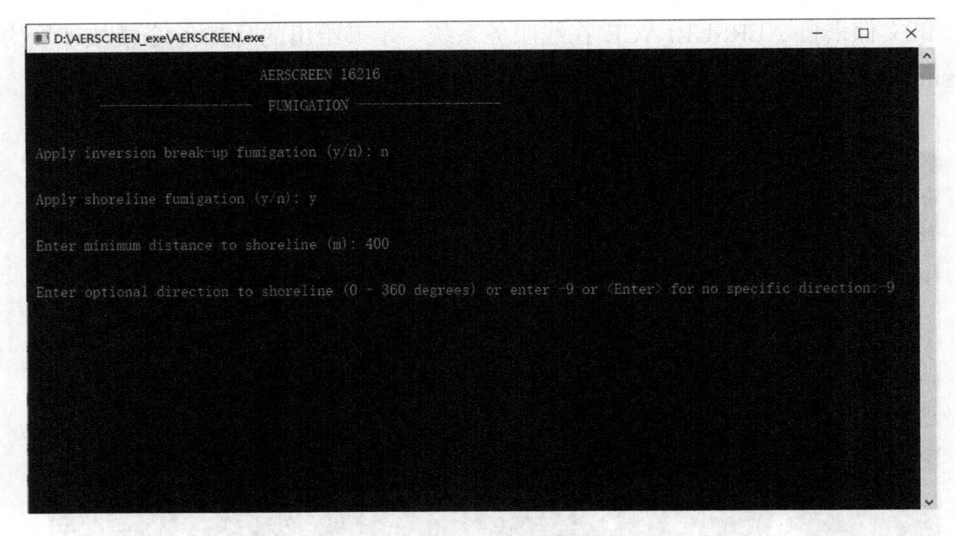

图 5-8　逆温选项输入示例

（8）步骤八：调试选项（见图 5-9）。

输入“y”或“n”可打开或关闭调试，直接键入“Enter”可直接忽略，本选项为是否生成错误信息文件的开关。如运行报错，则可打开此选项查看输出。

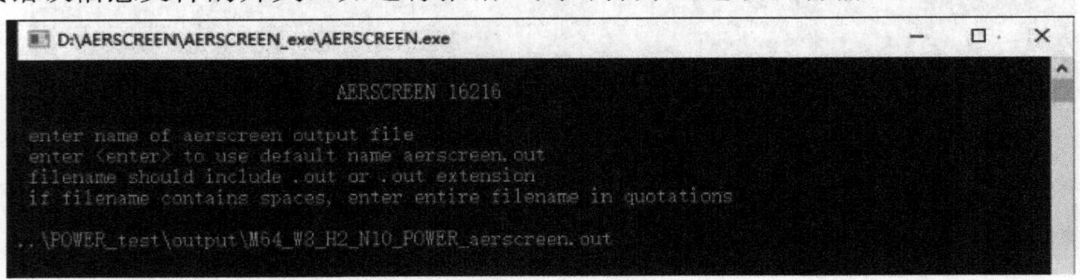

图 5-9　调试选项输入示例

（9）步骤九：选择输出路径（见图 5-9）。

本案例指定路径输出，如不指定，则默认输入到程序所在文件夹。

“..\POWER_test\output\M64_W8_H2_N10_POWER_aerscreen.out”，键入“Enter”进行下一步。

（10）步骤十：检验输入数据。

依提示，最终检验输入数据；检验 1—8 各项输入，可对应输入数字进行修改（见图 5-10）。

1 - Change Source Data（修改污染源及参数）

2 - Change Building Data（修改建筑物下洗及参数）

3 - Change Terrain Data（修改地形高程信息参数）

4 - Change Meteorology Data（修改气象及地表参数）

5 - Change Fumigation Data（修改熏烟选项及参数）

6 - Change Title（重命名模拟工程）

7 - Change Debug Option（调试选项）

8 - Change Output Filename（修改输出路径）

如无修改，则键入“Enter”，开始运行。

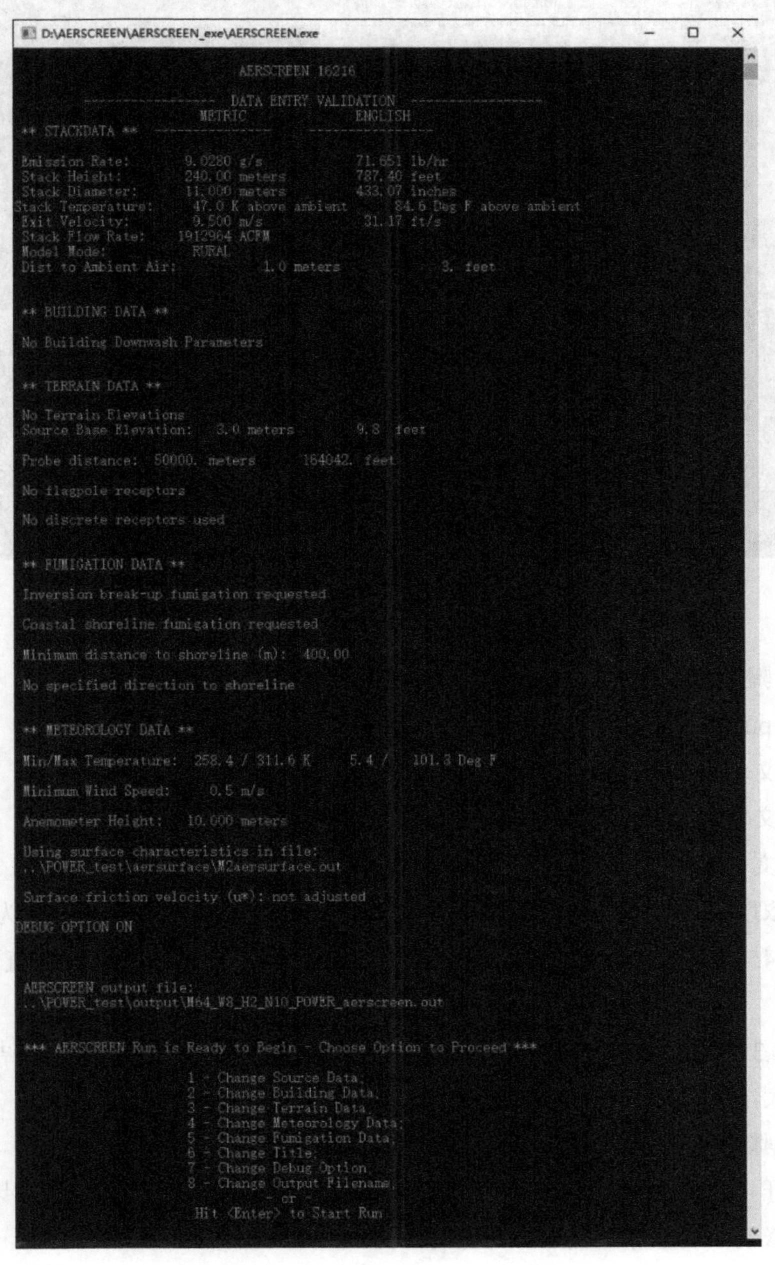

图 5-10　数据输入验证示例

本案例经检验需修改烟气温度为超出环境温度47℃，则输入“1”进入污染源参数修改，进入后再选择“4”修改（见图5-11）。修改完成键入“Enter”完成操作。

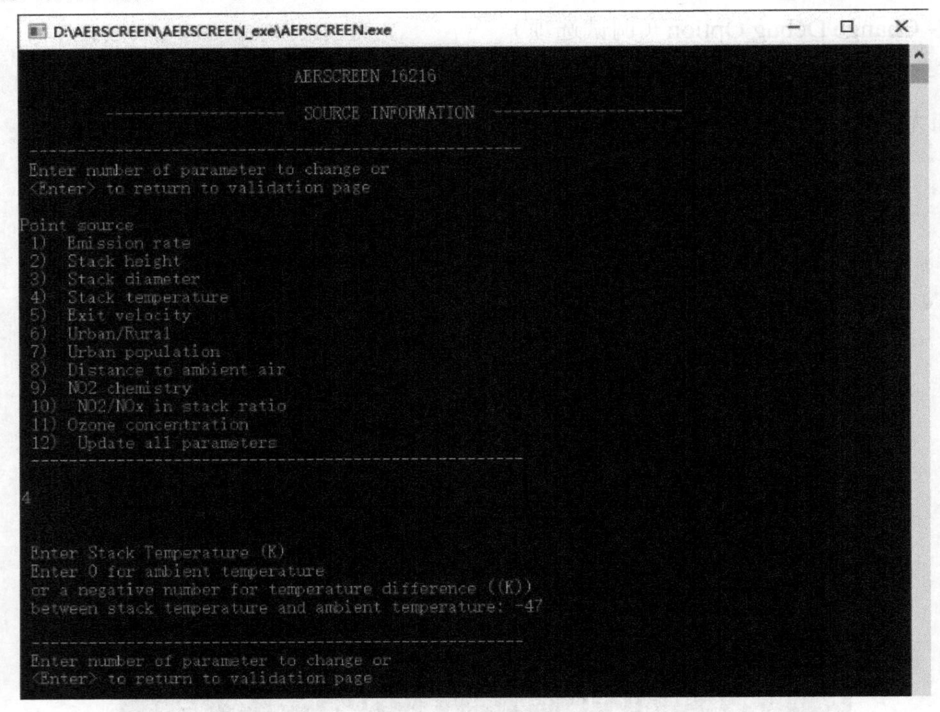

图5-11　参数验证修改示例

（11）步骤十一：查看输出。

打开output文件夹，出现6个文件，具体如下：

① .inp文件为输入参数。

② .log文件为日志文件。

③ .out文件为输出结果概况文件，包括污染源参数、建筑物下洗参数、按距离输出的最大落地浓度参数（轴向等间距1 h最大落地浓度，5 000 m内以25 m为间距，超过5 000 m，按450 m间距输出）、最大落地影响（1 h、3 h、8 h、24 h、年均值）、熏烟计算结果等。

④ 其余3个.txt文件分别为详细的浓度计算结果文件、熏烟计算详细结果文件和轴向等间距最大浓度结果文件，供读者进一步分析。

（12）步骤十二：重新调试运行/已有INP文件运行。

双击打开AERSCREEN.exe主程序，按提示输入“y”，即可直接进入步骤十，进行参数的验证修改，调整相应输入即可运行（见图5-12）。

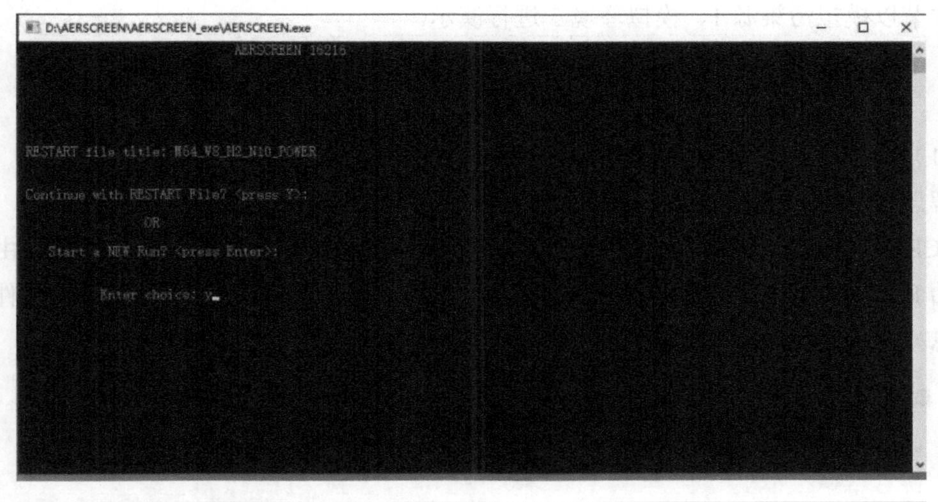

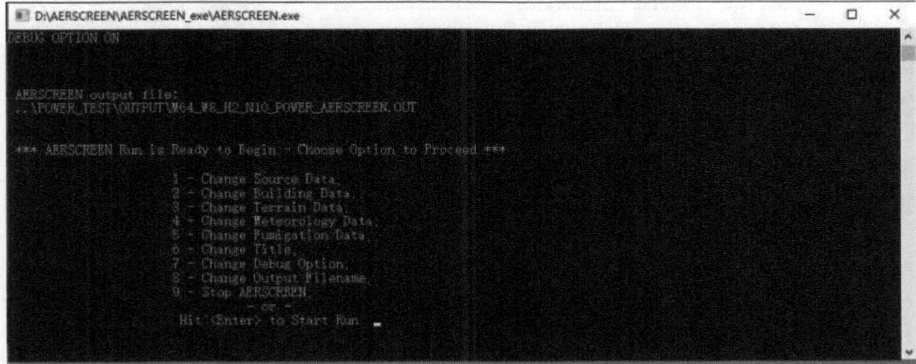

图 5-12　按已有 INP 文件运行示例

5.2　AERSCREEN 模拟水泥厂案例

5.2.1　概述

本节以水泥行业为例，为读者准备如表 5-3 所示的模拟排放源参数；并提供以下 5 套模拟环境参数（五选一即可），包括各个环境所需要的土地利用类型文件及地形文件（见表 5-2）。

表 5-3　模拟排放源参数

序号	排放烟囱高度/m	内径/m	烟气流速/(m/s)	烟气温度/℃	流量/(m^3/h)	压力	湿度	浓度/(mg/m^3)	排放量/(kg/h)	排放量/(g/s)
模拟污染源 1	40	3.5	5.137	220	177 840	/	/	20	4.529	1.258

本节以模拟污染源 1、模拟环境 3 进行演示。

5.2.2　具体操作步骤

（1）步骤一：打开 AERSCREEN 软件。

解压 AERSCREEN_exe.rar 压缩包文件，出现如图 5-13 所示的 6 个文件，其中 AERSCREEN.exe 即为模型主程序，双击打开（见图 5-14）。第一次打开该程序，由于没有初始 INP 文件，需要从初始信息开始输入（注：如已有 INP 文件，可在 INP 文件中更改信息）。

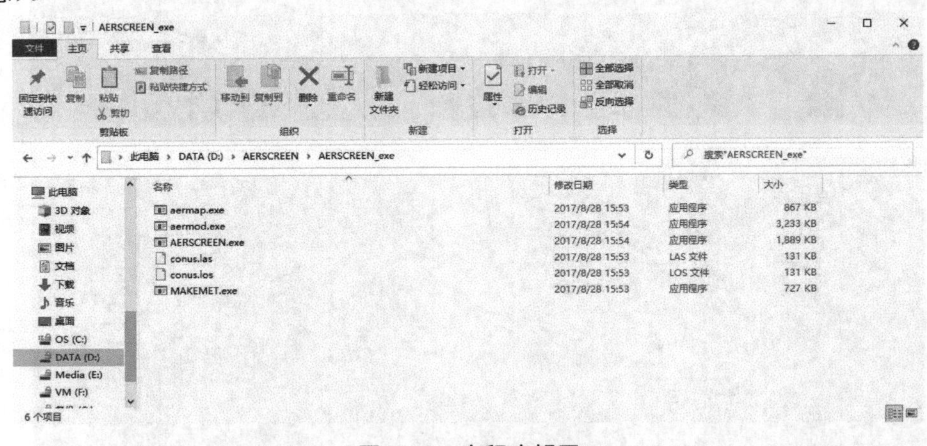

图 5-13　主程序解压

图 5-14　双击进入

（2）步骤二：按提示输入初始信息（见图 5-15）。

① 首先输入 case 名（命名方式依个人习惯或需求）：TEST01；

② 选择单位英制或国际单位制（米），选择“M”；

③ 选择点源、体源、矩形面源、圆形面源、火炬源、有盖帽点源、水平通风口排放源，选择点源“P”。

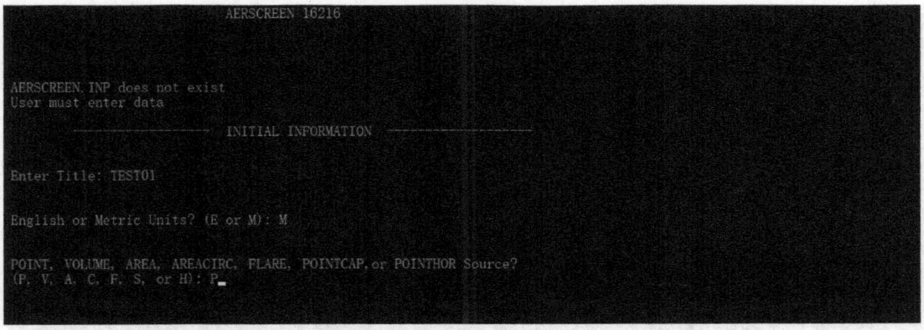

```
AERSCREEN 16216

AERSCREEN.INP does not exist
User must enter data
----------------- INITIAL INFORMATION -----------------

Enter Title: TEST01

English or Metric Units? (E or M): M

POINT, VOLUME, AREA, AREACIRC, FLARE, POINTCAP,or POINTHOR Source?
(P, V, A, C, F, S, or H): P
```

图 5-15 输入初始信息

（3）步骤三：输入污染源信息参数（见图 5-16）。

① 输入排放量，“1.258”。

② 输入烟囱高度，“40”。

③ 输入烟囱内直径，“3.5”。

④ 输入烟气温度，如果等于环境温度，则输入“0”；如果与环境温度不同，则输入与环境温度差值，用负数表示，本案例输入“–220”。

⑤ 选择烟气出口流量或流速的单位，“1”；其中，此处选择不同值及不同值的含义如下：

a）选择 1，流速，单位为 m/s；

b）选择 2，流速，单位为 ft/s；

c）选择 3，实际流量，单位为 ft^3/min；

⑥ 输入出口流速，“5.137”。

⑦ 选择所在地属于农村 R 或城市 U，本案例选农村“R”，如若选择城市，还需输入城市人口。

⑧ 输入计算点的最近距离，键入“Enter”，默认为 1 m。

⑨ 输入 NO_2 化学选项，“1”；其中，此处选择不同值及不同值的含义如下：

a）输入 1，不考虑 NO_2 的化学转化或没有 NO_2 此种污染物；

b）输入 2，使用臭氧限值方法；

c）输入 3，使用体积摩尔比法。

```
Enter Emission Rate (g/s): 1.258

Enter Stack Height (meters): 40

Enter Stack Diameter (meters): 3.5

Enter Stack Temperature (K)
Enter 0 for ambient temperature
or a negative number for temperature difference ((K))
between stack temperature and ambient temperature: -220

--------------------------------------------------
Option (1) - Exit Velocity (m/s)
Option (2) - Exit Velocity (ft/s)
Option (3) - Flow Rate (ACFM)
--------------------------------------------------

Enter Option for Flow Rate or Exit Velocity: 1

Enter Exit Velocity (m/s): 5.137

Rural or Urban? (R or U): R

Enter Minimum Distance (meters) to Ambient Air
<Enter> for default (1 m):

Enter an option for modeling NO2 chemistry
1)  No chemistry or pollutant is not NO2
2)  Use Ozone Limiting Method (OLM)
3)  Use Plume Volume Molar Ratio Method (PVMRM)
1
```

图 5-16　污染源信息参数输入

（4）步骤四：建筑物下洗选项输入（见图 5-17）。

本案例为农村地区，可不考虑建筑物下洗选项，输入“N”。

```
Include Building Downwash? (y/n): N
```

图 5-17　输入是否考虑建筑物下洗选项

（5）步骤五：输入地形高程信息参数。

① 是否考虑地形，本案例为复杂地形，输入“Y”。

② 输入模拟最大距离，键入“Enter”，默认值为 5 000 m，本案例计算 25 000 m，输入“25000”。

③ 是否需要计算关注点，最多 10 个，本案例不考虑，输入“N”。

④ 是否有关注点的高度，输入“N”。

⑤ 输入污染源高程，键入“Enter”，默认从已有地形文件中提取污染源高程，需提前收集项目所在地地形（.dem 或者.tif 格式）并编写程序可读取的地形文件“demlist.txt”（地形文件来自 SRTM）（见图 5-18）。

⑥ 直接输入污染源高程：

a）输入坐标类型：LATLON 经纬度或 UTM 坐标，本案例选择经纬度，输入

"LATLON";

b）输入排放源纬度（北正），"29.5869";

c）输入排放源经度（西负），"106.2214";

d）输入 UTM 的坐标基准点，"4"；其中，输入"1"，表示 1927 年北美基准点；输入"4"，表示 1983 年北美基准点（见图 5-19）。

图 5-18　demlist 文件示例

图 5-19　地形高程信息参数输入示例

（6）步骤六：输入气象及地表参数。

① 输入最低和最高环境温度，键入"Enter"，默认最低环境温度为 250 K，最高环境温度为 310 K。

输入最低环境温度（K），−14.8℃，"274.15"；

输入最高环境温度（K），38.5℃，"312.95"。

② 输入最小风速，或键入"Enter"，默认值为 0.50 m/s。

③ 输入风速计高度，或键入"Enter"，默认值为 10.0 m。

④ 输入地表参数选项：

a）输入"1"，用户指定值；

b）输入“2”，AERMET 按季节给定的值；

c）输入“3”，由外部文件导入。

本案例提供了外部输入文件，输入方式如图 5-20 所示，本书采用相对路径输入，“.\aersurface\M3aersurface.out”，也可输入绝对路径。

外部文件来自 AERSURFACE 在线服务系统，本书给出的另外 4 个模拟环境均提供了 aersurface.out 文件。

用户指定值及按季节给定值输入方式可参考《空气质量模型零基础实操指南》：是否要调整 u*的数据，不调整，输入“n”。

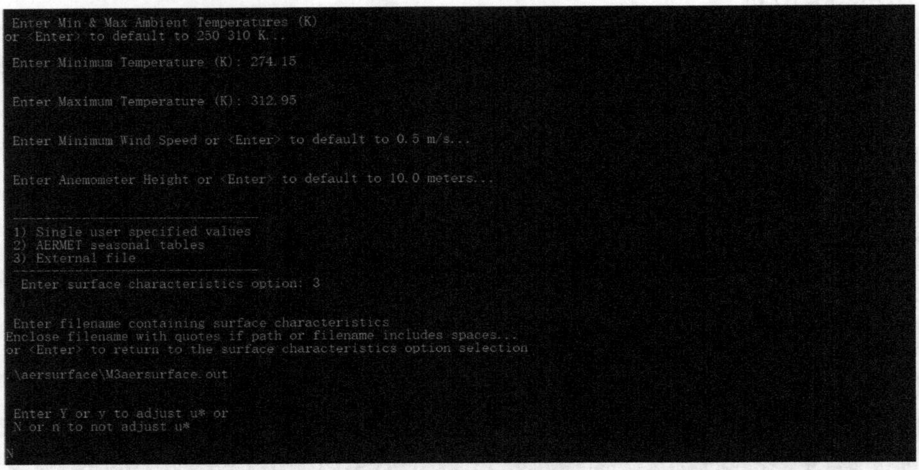

```
Enter Min & Max Ambient Temperatures (K)
or <Enter> to default to 250 310 K...

Enter Minimum Temperature (K): 274.15

Enter Maximum Temperature (K): 312.95

Enter Minimum Wind Speed or <Enter> to default to 0.5 m/s...

Enter Anemometer Height or <Enter> to default to 10.0 meters...

------------------------------------
1) Single user specified values
2) AERMET seasonal tables
3) External file
------------------------------------
 Enter surface characteristics option: 3

Enter filename containing surface characteristics
Enclose filename with quotes if path or filename includes spaces...
or <Enter> to return to the surface characteristics option selection

.\aersurface\M3aersurface.out

Enter Y or y to adjust u* or
N or n to not adjust u*

N
```

图 5-20 气象及地表参数输入示例

（7）步骤七：逆温熏烟与岸边熏烟选项输入（见图 5-21）。

① 是否考虑逆温熏烟，是，输入“Y”；

② 是否考虑岸边熏烟，否，输入“N”；

③ 输入海岸线的方向（0°～360°），或输入“−9”或键入“Enter”，代表没有特定方向，本案例键入“Enter”。（注：该指令要求输入的方向角均指与正北方向的夹角。）

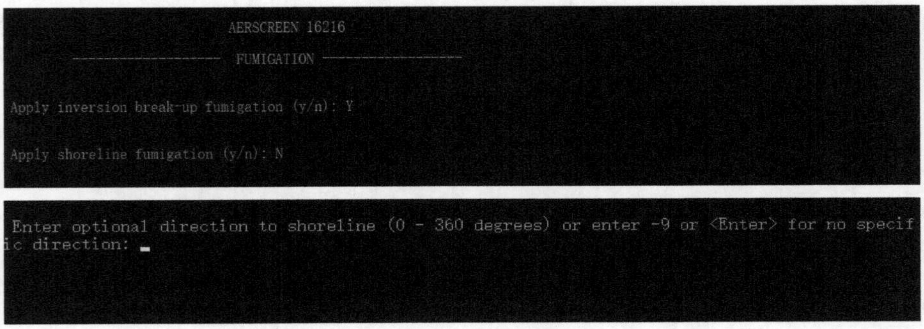

```
                    AERSCREEN 16216
        ------------------ FUMIGATION ------------------

Apply inversion break-up fumigation (y/n): Y

Apply shoreline fumigation (y/n): N
```

```
Enter optional direction to shoreline (0 - 360 degrees) or enter -9 or <Enter> for no specif
ic direction:
```

图 5-21 逆温选项输入示例

（8）步骤八：调试选项（见图 5-22）。

输入“y”或“n”可打开或关闭调试，键入“Enter”可直接忽略，本选项为是否生成错误信息文件的开关。如运行报错，则可打开此选项查看输出。

```
AERSCREEN 16216

Enter Y or y to turn on the debug option or <Enter> to not use the debug option
```

图 5-22　调试选项输入示例

（9）步骤九：选择输出路径。

如图 5-23 所示，本案例不指定，默认输入程序所在文件夹。也可根据需要自行指定输出路径。

“TEST01.OUT”键入“Enter”进行下一步。

```
AERSCREEN 16216

enter name of aerscreen output file
enter <enter> to use default name aerscreen.out
filename should include .out or .out extension
if filename contains spaces, enter entire filename in quotations

TEST01.OUT_
```

图 5-23　输出文件名称输入示例

（10）步骤十：检验输入数据。

依提示，最终检验输入数据。检验 1—8 各项输入，可对应输入数字进行修改（见图 5-24）。

1 - Change Source Data（修改污染源及参数）

2 - Change Building Data（修改建筑物下洗及参数）

3 - Change Terrain Data（修改地形高程信息参数）

4 - Change Meteorology Data（修改气象及地表参数）

5 - Change Fumigation Data（修改熏烟选项及参数）

6 - Change Title（重命名模拟工程）

7 - Change Debug Option（调试选项）

8 - Change Output Filename（修改输出路径）

如无修改，则键入“Enter”键，开始运行。

假设本案例经检验需修改烟气温度与环境温度差值，则输入“1”修改。修改完成键入“Enter”完成操作（见图 5-25）。

```
** FUMIGATION DATA **

No fumigation requested


** METEOROLOGY DATA **

Min/Max Temperature:  258.4 / 311.6 K     5.4 /   101.3 Deg F

Minimum Wind Speed:      0.5 m/s

Anemometer Height:   10.000 meters

Using surface characteristics in file:
.\aersurface\M3aersurface.out

Surface friction velocity (u*): not adjusted

DEBUG OPTION OFF



AERSCREEN output file:
TEST01.OUT


*** AERSCREEN Run is Ready to Begin - Choose Option to Proceed ***

                     1 - Change Source Data;
                     2 - Change Building Data;
                     3 - Change Terrain Data;
                     4 - Change Meteorology Data;
                     5 - Change Fumigation Data;
                     6 - Change Title;
                     7 - Change Debug Option;
                     8 - Change Output Filename;
                              - or -
                      Hit <Enter> to Start Run
```

图 5-24　参数验证修改示例

```
                              AERSCREEN 16216

          ----------------- DATA ENTRY VALIDATION -----------------
                        METRIC              ENGLISH
** STACKDATA **    ---------------     ---------------

Emission Rate:       1.2580 g/s             9.984 lb/hr
Stack Height:         40.00 meters         131.23 feet
Stack Diameter:       3.500 meters         137.80 inches
Stack Temperature:    50.0 K above ambient      90.0 Deg F above ambient
Exit Velocity:        5.137 m/s             16.85 ft/s
Stack Flow Rate:     104723 ACFM
Model Mode:           RURAL
Dist to Ambient Air:            1.0 meters             3. feet


** BUILDING DATA **

No Building Downwash Parameters


** TERRAIN DATA **

Input coordinates switched from geographic to UTM

Source Longitude:  106.22140 deg         618290. Easting
Source Latitude:    29.58690 deg        3273634. Northing
UTM Zone:            48          Reference Datum: 4 (NAD 83)
 Source elevation will be determined by AERMAP

Probe distance:  25000. meters       82021. feet

No flagpole receptors

No discrete receptors used


** FUMIGATION DATA **

No fumigation requested
```

图 5-25　数据输入验证示例

（11）步骤十一：查看输出。

打开 output 文件夹，出现 6 个文件，具体如下：

① .inp 文件为输入参数。

② .log 文件为运行日志。

③ .out 文件为输出结果概况文件，包括污染源参数、建筑物下洗参数、按距离输出的最大落地浓度参数（轴向等间距 1 h 最大落地浓度，5 000 m 内以 25 m 为间距，超过 5 000 m，按 450 m 间距输出）、最大落地影响（1 h、3 h、8 h、24 h、年均值）、熏烟计算结果等。

④ 其余 3 个.txt 文件分别为详细的浓度计算结果文件、熏烟计算详细结果文件和轴向等间距最大浓度结果文件，供读者进一步分析。

（12）步骤十二：重新调试运行/已有 INP 文件运行。

双击打开 AERSCREEN.exe 主程序，按提示键入“y”，即可直接进入步骤十，进行参数的验证修改，调整相应输入即可运行（见图 5-26）。

图 5-26 按已有 INP 文件运行示例

第6章
预测模型 AERMOD 案例

6.1 AERMOD 模型简介

6.1.1 模型历程与背景

AERMOD（AMS/EPA Regulatory Model）模型系统由美国法规模型改善委员会（AMS/EPA Regulatory Model Improvement Committee，AERMIC）于 1991 年开始着手开发。美国法规模型改善委员会是由美国国家环境保护局和美国气象学会（American Meteorological Society）联合组建的。美国国家环境保护局和美国气象学会的科学家共同参与了 AERMOD 开发工作。

20 世纪 70 年代开始，大量新的对行星边界层的认知通过数值模拟、现场观测、实验室模拟等方式被研究者发现。到 20 世纪 80 年代中后期，关于行星边界层的科学基础已经十分充足，同时，新的扩散方法已经为革新法规扩散模型做好了准备。另外，当时美国国家环境保护局的近场法规模型（ISC3）在长达 25 年时间内都没有任何改动，在这 25 年间，ISC3 承担了法规模型的重任，包括在新建源的许可评估、健康风险评价等方面的应用，但是越来越多的研究报道称其模拟技术采用的理论已经落后最新发现太多，其模拟结果和观测值存在较大偏差。

因此，美国法规模型改善委员会成立之后的第一个目标就是开发一款可以替代 ISC3 模型的，将最新研究理论应用于其中的，适用于评估污染源近场影响的法规模型。美国法规模型改善委员会选择了 ISC3 模型作为开发基础，在 ISC3 的基础上进行全面彻底的升级改造，改造后的模型即为现在的 AERMOD。

2000 年 4 月，美国国家环境保护局提议 AERMOD 取代 ISC3 作为 Appendix A 中的推荐模型。之后，该项提议通过正式的规则制定过程，进行了多轮的公众意见征集。2005 年 12 月，美国国家环境保护局正式将 AERMOD 列为推荐模型。

6.1.2　应用场景

AERMOD 模型系统以扩散统计理论为出发点，假设污染物的浓度分布在一定程度上服从高斯分布。AERMOD 模型系统可以在一次模拟计算过程中同时模拟多种排放源类型（点源、面源、体源、地面源、高架源等）。同时，AERMOD 模型系统也适用于农村和城市、平坦地形和复杂地形等情景的模拟预测。

现在，AERMOD 已经广泛地被美国国家环境保护局、其他国家和地区的环境保护机构用于当地的大气环境影响评估过程和其他应用场景。

AERMOD 主要的应用场景有两个：作为工程分析工具和法规辅助工具。

（1）AERMOD 作为工程分析工具主要在以下方面有应用。

① 烟囱高度分析。

通过模拟不同烟囱高度的污染物排放水平，来确定最优烟囱高度。

② 臭气浓度测定。

臭气是最常见的环境污染投诉项目。扩散模型可用于模拟预测空气中的臭气浓度。

③ 污染控制设备分析。

分析采用不同控制设备时的周围环境中污染物浓度变化，用以选取最经济、最有效的污染物控制设备。

④ 补充控制措施。

在某些国家，火力发电厂或冶炼厂运用扩散模型以及在线监测数据进行污染物浓度分析。一旦模型预测周边环境中的污染物浓度将超过标准，则需要适当降低运行负荷。

（2）AERMOD 作为法规辅助工具，在国外已经被应用于制订法规［如《州空气改善实施计划》修正案（SIP Revisions）］；新污染源审查（NSR）；防止空气质量严重恶化条款（PSD）；证明未达标区（nonattainment areas）的空气改善效果；《超级基金修订与再授权法》第三篇（SARA Title Ⅲ）要求的规划需要；分析城市有毒污染物水平。

2008 年，我国发布的《环境影响评价技术导则　大气环境》（HJ 2.2—2008）的附录 A 中列举了推荐模型，其中 A.2 节中明确将 AERMOD 列为法规推荐模型，这是 AERMOD 在我国首次被列为推荐模型。

2018 年，我国在《环境影响评价技术导则　大气环境》（HJ 2.2—2008）基础上进行了修订完善，发布了《环境影响评价技术导则　大气环境》（HJ 2.2—2018）。在 HJ 2.2—2018 8.5.1.2 节的推荐模型表中，AERMOD 依然位列其中，同时明确了 AERMOD 模型系统在小于或等于 50 km 的小尺度范围具有较好的准确性和适应性。同时，在 HJ 2.2—2018 中对 AERMOD 模型系统中气象数据的要求、土地利用类型的选取、网格分辨率的要求进行了更为详细的说明，并且在 HJ 2.2—2018 中首次提出了根据计算结果绘制防护区域的概念，将 AERMOD 模型结果更好地和防护措施相结合。

6.1.3　AERMOD 模型系统组成及工作流程

AERMOD 模型系统组成及工作流程如图 6-1 所示，包括 AERMOD 扩散模型、AERMET 气象预处理模块和 AERMAP 地形预处理模块三大部分，每一部分都拥有对应的可执行文件，即 AERMOD.EXE、AERMET.EXE、AERMAP.EXE。每一个可执行文件都拥有其各自的输入文件和输出文件，输入文件的制作需要满足各自的格式要求。AERMET 气象预处理模块和 AERMAP 地形预处理模块的输出文件会作为 AERMOD 扩散模型的部分输入文件。

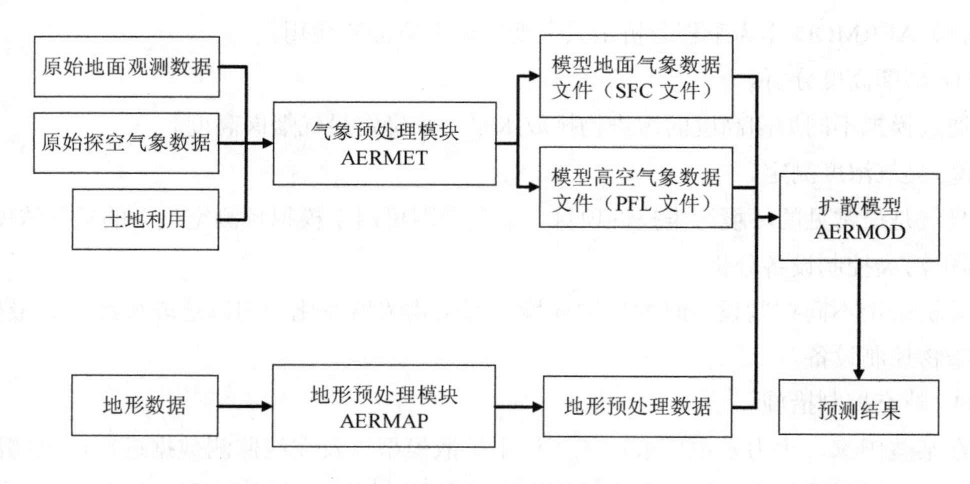

图 6-1　AERMOD 模型系统组成及工作流程

美国法规模型改善委员会大约每年会更新一次 AERMOD 扩散模型的执行文件，AERMET 气象预处理模块和 AERMAP 地形预处理模块执行文件的更新周期会相对长一些。执行文件的更新一方面会将最新的模型理论应用于其中，另一方面会修复一些上一版本在使用过程中发现的问题和错误。目前，在 2018 年国内《环境影响评价技术导则　大气环境》（HJ 2.2—2018）发布的背景下，较为常用的是 2018 年发布的执行文件。

AERMET 需要通过输入气象观测数据，生成 AERMOD 需要的两个文件：模型地面气象数据文件（SFC 文件）和模型高空气象数据文件（PFL 文件）。AERMAP 是 AERMOD 的地形数据处理器，它将输入的各受体点地形高度（x，y，z）及其山体高度尺度（x_t，y_t，z_t）经过计算转化成 AERMOD 所需的地形数据。AERMET 和 AERMAP 运行得到的结果将作为 AERMOD 的部分输入参数，通过 AERMOD 输入文件的设置进行引用，最终运行 AERMOD 执行文件得到各受体点的模拟浓度结果。

本书后续章节将详细介绍如何使用美国国家环境保护局发布的原始执行程序（AERMOD.

EXE、AERMET.EXE、AERMAP.EXE）完成模拟预测工作。同时，每个部分都会以案例的形式，帮助读者快速了解如何按照格式要求制作各个执行文件的输入文件，以及各个模块输出文件的内容和用途。其中 6.2 节主要描述 AERMET.EXE 可执行文件输入文件的制作和对应的输出文件结果，6.3 节主要描述 AERMAP.EXE 可执行文件输入文件的制作和对应的输出文件结果，6.4 节将通过对常见的点源和面源污染源的案例设置介绍，让读者清楚了解如何制作 AERMOD.EXE 的输入文件，并通过 AERMOD.EXE 的输入文件把 6.2 节和 6.3 节生成的输出文件导入 AERMOD 中进行计算，最终得到各受体点的模拟浓度结果。

6.2 AERMET 案例

6.2.1 AERMET 工作流程简介

AERMET 工作流程主要分成 3 个阶段（见图 6-2）。

第一阶段：通过输入文件导入原始气象数据，包括原始地面观测气象数据、原始探空气象数据和原始现场数据文件，将其中有用的信息进行提取和质量检查。

第二阶段：合并所有输入的气象数据。

第三阶段：生成 AERMOD.EXE 所需要输入的模型地面气象数据文件（SFC 文件）和模型高空气象数据文件（PFL 文件）。

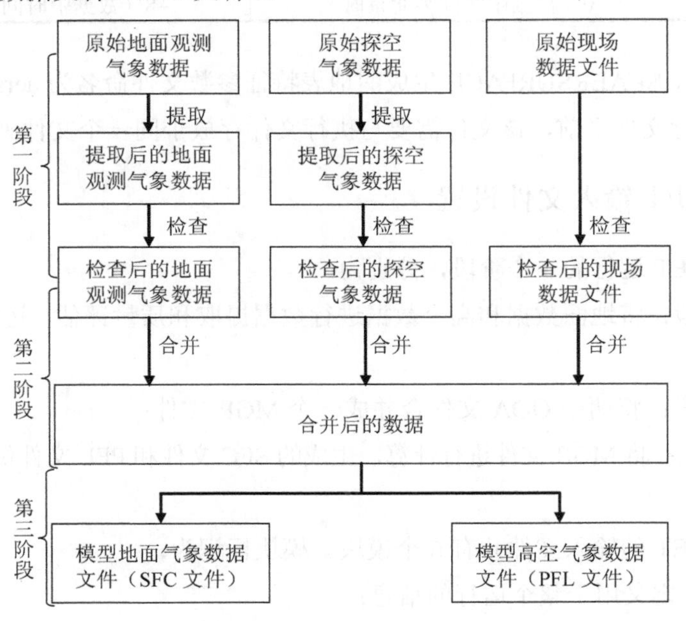

图 6-2　AERMET 工作流程

6.2.2 AERMET 案例说明

AERMET 所需要的原始地面观测气象数据文件常见的格式为 CD144 格式，常用扩展名为.met；原始探空气象数据文件常见的格式为 FSL 格式，常用扩展名为.RAO。原始地面观测气象数据一般采用离项目点最近的地面观测站的逐时气象数据（若无逐小时数据，至少为 6 h 间隔数据），至少包含温度、风向、风速这 3 个气象参数；国内气象站分为基准站和一般站两种等级，基准站有云量观测，一般站没有云量观测。当无法获得云量数据时，可以从中尺度数据（WRF）中提取云量数据；原始探空气象数据可以用实际的观测数据，也可以从中尺度数据（WRF）中提取距离项目点最近的气象网格点数据。

本案例中心点为（118.667°E，28.833°N），选取的地面气象站为东部省份某站点，气象数据说明见表 6-1。

表 6-1　原始气象数据参数

数据类型	原始地面观测气象数据	原始探空气象数据
文件名	CASE.met	CASE.RAO
格式	CD144	FSL
站点号	58632	99999
海拔	126.3 m	/
经纬度	28.717°N，118.6°E	28.90°N，118.80°E
时间区间	2020-01-01 至 2020-01-31	2019-12-31 至 2020-01-31
与当地时差	0（数据中时间为北京时）	–8（数据中时间为世界时）

在本案例中，将 AERSURFACE 生成的地表特征参数文件命名为 aersurface.out。在运行 AERMET 执行文件之前，该文件需要与执行文件存放于同一个文件夹下。

6.2.3 AERMET 输入文件设置

（1）AERMET 运行的 3 个阶段，分别为：

① 第一阶段：将地面数据和高空数据进行数据提取和质量评估，运行成功后生成两个 OQA 文件；

② 第二阶段：将两个 OQA 文件合并成一个 MGR 文件；

③ 第三阶段：将 MGR 文件进行计算，生成的 SFC 文件和 PFL 文件供后续 AERMOD.EXE 使用。

（2）AERMET 的输入文件共有 6 个模块。模块标识为：

① JOB——定义用于整个运行的信息；

② UPPERAIR——定义探空站及数据文件信息；

③ SURFACE——定义地面站及数据文件信息；

④ ONSITE——定义现场站及数据文件信息；

⑤ MERGE——合并气象数据；

⑥ METPREP——估算 PBL 参数并输出最终结果。

AERMET 运行的 3 个阶段分别需要 3 个输入文件，可分别命名为 AERMET_S1.INP、AERMET_S2.INP 和 AERMET_S3.INP。AERMET_S1.INP 文件需要输入探空站的 FSL 格式文件和地面站的 CD144 格式文件，第一阶段对气象文件进行提取和质量评估，运行成功后生成两个 OQA 文件。

下面将分别讲解 AERMET 的 3 个输入文件的设置案例。输入文件案例中，加粗字体为功能路径与关键词的组合；"**" 后面斜体为注释，不需要写入实际的输入文件中；常规字体表示需要根据自身项目进行调整的内容。下文其他输入文件案例字体说明参照本节，不再赘述。AERMET_S1.INP 的格式如下：

JOB

*** JOB 段开始命令。*

MESSAGES AERMET.ATM

*** 运行的信息汇总文件，可自定义文件名。*

REPORT AERMET.ATR

*** 运行的总结报告文件，可自定义文件名。*

UPPERAIR

*** UPPERAIR 表示开始定义探空站及数据文件信息。*

DATA " CASE.RAO" FSL

*** DATA 后面填写原始探空气象数据文件名称和格式类型。*

EXTRACT "AERMET_UA.IQA"

*** EXTRACT 后填写提取后的探空高空数据的 IQA 文件名称，以 IQA 为后缀。*

XDATES 19/12/31 TO 21/01/01

*** XDATES 后填写原始探空气象数据气象的起止日期。*

LOCATION 99999 28.90N 118.80E -8

*** LOCATION 后填写站点号、坐标（本案例中为 28.90N 118.80E）、时区（本案例中为-8）。*

QAOUT AERMET_UA.OQA

*** QAOUT 后填写输出文件的名称。*

SURFACE
** *SURFACE 表示开始定义地面站及数据文件信息。*
DATA "CASE.met" CD144
** *DATA 后面填写原始地面观测气象数据文件的名称和类型。*
EXTRACT "AERMET_SF.IQA"
** *EXTRACT 后填写提取后的地面 IQA 文件名称。*
XDATES 20/01/01 TO 20/12/31
** *XDATES 后填写原始地面观测气象数据的起止日期。*
LOCATION 58632 28.717N 118.6E 0 126.3
** *LOCATION 后填写站点号、坐标、时区、海拔。*
QAOUT AERMET_SF.OQA
** *QAOUT 后填写输出文件的名称。*

AERMET_S2.INP 文件需要输入第一阶段生成的两个 OQA 文件，并将数据进行合并后生成 MRG 文件，注意合并的气象数据起止时间为高空数据和地面数据起止时间交集的子集。AERMET_S2.INP 的格式如下：

JOB
** *JOB 段开始命令。*
MESSAGES AERMET.ATM
***运行的信息汇总文件。*
REPORT AERMET.ATR
***运行的总结报告文件。*

UPPERAIR
** *定义探空气象数据段。*
QAOUT AERMET_UA.OQA
** *输入第一阶段评估后探空文件为 AERMET_UA.OQA。*

SURFACE
** *定义地面气象数据段。*
QAOUT AERMET_SF.OQA
** *输入第一阶段评估后地面文件为 AERMET_SF.OQA。*

MERGE
*** 定义合并内容段。*
OUTPUT AERMET.MRG
*** 合并后输出文件为 AERMET.MRG。*
XDATES 20/01/01 TO 20/12/31
*** 气象起止日期。*

AERMET_S3.INP 文件需要输入第二阶段生成的 MRG 文件，进行计算后生成 AERMOD 模块所需的 SFC 文件和 PFL 文件。AERMET_S3.INP 的格式如下：

JOB
*** JOB 段开始命令。*
MESSAGES AERMET.ATM
***运行的信息汇总文件。*
REPORT AERMET.ATR
***运行的总结报告文件。*
METPREP
*** METPREP 开始。*
DATA AERMET.MRG
*** 输入文件第二阶段输出的文件 AERMET.MRG。*
MODEL AERMOD
***设置数据处理需要遵照的模型要求，默认为 AERMOD。*

OUTPUT AERMET.SFC
*** OUTPUT 后填写模型地面气象数据文件的名称。*
PROFILE AERMET.PFL
*** PROFILE 后填写模型高空气象数据文件的名称。*

METHOD WIND_DIR RANDOM
*** 方法选项：随机化风向。*
METHOD REFLEVEL SUBNWS
*** 方法选项：允许用 NWS 数据。*

METHOD STABLEBL ADJ_U*
** 　*方法选项：在稳定和小风速下调整 U*计算。*
NWS_HGT WIND 10
** *指定地面站测风高度：10 m。*
XDATES 20/01/01 TO 20/12/31
** *填写气象起止日期。*

AERSURF aersurface.out
** *土地利用参数读取文件。*

根据项目情况将上述输入文件中的参数设置完成后，将输入文件保存至与执行文件同一文件夹下，完成运行模型的准备工作。

在实际项目中，能够直接获得的气象数据可能是 Excel 表格形式，需要按要求进行格式转换以满足被 AERMET.EXE 读取。当然市面上也有一些商业化的软件提供了自动转换格式的工具。以某款商业软件为例，如图 6-3 所示，可以将 Excel 表格形式的气象数据在进行一系列操作之后完成格式转换，转换后的数据可以被 AERMET.EXE 读取使用。

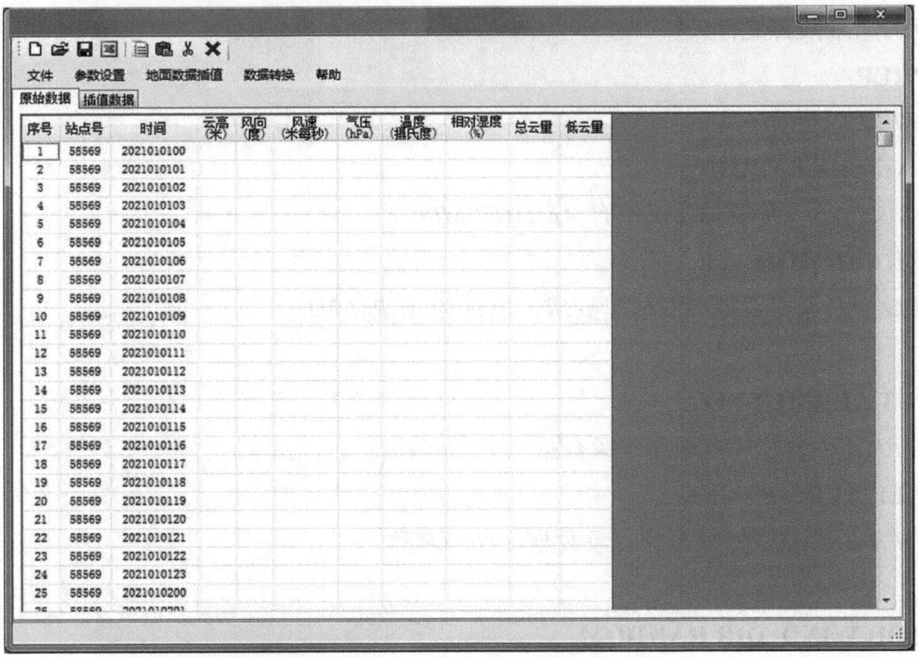

图 6-3　气象数据格式转换工具

另外，当无法获得 AERSURFACE 文件时，需要将项目周边 3 km 范围内的地貌按照不同的土地利用分成多个扇区，同一土地利用类型为一个扇区，并记录下各个扇区的起止角度，并按照季节/月份的不同计算不同时间段的地表特征参数（表面粗糙度、波文比、反照率），并制作对应 AERMET 输入文件。当前市面上存在一些商业化软件，用户能够以图形界面方式设置不同扇区（见图 6-4）。设置完成后，程序将自动完成各个地表特征参数的计算。其他设置也可以根据图形界面的提示进行设置，软件将按照要求自动完成 AERMET 输入文件的制作，计算完成后将生成 AERMOD 所需要的模型地面气象数据文件（SFC 文件）和模型高空气象数据文件（PFL 文件）。

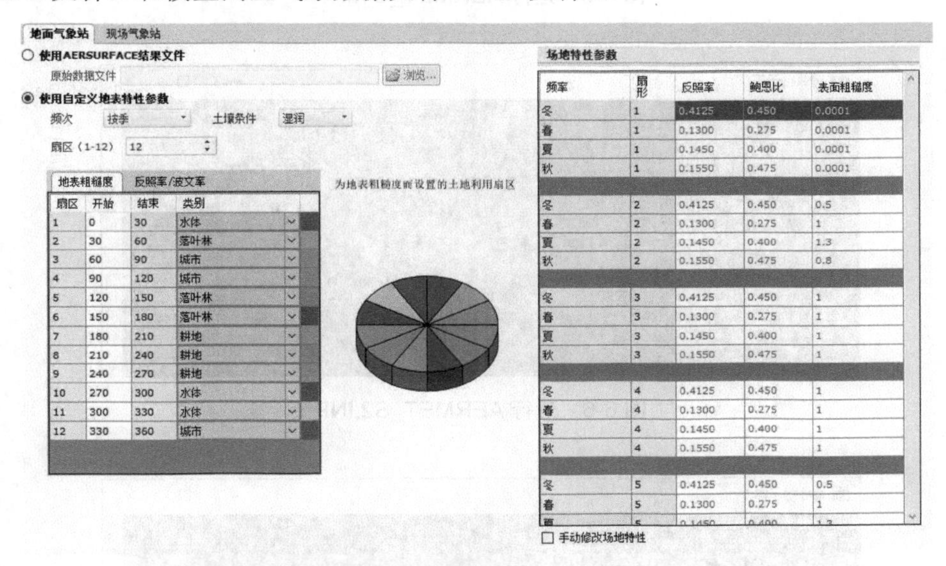

图 6-4　某商业软件设置土地利用扇区界面

6.2.4　AERMET 输出结果

本案例存放位置为 C：\AERMET，使用的 AERMET 执行程序名称为 AERMET.EXE，输入文件名称为 AERMET_S1.INP、AERMET_S2.INP、AERMET_S3.INP。在命令提示符窗口输入“cd C：\AERMET”后回车，来到目标路径下，再输入“AERMET.EXE AERMET_S1.INP”回车即可运行 AERMET 执行程序，以同样的方法运行 AERMET_S2.INP 和 AERMET_S3.INP（见图 6-5 至图 6-7）。

命令提示符
Microsoft Windows [版本 10.0.19043.985]
(c) Microsoft Corporation。保留所有权利。
C:\Users\Xma.TCICHINA>cd C:\AERMET
C:\AERMET>AERMET.EXE AERMET_S1.INP

图 6-5 运行 AERMET_S1.INP

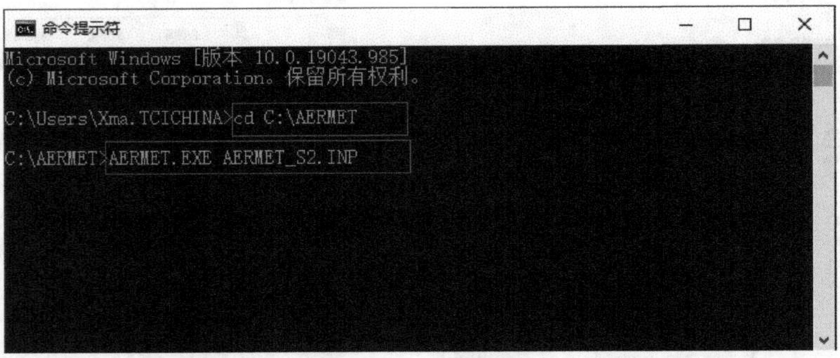

命令提示符
Microsoft Windows [版本 10.0.19043.985]
(c) Microsoft Corporation。保留所有权利。
C:\Users\Xma.TCICHINA>cd C:\AERMET
C:\AERMET>AERMET.EXE AERMET_S2.INP

图 6-6 运行 AERMET_S2.INP

命令提示符
Microsoft Windows [版本 10.0.19043.985]
(c) Microsoft Corporation。保留所有权利。
C:\Users\Xma.TCICHINA>cd C:\AERMET
C:\AERMET>AERMET.EXE AERMET_S3.INP

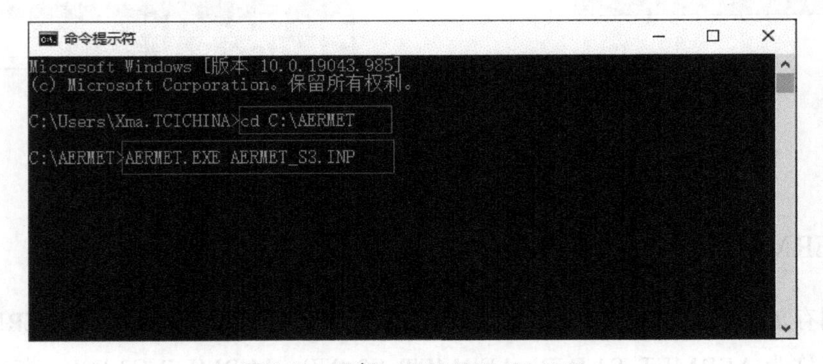

图 6-7 运行 AERMET_S3.INP

AERMET 运行所需文件及运行后生成的文件如图 6-8 所示，其中 CASE.met 是原始地面观测气象数据文件；CASE.RAO 是原始探空气象数据文件；aersurface.out 是土地利用文件；AERMET.EXE 是执行文件；AERMET_S1.INP、AERMET_S2.INP 和 AERMET_S3.INP 是 3 个阶段的输入文件；AERMET_UA.OQA、AERMET_UA.IQA、AERMET_UA.OQA 和 AERMET_SF.IQA 为第一阶段的输出文件；AERMET.MRG 为第二阶段的输出文件；AERMET.PFL 和 AERMET.SFC 为第三阶段的输出文件；AERMET.ATM 和 AERMET.ATR

分别为运行信息文件和报告文件。

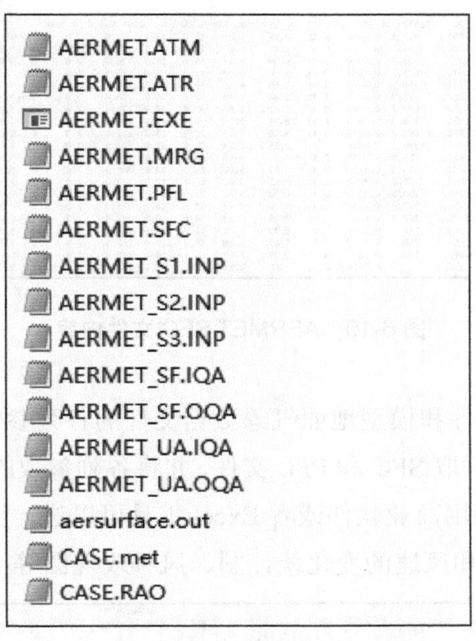

图 6-8 AERMET 输入及输出文件

生成的模型高空气象数据文件AERMET.PFL和模型地面气象数据文件AERMET.SFC将作为 AERMOD.EXE 的部分输入文件。如图 6-9 和图 6-10 所示，用记事本打开 AERMET.PFL 和 AERMET.SFC 文件可以查看文件内部的参数信息。

AERMET.PFL - 记事本

文件(F) 编辑(E) 格式(O) 查看(V) 帮助(H)

```
20  1  1  1     10.0 1    31.0     5.10     3.90    99.00    99.00
20  1  1  2     10.0 1    28.0     5.10     3.90    99.00    99.00
20  1  1  3     10.0 1    34.0     5.10     3.30    99.00    99.00
20  1  1  4     10.0 1    43.0     4.60     3.30    99.00    99.00
20  1  1  5     10.0 1    33.0     4.10     3.30    99.00    99.00
20  1  1  6     10.0 1    32.0     4.10     3.30    99.00    99.00
20  1  1  7     10.0 1    35.0     4.60     3.30    99.00    99.00
20  1  1  8     10.0 1    33.0     3.10     3.30    99.00    99.00
20  1  1  9     10.0 1    27.0     3.60     3.90    99.00    99.00
20  1  1 10     10.0 1    31.0     3.10     5.00    99.00    99.00
20  1  1 11     10.0 1    44.0     3.10     6.70    99.00    99.00
20  1  1 12     10.0 1    16.0     3.10     7.80    99.00    99.00
20  1  1 13     10.0 1    13.0     3.10     8.90    99.00    99.00
20  1  1 14     10.0 1    29.0     3.60    10.60    99.00    99.00
20  1  1 15     10.0 1    32.0     4.10    11.10    99.00    99.00
20  1  1 16     10.0 1    34.0     5.10    10.60    99.00    99.00
20  1  1 17     10.0 1    31.0     5.70    10.60    99.00    99.00
20  1  1 18     10.0 1    47.0     3.10     9.40    99.00    99.00
20  1  1 19     10.0 1    14.0     3.10     8.90    99.00    99.00
20  1  1 20     10.0 1    17.0     2.10     8.30    99.00    99.00
20  1  1 21     10.0 1    30.0     1.50     7.80    99.00    99.00
```

图 6-9 AERMET.PFL 文件内容

```
AERMET.SFC - 记事本
文件(F) 编辑(E) 格式(O) 查看(V) 帮助(H)
   28.717N    118.6E          UA_ID:    99999  SF_ID:    58632  OS_ID:              VERSION: 18081  ADJ_U*  CCVR_Sub TEMP_Sub
20  1  1  1  1  -64.0  0.873 -9.000 -9.000 -999. 1956.    923.8 0.6660   0.41   1.00   5.10  31.0  10.0  277.0   2.0   0  -9.00   59.   998.    5 NAD-SFC NoSubs
20  1  1  1  2  -60.5  0.600 -9.000 -9.000 -999. 1208.    396.1 0.3110   0.41   1.00   5.10  28.0  10.0  277.0   2.0   0  -9.00   61.   998.    4 NAD-SFC NoSubs
20  1  1  1  3  -64.0  0.873 -9.000 -9.000 -999. 1952.    923.8 0.6660   0.41   1.00   5.10  34.0  10.0  276.4   2.0   0  -9.00   64.   998.    4 NAD-SFC NoSubs
20  1  1  1  4  -64.0  0.783 -9.000 -9.000 -999. 1678.    673.7 0.6660   0.41   1.00   4.60  43.0  10.0  276.4   2.0   0  -9.00   63.   998.    5 NAD-SFC NoSubs
20  1  1  1  5  -64.0  0.691 -9.000 -9.000 -999. 1395.    525.7 0.6660   0.41   1.00   4.10  33.0  10.0  276.4   2.0   0  -9.00   65.   998.    6 NAD-SFC NoSubs
20  1  1  1  6  -64.0  0.691 -9.000 -9.000 -999. 1380.    525.7 0.6660   0.41   1.00   4.10  32.0  10.0  276.4   2.0   0  -9.00   65.   998.    8 NAD-SFC NoSubs
20  1  1  1  7  -64.0  0.783 -9.000 -9.000 -999. 1657.    673.7 0.6660   0.41   1.00   4.60  35.0  10.0  276.4   2.0   0  -9.00   66.   998.   10 NAD-SFC NoSubs
20  1  1  1  8  -45.0  0.521 -9.000 -9.000 -999.  980.    298.3 0.6660   0.41   0.51   3.10  33.0  10.0  276.4   2.0   0  -9.00   66.   998.   10 NAD-SFC NoSubs
20  1  1  1  9   10.0  0.421  0.318  0.014  114.  671.   -665.2 0.3110   0.41   0.28   3.60  27.0  10.0  277.0   2.0   0  -9.00   64.   998.    9 NAD-SFC NoSubs
20  1  1  1 10   36.7  0.479  0.650  0.013  267.  794.   -266.1 0.6660   0.41   0.21   3.10  31.0  10.0  278.1   2.0   0  -9.00   62.   998.    8 NAD-SFC NoSubs
20  1  1  1 11   51.9  0.485  0.874  0.013  457.  811.   -195.8 0.6660   0.41   0.18   3.10  44.0  10.0  279.9   2.0   0  -9.00   56.   998.    8 NAD-SFC NoSubs
20  1  1  1 12   72.8  0.395  1.030  0.014  535.  602.    -75.4 0.3110   0.41   0.17   3.10  16.0  10.0  280.9   2.0   0  -9.00   53.   998.    7 NAD-SFC NoSubs
20  1  1  1 13   82.9  0.398  1.114  0.014  593.  603.    -67.8 0.3110   0.41   0.17   3.10  13.0  10.0  282.0   2.0   0  -9.00   51.   998.    6 NAD-SFC NoSubs
20  1  1  1 14   82.2  0.450  1.138  0.014  639.  725.    -98.9 0.3110   0.41   0.18   3.60  29.0  10.0  283.8   2.0   0  -9.00   48.   998.    4 NAD-SFC NoSubs
20  1  1  1 15   63.1  0.627  1.060  0.011  671. 1191.   -347.9 0.6660   0.41   0.20   4.10  32.0  10.0  284.2   2.0   0  -9.00   50.   998.    3 NAD-SFC NoSubs
20  1  1  1 16   33.5  0.762  0.865  0.008  687. 1591.  -1172.9 0.6660   0.41   0.25   5.10  34.0  10.0  283.8   2.0   0  -9.00   51.   998.    3 NAD-SFC NoSubs
20  1  1  1 17  -16.2  0.987 -9.000 -9.000 -999. 2346.   5280.6 0.6660   0.41   0.41   5.70  31.0  10.0  283.8   2.0   0  -9.00   53.   998.    2 NAD-SFC NoSubs
20  1  1  1 18  -51.3  0.519 -9.000 -9.000 -999. 1192.    296.5 0.6660   0.41   1.00   3.10  47.0  10.0  282.5   2.0   0  -9.00   56.   998.    5 NAD-SFC NoSubs
20  1  1  1 19  -35.4  0.357 -9.000 -9.000 -999.  591.    140.4 0.3110   0.41   1.00   3.10  14.0  10.0  282.0   2.0   0  -9.00   59.   998.    6 NAD-SFC NoSubs
20  1  1  1 20  -23.6  0.238 -9.000 -9.000 -999.  296.     62.3 0.3110   0.41   1.00   2.10  17.0  10.0  281.4   2.0   0  -9.00   60.   998.    6 NAD-SFC NoSubs
```

图 6-10　AERMET.SFC 文件内容

模型高空气象数据文件和模型地面气象数据文件的各列参数说明可查看官网用户手册。部分商业化软件可以读取 SFC 和 PFL 文件，并将各列参数的含义显示在软件界面上，如图 6-11 所示。同时，利用商业软件或者 Excel 工具可以进一步对 SFC 文件中参数进行结果统计分析，绘制温度和风速的变化统计图、风频玫瑰图等（见图 6-12 和图 6-13）。

	日期	小时	感热通量	摩擦速度	对流速度尺度	位温垂直梯度	对流混合层高度	机械混合层高度	莫宁-奥布霍夫长度	地表粗糙度	鲍文比	地表反照率	风速	风向	风速计量高度(m)
1		1	-64.0	0.873	-9.000	-9.000	-999.	1956.	923.8	0.6660	0.41	1.00	5.10	31.0	10.0
2	2020年1月1日	2	-60.5	0.600	-9.000	-9.000	-999.	1208.	396.1	0.3110	0.41	1.00	5.10	28.0	10.0
3	2020年1月1日	3	-64.0	0.873	-9.000	-9.000	-999.	1952.	923.8	0.6660	0.41	1.00	5.10	34.0	10.0
4	2020年1月1日	4	-64.0	0.783	-9.000	-9.000	-999.	1678.	673.7	0.6660	0.41	1.00	4.60	43.0	10.0
5	2020年1月1日	5	-64.0	0.691	-9.000	-9.000	-999.	1395.	525.7	0.6660	0.41	1.00	4.10	33.0	10.0
6	2020年1月1日	6	-64.0	0.691	-9.000	-9.000	-999.	1380.	525.7	0.6660	0.41	1.00	4.10	32.0	10.0
7	2020年1月1日	7	-64.0	0.783	-9.000	-9.000	-999.	1657.	673.7	0.6660	0.41	1.00	4.60	35.0	10.0
8	2020年1月1日	8	-45.0	0.521	-9.000	-9.000	-999.	980.	298.3	0.6660	0.41	0.51	3.10	33.0	10.0
9	2020年1月1日	9	10.0	0.421	0.318	0.014	114.	671.	-665.2	0.3110	0.41	0.28	3.60	27.0	10.0
10	2020年1月1日	10	36.7	0.479	0.650	0.013	267.	794.	-266.1	0.6660	0.41	0.21	3.10	31.0	10.0
11	2020年1月1日	11	51.9	0.485	0.874	0.013	457.	811.	-195.8	0.6660	0.41	0.18	3.10	44.0	10.0
12	2020年1月1日	12	72.8	0.395	1.030	0.014	535.	602.	-75.4	0.3110	0.41	0.17	3.10	16.0	10.0
13	2020年1月1日	13	82.9	0.398	1.114	0.014	593.	603.	-67.8	0.3110	0.41	0.17	3.10	13.0	10.0
14	2020年1月1日	14	82.2	0.450	1.138	0.014	639.	725.	-98.9	0.3110	0.41	0.18	3.60	29.0	10.0
15	2020年1月1日	15	63.1	0.627	1.060	0.011	671.	1191.	-347.9	0.6660	0.41	0.20	4.10	32.0	10.0
16	2020年1月1日	16	33.5	0.762	0.865	0.008	687.	1591.	-1172.9	0.6660	0.41	0.25	5.10	34.0	10.0
17	2020年1月1日	17	-16.2	0.987	-9.000	-9.000	-999.	2346.	5280.6	0.6660	0.41	0.41	5.70	31.0	10.0
18	2020年1月1日	18	-51.3	0.519	-9.000	-9.000	-999.	1192.	296.5	0.6660	0.41	1.00	3.10	47.0	10.0
19	2020年1月1日	19	-35.4	0.357	-9.000	-9.000	-999.	591.	140.4	0.3110	0.41	1.00	3.10	14.0	10.0
20	2020年1月1日	20	-23.6	0.238	-9.000	-9.000	-999.	296.	62.3	0.3110	0.41	1.00	2.10	17.0	10.0
21	2020年1月1日	21	-24.2	0.243	-9.000	-9.000	-999.	288.	65.2	0.6660	0.41	1.00	1.50	30.0	10.0

图 6-11　某商业软件打开 SFC 文件后的参数列表

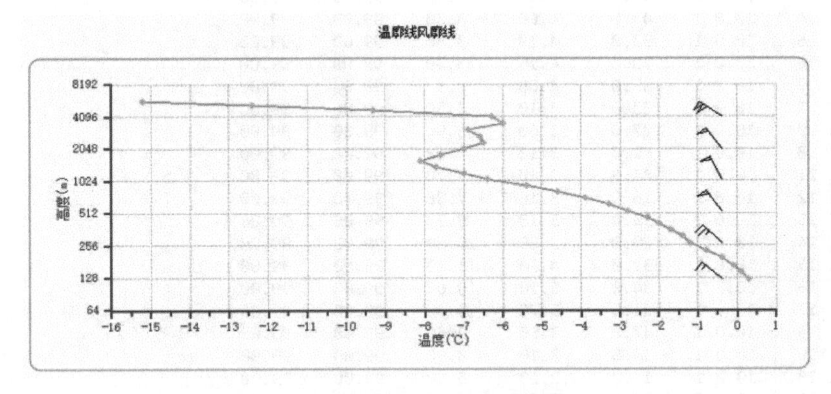

图 6-12　某商业软件绘制的风廓线图

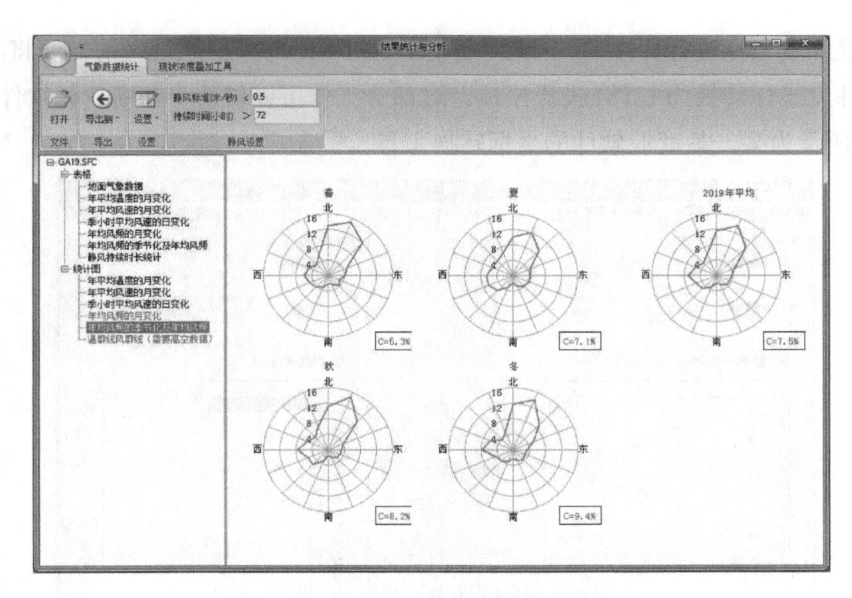

图 6-13　某商业软件绘制的风频玫瑰图

6.3　AERMAP 案例

6.3.1　AERMAP 工作流程简介

AERMAP 为 AERMOD 模型系统中的复杂地形预处理模块，用于导入数字地形数据，并计算每个受体点的山体高度，这个高度是一种高度比例，AERMOD 模型采用此高度比例来为每个受体选择正确的典型分界流线和浓度算法。AERMOD 采用典型分界流线的概念，从而可以使得 AERMAP 成为一个连续的地形模型。AERMOD 假设山体的影响在两个极端情况之间：①烟羽撞击和/或绕过山体；②烟羽中心线沿地形抬升/下降，与地面的距离始终保持同样的高度，即初始烟羽高度。AERMOD 通过在这两种极端情形之间进行插值，来计算地形的影响。

为了在地图上确定各个模型对象（污染源、建筑、受体等）的位置，需要一种定位方式。AERMOD 模型系统中普遍采用的是 UTM 投影坐标的定位方式。UTM 投影坐标也叫作通用墨卡尔投影坐标，其通过一套数学算法将弯曲的地球表面上的位置点一一对应到二维平面坐标上。在 UTM 系统中，北纬 84°和南纬 80°之间的地区表面按照经线 6°划分为南北纵带，从 180°经线开始向东将这些投影带编号，从 1 编至 60，这些编号即为 UTM 分区号。

在日常生活中，接触到最多的定位方式为经纬度坐标，大多数模型对象的位置信息也是采用经纬度坐标进行标注的。因此，在使用 AERMOD 模型系统之前需要将所有模型对象的经纬度坐标转换为 UTM 投影坐标。这部分工作可以借助一些商业化软件来完成，如图 6-14 所示为某一款商业软件的坐标转换工具。

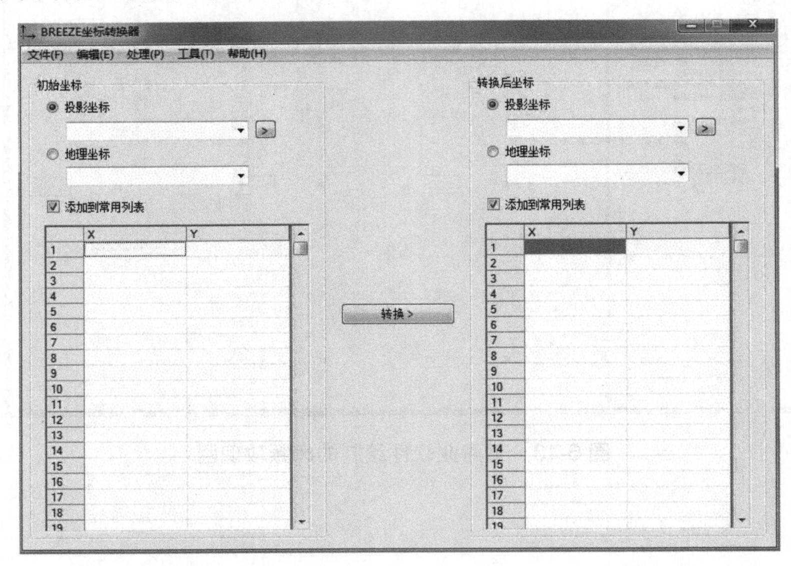

图 6-14　某商业软件的坐标转换工具

6.3.2　AERMAP 案例说明

本案例设置了一个点源、一个网格受体（1 000 m×1 100 m）、一个离散受体（见表 6-2 至表 6-4）。计算高程的范围为 UTM 坐标下的 50 分区的（658 000.0 m，3 186 000.0 m）至 50 分区的（667 000.0 m，3 195 000.0 m），使用地形文件类型为 DEM，文件名为 N28E118.DEM，文件与执行文件存于同一个文件夹下。

表 6-2　网格受体参数

网格受体编号	UTM 分区	西南角 *X* 坐标/m	西南角 *Y* 坐标/m	*X* 方向网格距/m	*X* 方向格点数	*Y* 方向网格距/m	*Y* 方向格点数
G1	50	662 138.34	3 190 124.88	100	11	100	12

表 6-3　离散受体参数

离散受体	UTM 分区	*X* 坐标/m	*Y* 坐标/m
学校	50	663 016.4	3 191 099.4

表 6-4 点源参数

源编号	UTM 分区	X 坐标/m	Y 坐标/m
P1	50	662 638.34	3 190 624.88

6.3.3 AERMAP 输入文件设置

通过地形预处理程序 AERMAP.EXE，可以从地形数据文件中计算出各预测点的地形高程和山体控制高度。这个文件供后续 AERMOD.EXE 使用。

AERMAP 的输入文件，可分为 4 个功能模块：

（1）CO——定义模型总体的控制选项（control）；

（2）SO——定义源的信息（source）；

（3）RE——定义预测点信息（receptor）；

（4）OU——定义输出选项（output）。

本案例中 AERMAP 的输入文件为 AERMAP.INP，格式如下：

CO STARTING

*** CO STARTING 控制段起始输入标志。*

CO TITLEONE 定义项目标题

*** CO TITLEONE 后面是标题，标题可以自己输入。*

CO TERRHGTS EXTRACT

*** CO TERRHGTS 是地形高程的选项，EXTRACT 表示预测点和源的地形高程从 DEM 文件计算出，PROVIDED 表示采用用户输入的值（在 RE 段和 SO 段中定义高程）。*

CO DATATYPE DEM FILLGAPS

*** CO DATATYPE 地形文件类型，通常用到的地形文件为 DEM 类型。*

CO DATAFILE N28E118.DEM

*** CO DATAFILE 地形文件路径，与执行文件在同一个文件夹下可直接输入文件名称。*

CO DOMAINXY 658000.0 3186000.0 50 667000.0 3195000.0 50

*** CO DOMAINXY 定义计算高程范围，表示从 50 分区的（658000.0，3186000.0）计算至 50 分区的（667000.0，3195000.0）。*

CO ANCHORXY 0 0 0 0 50 3

*** CO ANCHORXY 定义用户设置源和受体使用的坐标和 UTM 坐标的关系，此案例中前两个 0，表示用户所使用的坐标中的（0，0），后两个 0 表示用户设置的（0，0）点在 UTM 坐标的 50 分区中也是（0，0）点，即没有偏移，3 表示采用 WGS84 模型坐标投影数据。*

CO RUNORNOT　RUN

*** CO RUNORNOT 设定是否执行模型计算。RUN 表示执行计算；NOT 表示只检查，不计算。*

CO FINISHED

*** CO FINISHED 控制段结束输入标志。*

SO STARTING

*** SO STARTING 表示控制段起始输入标志。*

SO ELEVUNIT　METERS

*** SO ELEVUNIT 表示海拔的单位，METERS 表示单位为 m。*

SO LOCATION　P1　POINT　　662638.34　3190624.88

*** SO LOCATION 后面定义污染源类型与位置。P1 表示污染源唯一编号，不超过 8 个字符；POINT 表示污染源类型为点源（AREA 面源，VOLUME 体源）；662638.34 3190624.88 分别表示污染源 x 和 y 坐标。*

SO FINISHED

*** SO FINISHED 表示污染源输入模块结束输入标志。*

RE STARTING

*** RE STARTING 表示预测受体点起始输入标志。*

RE ELEVUNIT　METERS

*** RE ELEVUNIT 表示海拔的单位，METERS 表示单位为 m。*

RE GRIDCART G1 STA

***RE GRIDCART 表示以笛卡尔网格坐标形式定义受体点。G1 是网格编号，可自定义名称，不超过 8 个字符。STA 表示开始定义预测网格受体点。*

RE GRIDCART G1 XYINC　662138.34　11　100　3190124.88　12　100

*** XYINC 表示采用以 X、Y 轴形式定义预测网格；X 方向从 662138.34（m）开始设置网格受体，共计算 11 个网格受体点，网格受体点之间的距离为 100 m。Y 方向从 3190124.88（m）开始设置受体，共计算 12 个网格受体点，网格受体点之间的距离为 100 m。*

RE GRIDCART G1 END

*** END 表示结束定义网格受体 G1。*

RE DISCCART　663016.4　3191099.4　0

*** RCPDESCR　学校。*

**RE DISCCART 表示离散受体。663016.4，3191099.4 表示受体点的坐标，0 表示海拔。*
RE FINISHED
*** RE FINISHED 表示受体输入模块结束输入标志。*

OU STARTING
*** OU STARTING 输出模块起始输入标志。*
OU RECEPTOR AERMAP.APR
*** OU RECEPTOR 输出受体的高程数据文件路径。*
OU SOURCLOC AERMAP.APS
*** OU SOURCLOC 输出源的高程数据文件路径。*
OU FINISHED
***OU FINISHED 输出模块结束输入标志。*

根据项目情况将上述输入文件中的参数设置完成后，将输入文件保存至与执行文件同一个文件夹下，完成运行模型的准备工作。

6.3.4 AERMAP 输出结果

本案例存放位置为 C: \AERMAP，使用的 AERMAP 执行程序名称为 AERMAP.EXE，输入文件名称为 AERMAP.INP。在命令提示符窗口输入"cd C：\AERMAP"后回车，来到目标路径下，再输入"AERMAP.EXE AERMAP.INP"回车即可运行 AERMAP 程序（见图 6-15）。

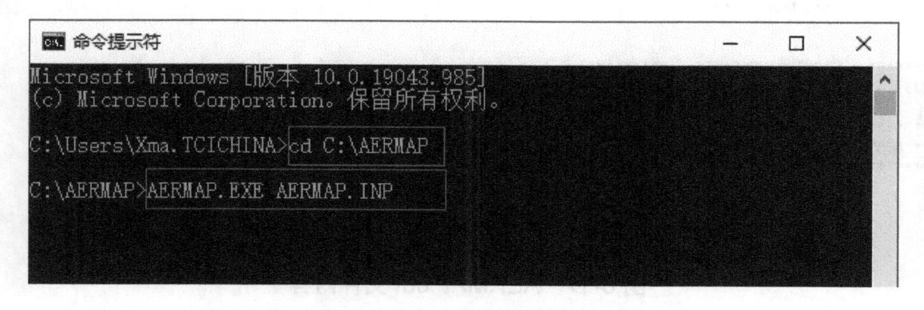

图 6-15 运行 AERMAP.INP

AERMAP 运行所需文件及运行后生成的文件如图 6-16 所示，其中，N28E118.dem 是地形文件；AERMAP_MAPPARAMS.OUT、AERMAP_MAPDETAIL.OUT 和 AERMAP_DOMDETAIL.OUT 是 AERMAP 的检查文件，确保设置的源和受体都在计算区域内，也在 DEM 文件范围内；AERMAP.EXE 是执行文件；AERMAP.INP 是输入文件；AERMAP.out

文件为程序运行中的信息文件，包括运行输入文件备份和运行过程的总结（见图 6-17）；AERMAP.APR 和 AERMAP.APS 分别为受体点和源的地形高度和山体高度结果文件。

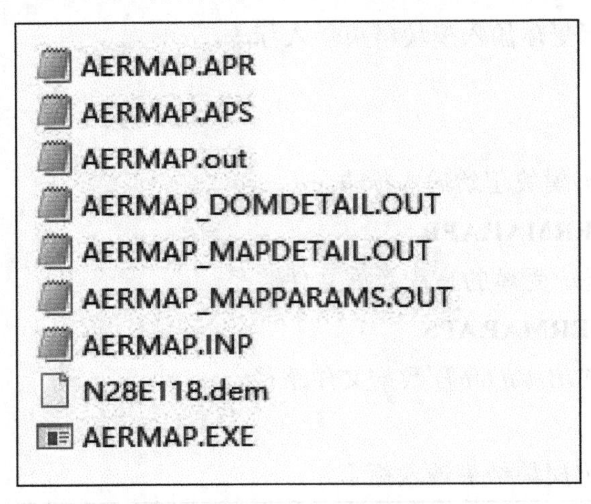

图 6-16　AERMAP 输入及输出文件

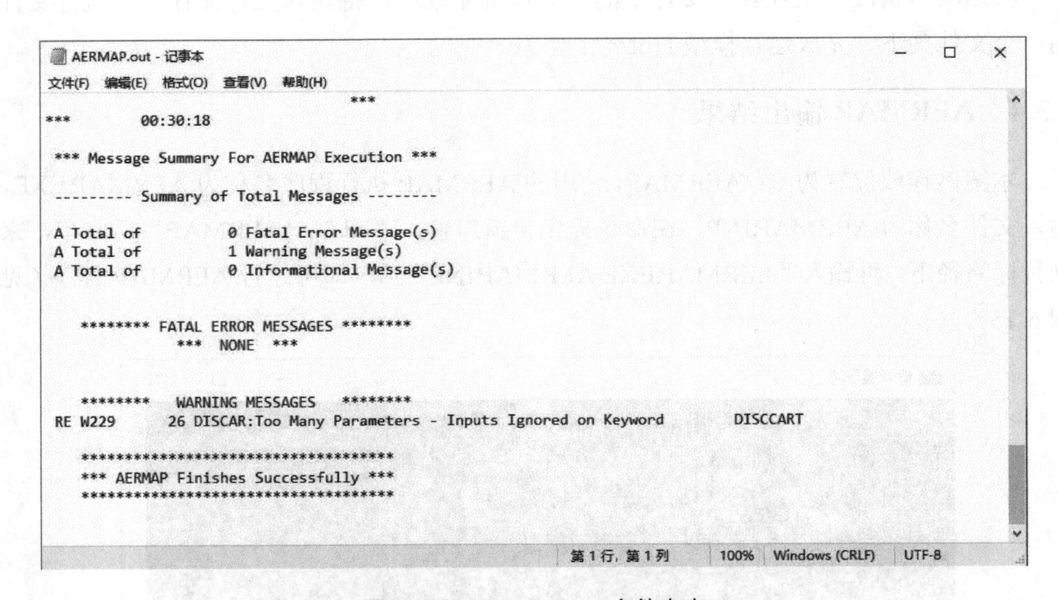

图 6-17　AERMAP.out 文件内容

AERMAP.APR 和 AERMAP.APS 中的结果将用于 AERMOD 的输入文件。AERMAP.APR 文件内容具体说明如下：

```
RE ELEVUNIT METERS
RE GRIDCART G1 STA
RE GRIDCART G1 XYINC  662138.34  11  100  3190124.88  12  100
GRIDCART G1    ELEV  1   151.1  173.0  174.3  148.7  133.6  126.5
GRIDCART G1    ELEV  1   120.7  117.7  115.9  112.5  110.5
** ELEV 表示开始设置网格受体的地形高度。1 表示网格受体的行号，网格受体从南向北排序，越靠南边行号越小。
GRIDCART G1    ELEV  2   153.5  162.1  166.5  155.2  140.1  132.1
GRIDCART G1    ELEV  2   126.9  120.4  115.6  111.0  110.5
GRIDCART G1    ELEV  3   161.2  160.9  160.5  164.0  154.6  144.4
GRIDCART G1    ELEV  3   136.1  125.9  118.2  114.3  114.1
GRIDCART G1    ELEV  4   169.8  173.9  165.2  167.2  171.8  155.6
GRIDCART G1    ELEV  4   143.2  130.0  120.1  119.4  118.2
GRIDCART G1    ELEV  5   180.7  185.0  178.3  170.3  172.5  160.0
GRIDCART G1    ELEV  5   150.7  133.2  127.5  126.0  123.2
GRIDCART G1    ELEV  6   207.4  206.2  202.4  184.4  165.8  154.1
GRIDCART G1    ELEV  6   144.5  138.2  144.9  135.8  129.3
GRIDCART G1    ELEV  7   240.2  237.8  232.5  202.3  173.4  153.8
GRIDCART G1    ELEV  7   140.5  146.6  160.8  147.7  135.5
GRIDCART G1    ELEV  8   266.4  265.9  254.4  216.4  191.6  173.0
GRIDCART G1    ELEV  8   153.1  153.5  171.7  158.2  136.1
GRIDCART G1    ELEV  9   281.0  288.6  273.5  233.2  219.6  198.7
GRIDCART G1    ELEV  9   178.7  162.7  162.8  151.3  137.9
GRIDCART G1    ELEV  10  317.3  313.7  288.5  266.8  266.0  238.9
GRIDCART G1    ELEV  10  209.0  178.2  156.6  156.3  157.3
GRIDCART G1    ELEV  11  363.1  349.9  324.4  313.7  292.5  258.0
GRIDCART G1    ELEV  11  220.1  186.3  165.8  168.7  172.8
GRIDCART G1    ELEV  12  367.8  344.9  339.1  336.6  307.2  269.3
GRIDCART G1    ELEV  12  237.0  208.5  185.9  182.8  186.7
GRIDCART G1    HILL  1   878.0  878.0  878.0  878.0  878.0  878.0
GRIDCART G1    HILL  1   878.0  878.0  878.0  878.0  878.0
```

** *HILL 表示开始设置受体的山体高度。1 表示网格受体的行号，878.0 878.0 878.0 878.0 878.0 878.0 878.0 878.0 878.0 878.0 878.0 表示该行中受体的山体高度。*

```
GRIDCART G1   HILL  2   878.0  878.0  878.0  878.0  878.0  878.0
GRIDCART G1   HILL  2   878.0  878.0  878.0  878.0  878.0
GRIDCART G1   HILL  3   878.0  878.0  878.0  878.0  878.0  878.0
GRIDCART G1   HILL  3   878.0  878.0  878.0  878.0  878.0
GRIDCART G1   HILL  4   878.0  878.0  878.0  878.0  878.0  878.0
GRIDCART G1   HILL  4   878.0  878.0  878.0  878.0  878.0
GRIDCART G1   HILL  5   878.0  878.0  878.0  878.0  878.0  878.0
GRIDCART G1   HILL  5   878.0  878.0  878.0  878.0  878.0
GRIDCART G1   HILL  6   878.0  878.0  878.0  878.0  878.0  878.0
GRIDCART G1   HILL  6   878.0  878.0  878.0  878.0  878.0
GRIDCART G1   HILL  7   878.0  878.0  878.0  878.0  878.0  878.0
GRIDCART G1   HILL  7   878.0  878.0  878.0  878.0  878.0
GRIDCART G1   HILL  8   878.0  878.0  878.0  878.0  878.0  878.0
GRIDCART G1   HILL  8   878.0  878.0  878.0  878.0  878.0
GRIDCART G1   HILL  9   878.0  878.0  878.0  878.0  878.0  878.0
GRIDCART G1   HILL  9   878.0  878.0  878.0  878.0  878.0
GRIDCART G1   HILL  10  878.0  878.0  878.0  878.0  878.0  878.0
GRIDCART G1   HILL  10  878.0  878.0  878.0  878.0  878.0
GRIDCART G1   HILL  11  878.0  878.0  878.0  878.0  878.0  878.0
GRIDCART G1   HILL  11  878.0  878.0  878.0  878.0  878.0
GRIDCART G1   HILL  12  878.0  878.0  878.0  878.0  878.0  878.0
GRIDCART G1   HILL  12  878.0  878.0  878.0  878.0  878.0
RE GRIDCART   G1 END
DISCCART   663016.40   3191099.40   160.98   878.00
```

** *DISCCART 表示是离散受体点。663016.40 3191099.40 分别表示受体点的 X 和 Y 坐标；160.98 表示海拔；878.00 表示山体高度。*

AERMAP.APS 文件内容具体说明如下：

SO ELEVUNIT METERS

*** 海拔的单位，METERS 表示单位为 m。*

SO LOCATION　P1　**POINT**　662638.34　3190624.88　154.08

***定义污染源类型与位置。P1 表示污染源唯一编号；POINT 表示污染源类型为点源（AREA 面源，VOLUME 体源）；662638.34　3190624.88　154.08 分别表示污染源 X、Y、Z 坐标。*

AERMAP 中的坐标信息均为 UTM 坐标，运行过程中会检查设置的源和受体坐标是否在计算高程信息的范围之内。地形文件范围应包括计算高程范围，若有源或受体不在计算范围之内，或计算范围超出地形文件范围，则 AERMAP.out 文件中会显示运行不成功。

部分商业软件可通过人机互动的界面化操作来确认地形文件范围和计算范围，以某款商业软件为例，如图 6-18 所示，在界面中可以对投影方式、所需计算高程的模型对象等进行选择性设置。

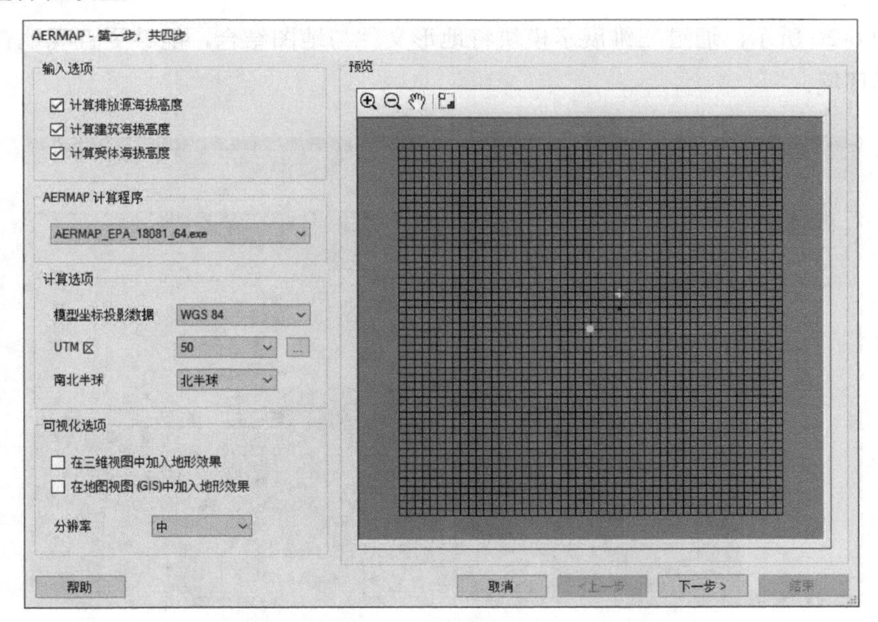

图 6-18　某商业软件 AERMAP 第一步设置界面

如图 6-19 所示，在确定计算范围时，图形界面的商业化软件可以直观地看到地形数据的范围大小、模拟网格的范围大小和污染源位置。用户可以使用鼠标框选的形式设置 AERMAP 地形计算范围。

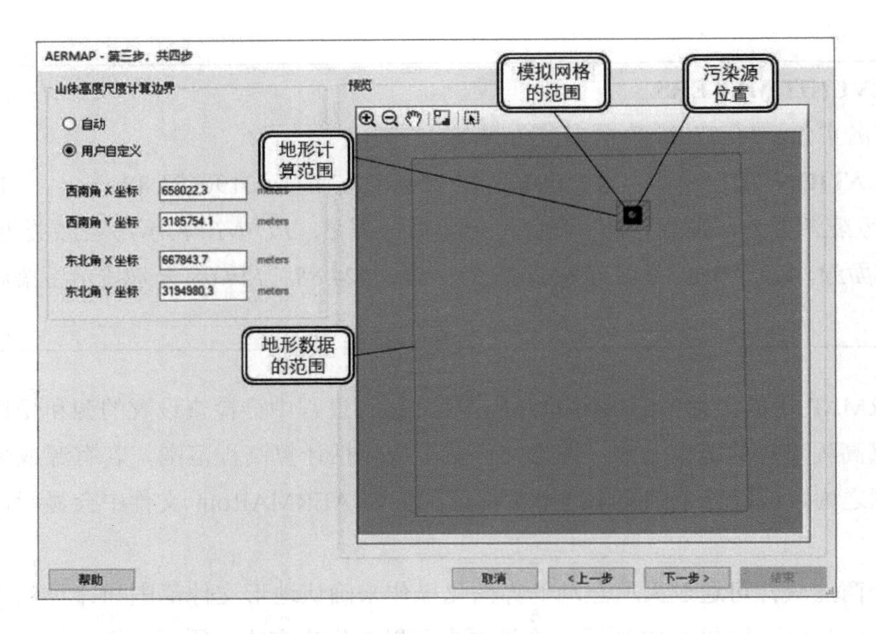

图 6-19 某商业软件 AERMAP 第三步设置界面

如图 6-20 所示，通过三维展示模块将地形文件与地图结合，能够更直观地查看项目周边地形环境。

图 6-20 某商业软件 AERMAP 计算结果三维展示界面

6.4 AERMOD 案例

6.4.1 AERMOD 工作流程简介

AERMOD 模型系统可模拟多种排放源，包括点源、面源和体源。点源的典型特征为有排气烟囱或者明确的通风口。面源和体源的设置通常用于无组织排放情景的模拟。

6.4.2 节和 6.4.3 节分别以点源和面源为例说明 AERMOD 模拟预测过程。

6.4.2 AERMOD 模拟单个点源火电厂案例

（1）AERMOD 点源案例说明。

本案例火电厂所在经纬度为 118.667°E、28.833°N（见图 6-21），转换为 UTM 坐标为（662 638.34 m，3 190 624.88 m），以该 UTM 坐标为中心设置预测范围 1 000 m×1 100 m 的网格受体和一个离散受体，排放污染物为 SO_2，使用的气象数据文件采用 6.2 节运行得到的气象文件，使用的地形数据采用 6.3 节运行得到的地形文件结果（见表 6-5）。

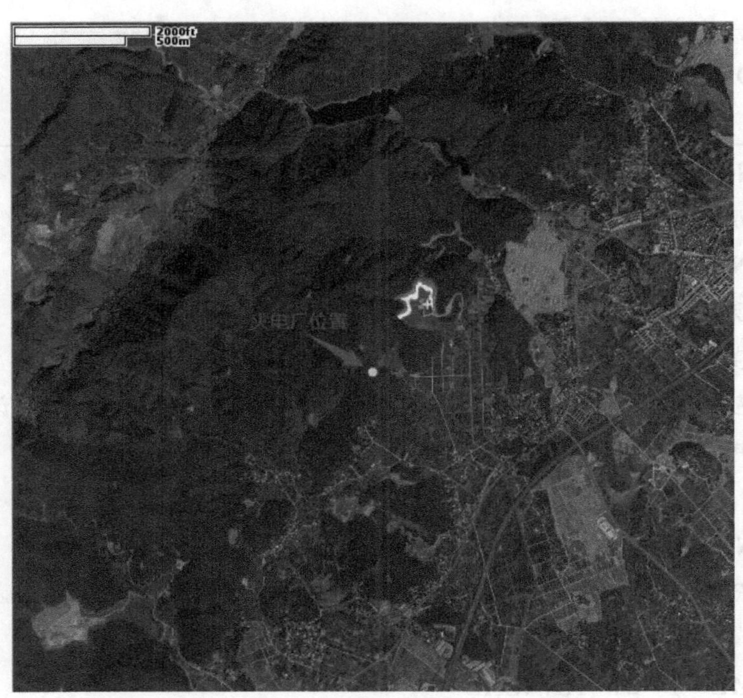

图 6-21　点源位置

表 6-5　点源参数

源编号	UTM 分区	*X* 坐标/m	*Y* 坐标/m	SO_2 排放率/（g/s）	高度/m	烟气内径/m	烟气出口温度/K	烟气出口速度/（m/s）
P1	50	662 638.34	3 190 624.88	0.453	15	0.15	323	8.25

（2）AERMOD 点源输入文件设置。

AERMOD 的输入文件分为 6 个功能模块，这些功能模块都用两个英文字母来表示，放在各模块定义的开始位置。这 6 个模块及其在输入文件中的出现顺序如下：

① CO——定义模型总体的控制选项；

② SO——定义源的信息（坐标及地形数据即 AERMAP 步骤生成的 AERMAP.APS 文件内容）；

③ RE——定义预测点信息（坐标及地形数据即 AERMAP 步骤生成的 AERMAP.APR 文件内容）；

④ ME——定义气象数据信息（引用 AERMET 步骤生成的 SFC 和 PFL 文件）；

⑤ EV——定义短期浓度超标信息；

⑥ OU——定义输出选项。

AERMOD.INP 文件格式如下：

CO STARTING

*** CO STARTING 表示控制段起始输入标志。*

CO TITLEONE　自定义项目标题

*** CO TITLEONE 标题可以自定义输入。*

CO MODELOPT　DFAULT　CONC　NODRYDPLT　NOWETDPLT

*** CO MODELOPT　设置扩散计算选项。DFAULT 为定义选项采用扩散计算的缺省选项（使用 EPA 默认选项）；CONC 计算浓度值；NODRYDPLT 不计算干沉降；NOWETDPLT　不计算湿沉降。*

CO RUNORNOT　RUN

*** CO RUNORNOT 设定是否执行模型计算。RUN 表示执行计算；NOT 表示只检查，不计算。*

CO AVERTIME　1　24　ANNUAL

*** CO AVERTIME　后面是设置浓度计算的平均时间。1 表示 1 h 平均；24 表示 24 h（日）平均（可选：Month、Annual）；PERIOD 表示根据整个预测时段进行平均。*

CO POLLUTID　SO2

*** CO POLLUTID 定义污染物类型名称。*

CO FINISHED

*** CO FINISHED 表示控制段结束输入标志。*

SO STARTING

*** SO STARTING 表示源设置起始输入标志。*

SO ELEVUNIT　METERS

*** SO ELEVUNIT　METERS 至 SO LOCATION 部分需从 AERMAP.APS 文件中复制，参数说明详见 6.3.4 节。*

SO LOCATION　P1　POINT　662638.34　3190624.88　154.08

SO SRCPARAM P1　0.453　15　323　8.25　0.15

***SO SRCPARAM 后面定义污染源排放参数。P1 表示对应污染源唯一编号。0.453 表示排放速率，单位 g/s；15 表示排放源高度，单位 m；323 表示烟气温度，单位 K；8.25 表示烟气出口流速，单位 m/s；0.15 表示烟囱内径，单位 m。*

SO SRCGROUP　ALL

***SO SRCGROUP　All 表示将所有污染源编成一组。*

SO FINISHED

*** SO FINISHED 表示污染源输入模块结束输入标志。*

RE STARTING

*** RE STARTING 表示预测受体点起始输入标志。*

RE ELEVUNIT　METERS

*** RE ELEVUNIT　METERS 至 RE DISCCART 部分需从 AERMAP.APR 文件中复制，参数说明详见 6.3.4 节。*

RE GRIDCART G1 STA

RE GRIDCART G1 XYINC　662138.34　11　100　3190124.88　12　100

GRIDCART G1　**ELEV**　1　151.1　173.0　174.3　148.7　133.6　126.5

GRIDCART G1　**ELEV**　1　120.7　117.7　115.9　112.5　110.5

GRIDCART G1　**ELEV**　2　153.5　162.1　166.5　155.2　140.1　132.1

GRIDCART G1　**ELEV**　2　126.9　120.4　115.6　111.0　110.5

GRIDCART G1　**ELEV**　3　161.2　160.9　160.5　164.0　154.6　144.4

GRIDCART G1　**ELEV**　3　136.1　125.9　118.2　114.3　114.1

```
GRIDCART G1  ELEV   4   169.8  173.9  165.2  167.2  171.8  155.6
GRIDCART G1  ELEV   4   143.2  130.0  120.1  119.4  118.2
GRIDCART G1  ELEV   5   180.7  185.0  178.3  170.3  172.5  160.0
GRIDCART G1  ELEV   5   150.7  133.2  127.5  126.0  123.2
GRIDCART G1  ELEV   6   207.4  206.2  202.4  184.4  165.8  154.1
GRIDCART G1  ELEV   6   144.5  138.2  144.9  135.8  129.3
GRIDCART G1  ELEV   7   240.2  237.8  232.5  202.3  173.4  153.8
GRIDCART G1  ELEV   7   140.5  146.6  160.8  147.7  135.5
GRIDCART G1  ELEV   8   266.4  265.9  254.4  216.4  191.6  173.0
GRIDCART G1  ELEV   8   153.1  153.5  171.7  158.2  136.1
GRIDCART G1  ELEV   9   281.0  288.6  273.5  233.2  219.6  198.7
GRIDCART G1  ELEV   9   178.7  162.7  162.8  151.3  137.9
GRIDCART G1  ELEV   10  317.3  313.7  288.5  266.8  266.0  238.9
GRIDCART G1  ELEV   10  209.0  178.2  156.6  156.3  157.3
GRIDCART G1  ELEV   11  363.1  349.9  324.4  313.7  292.5  258.0
GRIDCART G1  ELEV   11  220.1  186.3  165.8  168.7  172.8
GRIDCART G1  ELEV   12  367.8  344.9  339.1  336.6  307.2  269.3
GRIDCART G1  ELEV   12  237.0  208.5  185.9  182.8  186.7
GRIDCART G1  HILL   1   878.0  878.0  878.0  878.0  878.0  878.0
GRIDCART G1  HILL   1   878.0  878.0  878.0  878.0  878.0
GRIDCART G1  HILL   2   878.0  878.0  878.0  878.0  878.0  878.0
GRIDCART G1  HILL   2   878.0  878.0  878.0  878.0  878.0
GRIDCART G1  HILL   3   878.0  878.0  878.0  878.0  878.0  878.0
GRIDCART G1  HILL   3   878.0  878.0  878.0  878.0  878.0
GRIDCART G1  HILL   4   878.0  878.0  878.0  878.0  878.0  878.0
GRIDCART G1  HILL   4   878.0  878.0  878.0  878.0  878.0
GRIDCART G1  HILL   5   878.0  878.0  878.0  878.0  878.0  878.0
GRIDCART G1  HILL   5   878.0  878.0  878.0  878.0  878.0
GRIDCART G1  HILL   6   878.0  878.0  878.0  878.0  878.0  878.0
GRIDCART G1  HILL   6   878.0  878.0  878.0  878.0  878.0
GRIDCART G1  HILL   7   878.0  878.0  878.0  878.0  878.0  878.0
GRIDCART G1  HILL   7   878.0  878.0  878.0  878.0  878.0
GRIDCART G1  HILL   8   878.0  878.0  878.0  878.0  878.0  878.0
```

```
GRIDCART G1       HILL   8    878.0    878.0    878.0    878.0    878.0
GRIDCART G1       HILL   9    878.0    878.0    878.0    878.0    878.0    878.0
GRIDCART G1       HILL   9    878.0    878.0    878.0    878.0    878.0
GRIDCART G1       HILL   10   878.0    878.0    878.0    878.0    878.0    878.0
GRIDCART G1       HILL   10   878.0    878.0    878.0    878.0    878.0
GRIDCART G1       HILL   11   878.0    878.0    878.0    878.0    878.0    878.0
GRIDCART G1       HILL   11   878.0    878.0    878.0    878.0    878.0
GRIDCART G1       HILL   12   878.0    878.0    878.0    878.0    878.0    878.0
GRIDCART G1       HILL   12   878.0    878.0    878.0    878.0    878.0
RE GRIDCART G1    END
DISCCART    663016.40    3191099.40    160.98    878.00
RE FINISHED
```

*** 预测受体点结束输入标志。*

ME STARTING

*** ME STARTING 气象数据模块起始输入标志。*

ME SURFFILE AERMET.SFC

*** ME SURFFILE 指定预测所使用的地面气象数据文件，后面跟随 SFC 的文件名，SFC 文件需要放置在 AERMOD.exe 同一目录。*

ME PROFFILE AERMET.PFL

*** ME PROFFILE 指定预测所使用的高空气象数据文件，后面跟随 PFL 的文件名，PFL 文件需要放置在 AERMOD.exe 同一目录。*

ME SURFDATA 58632 2020

***ME SURFDATA 表示地面气象数据来源站点信息。58632 表示站点编号，2020 表示数据年份。*

ME UAIRDATA 99999 2020

***ME UAIRDATA 表示高空气象数据来源站点信息。99999 表示站点编号，2020 表示数据年份。*

ME PROFBASE 126.3 METERS

***ME PROFBASE 地面气象站点海拔。126.3 表示海拔高度为 126.3 m。*

ME FINISHED

*** ME FINISHED 气象数据模块结束输入标志。*

```
OU STARTING
** OU STARTING 输出模块起始输入标志。
OU RECTABLE  1  FIRST
** OU RECTABLE 指定受体的计算分析结果。1  FIRST 表示输出 1 h 平均最大值。
OU RECTABLE  24  FIRST
**24 FIRST 表示输出 24 h 平均最大值。
OU FILEFORM  FIX
** OU FILEFORM 受体浓度数据的显示形式。EXP 表示以指数形式输出，FIX 表示以固定形式输出。
OU PLOTFILE  1  ALL  FIRST  ALL_1_FIRST.plt
**OU PLOTFILE 表示输出 PLOTFILE 绘图结果文件。1 表示输出 1 h 浓度平均；FIRST 表示最大值；ALL 表示计算所有污染源；ALL_1_FIRST.plt 是输出文件名称，可以自定义。
OU PLOTFILE  24  ALL  FIRST  ALL_24_FIRST.plt
** 24 表示输出 24 h 浓度平均；ALL 表示计算所有污染源；FIRST 表示最大值；ALL_24_FIRST.plt 是输出文件名称，可以自定义。
OU PLOTFILE  ANNUAL  ALL  ALL_ANNUAL.plt
** ANNUAL 表示年均。
OU POSTFILE  1  ALL  PLOT  ALL_1.pst
**OU POSTFILE 表示输出 POSTFILE 详细结果文件。1 表示输出 1 h 浓度平均；ALL 表示计算所有污染源；PLOT 表示以文本形式记录。ALL_1.pst 是输出文件名称，可以自定义。
OU POSTFILE  24  ALL  PLOT  ALL_24.pst
** 24 表示输出 24 h 浓度平均；ALL_24. pst 是输出文件名称，可以自定义。
OU POSTFILE  ANNUAL  ALL  PLOT  ALL_ANNUAL.pst
** ANNUAL 表示年均，ALL_ANNUAL. pst 是输出文件名称，可以自定义。
OU FINISHED
**OU FINISHED 输出模块结束输入标志。
```

根据项目情况将上述输入文件中的参数设置完成后，将输入文件保存至与执行文件同一个文件夹下，完成运行模型的准备工作。

当前部分商业软件已经可以做到将 AERMET 输出结果的导入、AERMAP 的计算和对 AERMOD 输入文件的制作集成在一起。如图 6-22 所示，某商业软件具有投影设置、执行文件选择、源组分配、气象数据导入、输出设置、源的特征参数的输入、网格受体设置、离散点设置、厂界绘制、建筑物绘制、AERMAP 计算及建筑下洗计算等多种功能。

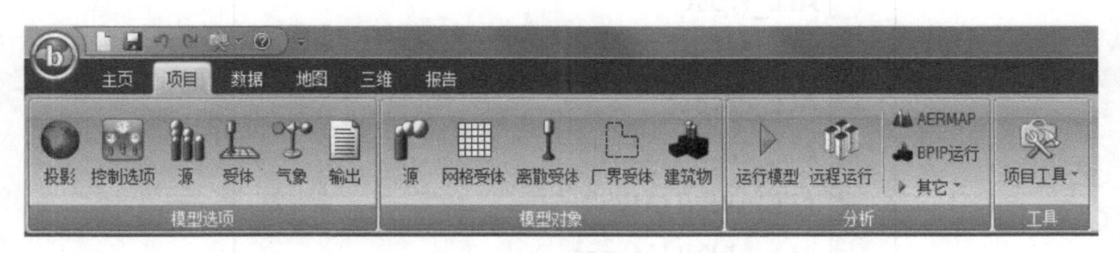

图 6-22　某商业软件的 AERMOD 设置面板

（3）AERMOD 点源输出结果。

本案例存放位置为 C：\AERMOD-P，使用的 AERMOD 执行程序名称为 AERMOD.EXE，输入文件名称为 AERMOD.INP。在命令提示符窗口输入“cd C：\AERMOD-P”后回车，来到目标路径下，再输入“AERMOD.EXE AERMOD.INP”，回车即可运行 AERMOD 程序（见图 6-23）。

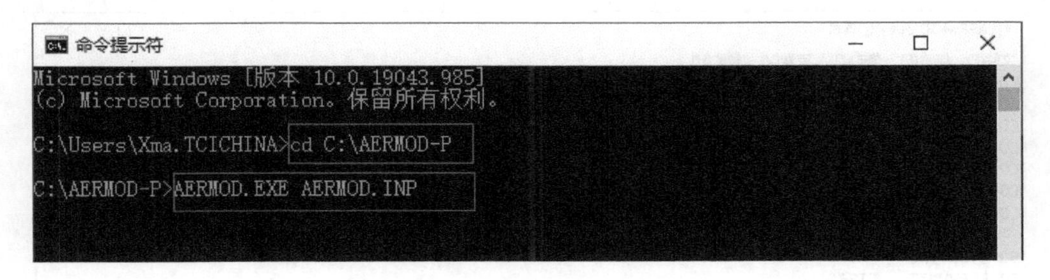

图 6-23　运行 AERMOD.INP

AERMOD 运行所需文件及运行后生成的文件如图 6-24 所示。其中，AERMOD.EXE 是执行文件；AERMET.SFC 和 AERMET.PFL 是气象文件；AERMOD.INP 是输入文件；AERMOD.out 文件为程序运行中的信息文件，包括运行输入文件备份和运行过程的总结（见图 6-25）；ALL_1_FIRST.plt、ALL_24_FIRST.plt 和 ALL_ANNUAL.plt 分别是输出的小时最大浓度、日均最大浓度和年均浓度的绘图文件（见图 6-26 至图 6-28）；ALL_1.pst、ALL_24. pst 和 ALL_ANNUAL. pst 分别是输出的小时、日均和年均的详细记录文件（见图 6-29 至图 6-31）。

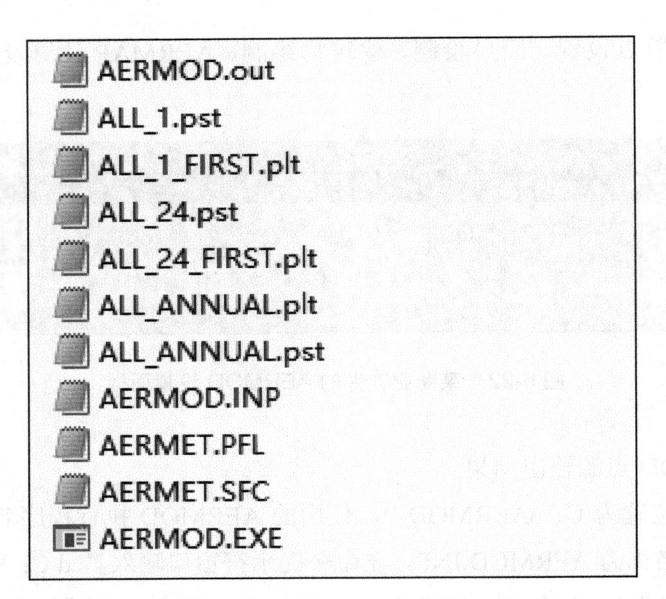

图 6-24　AERMOD 输入及输出文件

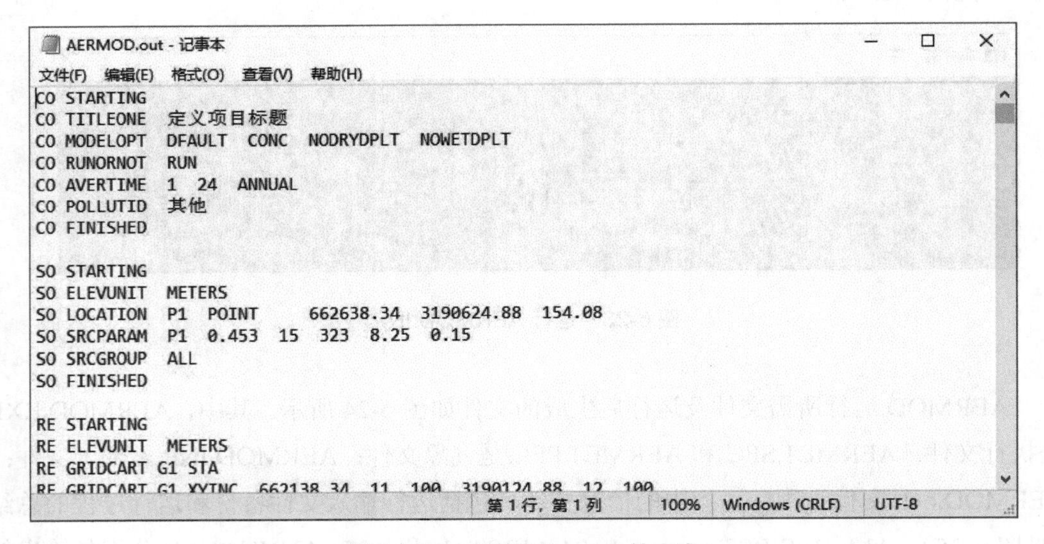


```
CO STARTING
CO TITLEONE  定义项目标题
CO MODELOPT  DFAULT  CONC  NODRYDPLT  NOWETDPLT
CO RUNORNOT  RUN
CO AVERTIME  1  24  ANNUAL
CO POLLUTID  其他
CO FINISHED

SO STARTING
SO ELEVUNIT  METERS
SO LOCATION  P1  POINT     662638.34  3190624.88  154.08
SO SRCPARAM  P1  0.453  15  323  8.25  0.15
SO SRCGROUP  ALL
SO FINISHED

RE STARTING
RE ELEVUNIT  METERS
RE GRIDCART G1 STA
RE GRIDCART G1 XYINC  662138.34  11  100  3190124.88  12  100
```

图 6-25　AERMOD.out 文件内容

```
ALL_1_FIRST - 记事本
文件(F) 编辑(E) 格式(O) 查看(V) 帮助(H)
* AERMOD (21112 ): 定义项目标题                                    06/08/21
* AERMET ( 18081):                                                 23:18:26
* MODELING OPTIONS USED:  RegDFAULT CONC ELEV NODRYDPLT NOWETDPLT RURAL ADJ_U*
*       PLOT FILE OF  HIGH  1ST HIGH  1-HR VALUES FOR SOURCE GROUP: ALL
*       FOR A TOTAL OF   133 RECEPTORS.
*       FORMAT: (3(1X,F13.5),3(1X,F8.2),3X,A5,2X,A8,2X,A5,5X,A8,2X,I8)

*     X          Y      AVERAGE CONC   ZELEV   ZHILL   ZFLAG   AVE    GRP     RANK    NET ID  DATE(CONC)
*
 662138.34000 3190124.88000    36.60569  151.10  878.00   0.00  1-HR  ALL     1ST     G1      20011903
 662238.34000 3190124.88000    50.78826  173.00  878.00   0.00  1-HR  ALL     1ST     G1      20050521
 662338.34000 3190124.88000    65.28864  174.30  878.00   0.00  1-HR  ALL     1ST     G1      20122124
 662438.34000 3190124.88000    46.90852  148.70  878.00   0.00  1-HR  ALL     1ST     G1      20021323
 662538.34000 3190124.88000    46.60860  133.60  878.00   0.00  1-HR  ALL     1ST     G1      20022324
 662638.34000 3190124.88000    48.20719  126.50  878.00   0.00  1-HR  ALL     1ST     G1      20022421
 662738.34000 3190124.88000    46.21797  120.70  878.00   0.00  1-HR  ALL     1ST     G1      20041620
 662838.34000 3190124.88000    45.89080  117.70  878.00   0.00  1-HR  ALL     1ST     G1      20051221
 662938.34000 3190124.88000    43.70281  115.90  878.00   0.00  1-HR  ALL     1ST     G1      20051719
 663038.34000 3190124.88000    40.05468  112.50  878.00   0.00  1-HR  ALL     1ST     G1      20042703
 663138.34000 3190124.88000    36.21993  110.50  878.00   0.00  1-HR  ALL     1ST     G1      20021719
 662138.34000 3190224.88000    42.49994  153.50  878.00   0.00  1-HR  ALL     1ST     G1      20021503
 662238.34000 3190224.88000    54.58622  162.10  878.00   0.00  1-HR  ALL     1ST     G1      20011903
 662338.34000 3190224.88000    62.75987  166.50  878.00   0.00  1-HR  ALL     1ST     G1      20050521
 662438.34000 3190224.88000    63.54818  155.20  878.00   0.00  1-HR  ALL     1ST     G1      20020104
第 1 行，第 1 列    100%    Windows (CRLF)    UTF-8
```

图 6-26　ALL_1_FIRST.plt 文件内容

```
ALL_24_FIRST - 记事本
文件(F) 编辑(E) 格式(O) 查看(V) 帮助(H)
* AERMOD (21112 ): 定义项目标题                                    06/08/21
* AERMET ( 18081):                                                 23:18:26
* MODELING OPTIONS USED:  RegDFAULT CONC ELEV NODRYDPLT NOWETDPLT RURAL ADJ_U*
*       PLOT FILE OF  HIGH  1ST HIGH 24-HR VALUES FOR SOURCE GROUP: ALL
*       FOR A TOTAL OF   133 RECEPTORS.
*       FORMAT: (3(1X,F13.5),3(1X,F8.2),3X,A5,2X,A8,2X,A5,5X,A8,2X,I8)

*     X          Y      AVERAGE CONC   ZELEV   ZHILL   ZFLAG   AVE    GRP     RANK    NET ID  DATE(CONC)
*
 662138.34000 3190124.88000     3.39304  151.10  878.00   0.00  24-HR ALL     1ST     G1      20021524
 662238.34000 3190124.88000     5.52617  173.00  878.00   0.00  24-HR ALL     1ST     G1      20020224
 662338.34000 3190124.88000     8.23270  174.30  878.00   0.00  24-HR ALL     1ST     G1      20020224
 662438.34000 3190124.88000    11.62374  148.70  878.00   0.00  24-HR ALL     1ST     G1      20122624
 662538.34000 3190124.88000     9.37281  133.60  878.00   0.00  24-HR ALL     1ST     G1      20122624
 662638.34000 3190124.88000     9.66971  126.50  878.00   0.00  24-HR ALL     1ST     G1      20092424
 662738.34000 3190124.88000     9.08637  120.70  878.00   0.00  24-HR ALL     1ST     G1      20092424
 662838.34000 3190124.88000     6.95885  117.70  878.00   0.00  24-HR ALL     1ST     G1      20123124
 662938.34000 3190124.88000     8.67090  115.90  878.00   0.00  24-HR ALL     1ST     G1      20123024
 663038.34000 3190124.88000     6.33627  112.50  878.00   0.00  24-HR ALL     1ST     G1      20123024
 663138.34000 3190124.88000     5.33863  110.50  878.00   0.00  24-HR ALL     1ST     G1      20031024
 662138.34000 3190224.88000     4.37564  153.50  878.00   0.00  24-HR ALL     1ST     G1      20021524
 662238.34000 3190224.88000     4.79122  162.10  878.00   0.00  24-HR ALL     1ST     G1      20021524
 662338.34000 3190224.88000     8.15889  166.50  878.00   0.00  24-HR ALL     1ST     G1      20020224
 662438.34000 3190224.88000    13.17235  155.20  878.00   0.00  24-HR ALL     1ST     G1      20122624
第 1 行，第 1 列    100%    Windows (CRLF)    UTF-8
```

图 6-27　ALL_24_FIRST.plt 文件内容

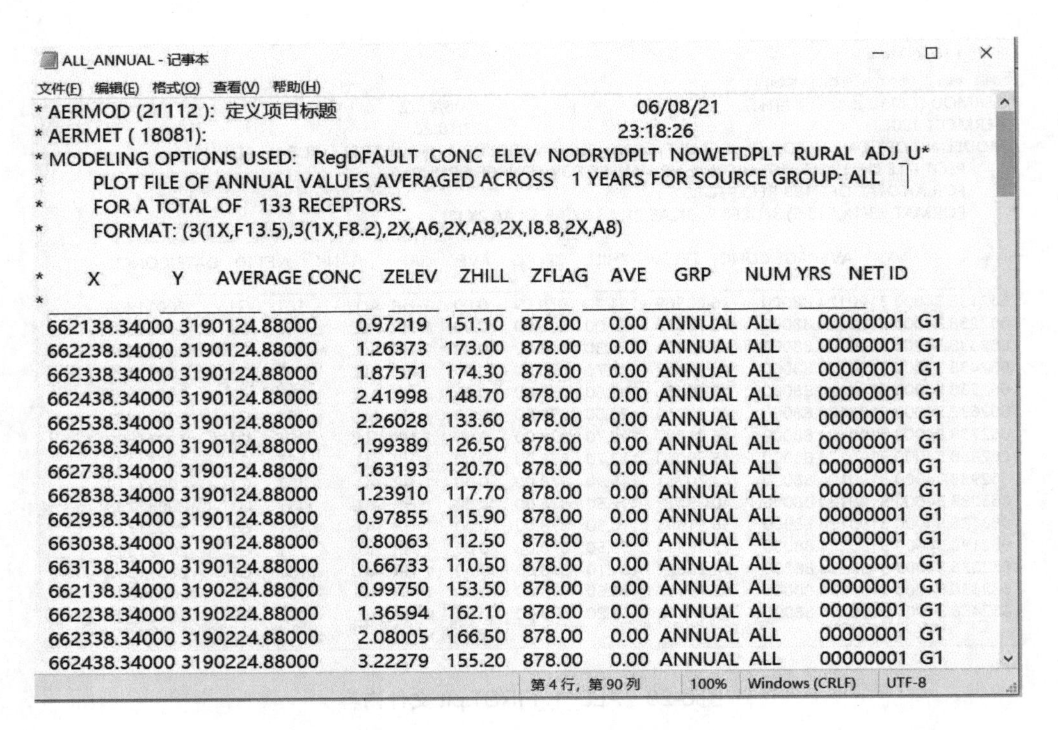

```
ALL_ANNUAL - 记事本
文件(F) 编辑(E) 格式(O) 查看(V) 帮助(H)
* AERMOD (21112 ): 定义项目标题                              06/08/21
* AERMET ( 18081):                                           23:18:26
* MODELING OPTIONS USED:  RegDFAULT  CONC  ELEV  NODRYDPLT  NOWETDPLT  RURAL  ADJ_U*
*         PLOT FILE OF ANNUAL VALUES AVERAGED ACROSS   1 YEARS FOR SOURCE GROUP: ALL
*         FOR A TOTAL OF   133 RECEPTORS.
*         FORMAT: (3(1X,F13.5),3(1X,F8.2),2X,A6,2X,A8,2X,I8.8,2X,A8)
*      X             Y      AVERAGE CONC    ZELEV    ZHILL    ZFLAG    AVE     GRP      NUM YRS   NET ID
* ____________ ____________ ____________ ________ ________ ________ ______ ________ ________ ________
 662138.34000 3190124.88000      0.97219   151.10   878.00     0.00  ANNUAL  ALL      00000001  G1
 662238.34000 3190124.88000      1.26373   173.00   878.00     0.00  ANNUAL  ALL      00000001  G1
 662338.34000 3190124.88000      1.87571   174.30   878.00     0.00  ANNUAL  ALL      00000001  G1
 662438.34000 3190124.88000      2.41998   148.70   878.00     0.00  ANNUAL  ALL      00000001  G1
 662538.34000 3190124.88000      2.26028   133.60   878.00     0.00  ANNUAL  ALL      00000001  G1
 662638.34000 3190124.88000      1.99389   126.50   878.00     0.00  ANNUAL  ALL      00000001  G1
 662738.34000 3190124.88000      1.63193   120.70   878.00     0.00  ANNUAL  ALL      00000001  G1
 662838.34000 3190124.88000      1.23910   117.70   878.00     0.00  ANNUAL  ALL      00000001  G1
 662938.34000 3190124.88000      0.97855   115.90   878.00     0.00  ANNUAL  ALL      00000001  G1
 663038.34000 3190124.88000      0.80063   112.50   878.00     0.00  ANNUAL  ALL      00000001  G1
 663138.34000 3190124.88000      0.66733   110.50   878.00     0.00  ANNUAL  ALL      00000001  G1
 662138.34000 3190224.88000      0.99750   153.50   878.00     0.00  ANNUAL  ALL      00000001  G1
 662238.34000 3190224.88000      1.36594   162.10   878.00     0.00  ANNUAL  ALL      00000001  G1
 662338.34000 3190224.88000      2.08005   166.50   878.00     0.00  ANNUAL  ALL      00000001  G1
 662438.34000 3190224.88000      3.22279   155.20   878.00     0.00  ANNUAL  ALL      00000001  G1
第 4 行，第 90 列    100%    Windows (CRLF)    UTF-8
```

图 6-28　ALL_ANNUAL.plt 文件内容

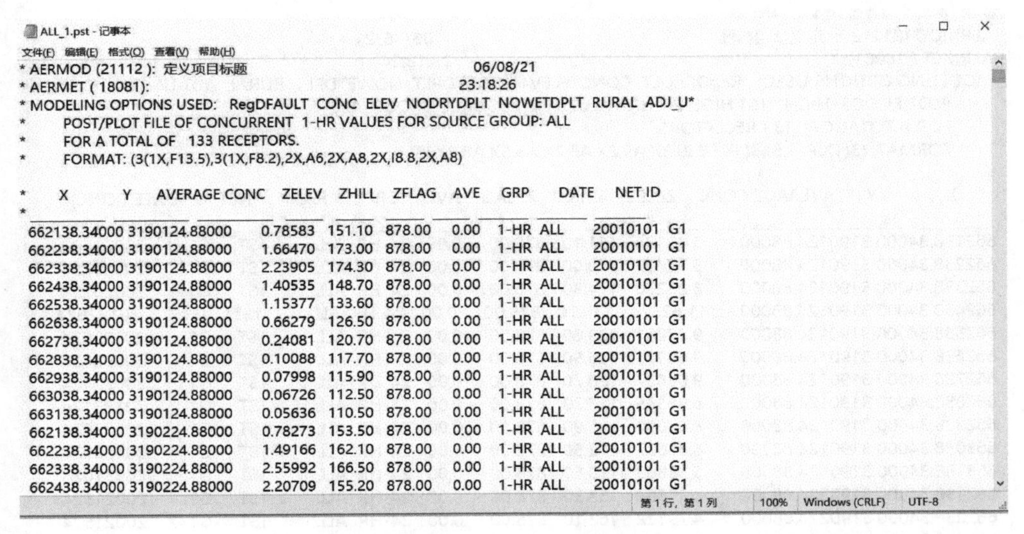

```
ALL_1.pst - 记事本
文件(F) 编辑(E) 格式(O) 查看(V) 帮助(H)
* AERMOD (21112 ): 定义项目标题                              06/08/21
* AERMET ( 18081):                                           23:18:26
* MODELING OPTIONS USED:  RegDFAULT  CONC  ELEV  NODRYDPLT  NOWETDPLT  RURAL  ADJ_U*
*         POST/PLOT FILE OF CONCURRENT  1-HR VALUES FOR SOURCE GROUP: ALL
*         FOR A TOTAL OF   133 RECEPTORS.
*         FORMAT: (3(1X,F13.5),3(1X,F8.2),2X,A6,2X,A8,2X,I8.8,2X,A8)
*      X             Y      AVERAGE CONC    ZELEV    ZHILL    ZFLAG    AVE     GRP       DATE     NET ID
* ____________ ____________ ____________ ________ ________ ________ ______ ________ ________ ________
 662138.34000 3190124.88000      0.78583   151.10   878.00     0.00  1-HR  ALL      20010101  G1
 662238.34000 3190124.88000      1.66470   173.00   878.00     0.00  1-HR  ALL      20010101  G1
 662338.34000 3190124.88000      2.23905   174.30   878.00     0.00  1-HR  ALL      20010101  G1
 662438.34000 3190124.88000      1.40535   148.70   878.00     0.00  1-HR  ALL      20010101  G1
 662538.34000 3190124.88000      1.15377   133.60   878.00     0.00  1-HR  ALL      20010101  G1
 662638.34000 3190124.88000      0.66279   126.50   878.00     0.00  1-HR  ALL      20010101  G1
 662738.34000 3190124.88000      0.24081   120.70   878.00     0.00  1-HR  ALL      20010101  G1
 662838.34000 3190124.88000      0.10088   117.70   878.00     0.00  1-HR  ALL      20010101  G1
 662938.34000 3190124.88000      0.07998   115.90   878.00     0.00  1-HR  ALL      20010101  G1
 663038.34000 3190124.88000      0.06726   112.50   878.00     0.00  1-HR  ALL      20010101  G1
 663138.34000 3190124.88000      0.05636   110.50   878.00     0.00  1-HR  ALL      20010101  G1
 662138.34000 3190224.88000      0.78273   153.50   878.00     0.00  1-HR  ALL      20010101  G1
 662238.34000 3190224.88000      1.49166   162.10   878.00     0.00  1-HR  ALL      20010101  G1
 662338.34000 3190224.88000      2.55992   166.50   878.00     0.00  1-HR  ALL      20010101  G1
 662438.34000 3190224.88000      2.20709   155.20   878.00     0.00  1-HR  ALL      20010101  G1
第 1 行，第 1 列    100%    Windows (CRLF)    UTF-8
```

图 6-29　ALL_1.pst 文件内容

ALL_24 - 记事本

文件(F) 编辑(E) 格式(O) 查看(V) 帮助(H)

```
* AERMOD (21112 ):  定义项目标题                                          06/08/21
* AERMET ( 18081):                                                        23:18:26
* MODELING OPTIONS USED:  RegDFAULT  CONC  ELEV  NODRYDPLT  NOWETDPLT  RURAL  ADJ_U*
*        POST/PLOT FILE OF CONCURRENT 24-HR VALUES FOR SOURCE GROUP: ALL
*        FOR A TOTAL OF    133 RECEPTORS.
*        FORMAT: (3(1X,F13.5),3(1X,F8.2),2X,A6,2X,A8,2X,I8.8,2X,A8)

*      X           Y      AVERAGE CONC   ZELEV   ZHILL   ZFLAG    AVE     GRP       DATE     NET ID
*  ____________ ____________ _____________ ______ ______ ______ ______ ________ ________ ________
  662138.34000 3190124.88000      1.21207  151.10  878.00    0.00  24-HR  ALL       20010124  G1
  662238.34000 3190124.88000      2.18003  173.00  878.00    0.00  24-HR  ALL       20010124  G1
  662338.34000 3190124.88000      3.25069  174.30  878.00    0.00  24-HR  ALL       20010124  G1
  662438.34000 3190124.88000      3.34788  148.70  878.00    0.00  24-HR  ALL       20010124  G1
  662538.34000 3190124.88000      2.52784  133.60  878.00    0.00  24-HR  ALL       20010124  G1
  662638.34000 3190124.88000      1.15963  126.50  878.00    0.00  24-HR  ALL       20010124  G1
  662738.34000 3190124.88000      0.48957  120.70  878.00    0.00  24-HR  ALL       20010124  G1
  662838.34000 3190124.88000      1.26922  117.70  878.00    0.00  24-HR  ALL       20010124  G1
  662938.34000 3190124.88000      1.49546  115.90  878.00    0.00  24-HR  ALL       20010124  G1
  663038.34000 3190124.88000      0.60063  112.50  878.00    0.00  24-HR  ALL       20010124  G1
  663138.34000 3190124.88000      0.18811  110.50  878.00    0.00  24-HR  ALL       20010124  G1
  662138.34000 3190224.88000      1.07183  153.50  878.00    0.00  24-HR  ALL       20010124  G1
  662238.34000 3190224.88000      1.93133  162.10  878.00    0.00  24-HR  ALL       20010124  G1
  662338.34000 3190224.88000      3.52549  166.50  878.00    0.00  24-HR  ALL       20010124  G1
  662438.34000 3190224.88000      4.70522  155.20  878.00    0.00  24-HR  ALL       20010124  G1
```

第 1 行，第 1 列　100%　Windows (CRLF)　UTF-8

图 6-30　ALL_24.pst 文件内容

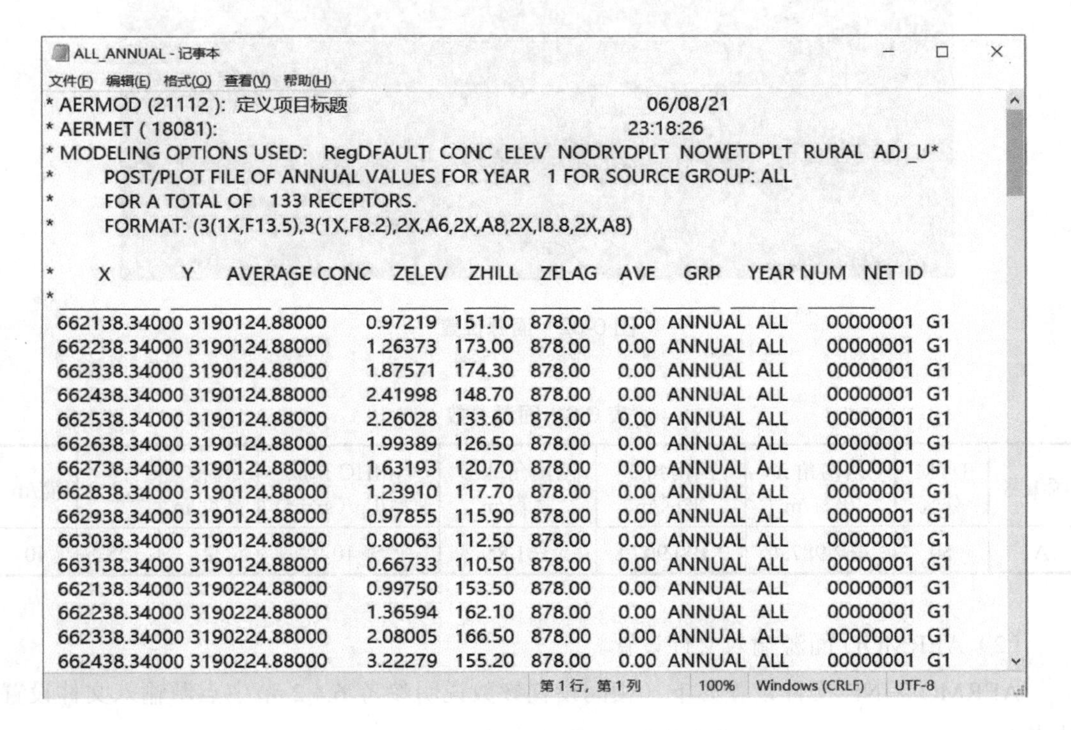

ALL_ANNUAL - 记事本

文件(F) 编辑(E) 格式(O) 查看(V) 帮助(H)

```
* AERMOD (21112 ):  定义项目标题                                          06/08/21
* AERMET ( 18081):                                                        23:18:26
* MODELING OPTIONS USED:  RegDFAULT  CONC  ELEV  NODRYDPLT  NOWETDPLT  RURAL  ADJ_U*
*        POST/PLOT FILE OF ANNUAL VALUES FOR YEAR   1 FOR SOURCE GROUP: ALL
*        FOR A TOTAL OF    133 RECEPTORS.
*        FORMAT: (3(1X,F13.5),3(1X,F8.2),2X,A6,2X,A8,2X,I8.8,2X,A8)

*      X           Y      AVERAGE CONC   ZELEV   ZHILL   ZFLAG    AVE     GRP    YEAR NUM   NET ID
*  ____________ ____________ _____________ ______ ______ ______ ______ ________ ________ ________
  662138.34000 3190124.88000      0.97219  151.10  878.00    0.00  ANNUAL  ALL       00000001  G1
  662238.34000 3190124.88000      1.26373  173.00  878.00    0.00  ANNUAL  ALL       00000001  G1
  662338.34000 3190124.88000      1.87571  174.30  878.00    0.00  ANNUAL  ALL       00000001  G1
  662438.34000 3190124.88000      2.41998  148.70  878.00    0.00  ANNUAL  ALL       00000001  G1
  662538.34000 3190124.88000      2.26028  133.60  878.00    0.00  ANNUAL  ALL       00000001  G1
  662638.34000 3190124.88000      1.99389  126.50  878.00    0.00  ANNUAL  ALL       00000001  G1
  662738.34000 3190124.88000      1.63193  120.70  878.00    0.00  ANNUAL  ALL       00000001  G1
  662838.34000 3190124.88000      1.23910  117.70  878.00    0.00  ANNUAL  ALL       00000001  G1
  662938.34000 3190124.88000      0.97855  115.90  878.00    0.00  ANNUAL  ALL       00000001  G1
  663038.34000 3190124.88000      0.80063  112.50  878.00    0.00  ANNUAL  ALL       00000001  G1
  663138.34000 3190124.88000      0.66733  110.50  878.00    0.00  ANNUAL  ALL       00000001  G1
  662138.34000 3190224.88000      0.99750  153.50  878.00    0.00  ANNUAL  ALL       00000001  G1
  662238.34000 3190224.88000      1.36594  162.10  878.00    0.00  ANNUAL  ALL       00000001  G1
  662338.34000 3190224.88000      2.08005  166.50  878.00    0.00  ANNUAL  ALL       00000001  G1
  662438.34000 3190224.88000      3.22279  155.20  878.00    0.00  ANNUAL  ALL       00000001  G1
```

第 1 行，第 1 列　100%　Windows (CRLF)　UTF-8

图 6-31　ALL_ANNUAL.pst 文件内容

6.4.3 AERMOD 模拟单个面源加油站案例

（1）AERMOD 面源案例说明。

本案例加油站东西方向长 25 m，南北方向宽 40 m（见图 6-32），排放非甲烷总烃（NMHC）；预测范围及受体设置同 6.4.2 节点源案例，使用的气象数据文件采用 6.2 节运行得到的气象文件，受体点的地形数据采用 6.3 节运行得到的地形文件结果（见表 6-6）。

图 6-32 面源位置

表 6-6 面源参数

源编号	UTM 分区	西南角 X 坐标/m	西南角 Y 坐标/m	西南角地形高程/m	NMHC 排放速率/[g/(s·m^2)]	排放高度/m	长/m	宽/m
A1	50	662 987.4	3 190 907.8	161.85	5×10^{-8}	2	25	40

（2）AERMOD 面源输入文件设置。

AERMOD.INP 文件设置如下（相同设置参数说明参考 6.4.2 节中点源输入文件设置小节）：

```
CO STARTING
CO TITLEONE  自定义项目标题
CO MODELOPT  DFAULT  CONC  NODRYDPLT  NOWETDPLT
CO RUNORNOT  RUN
CO AVERTIME  1  24  ANNUAL
CO POLLUTID  NMHC
CO FINISHED

SO STARTING
SO ELEVUNIT  METERS
SO LOCATION  A1  AREA  662987.4  3190907.8  161.85
** SO LOCATION 定义污染源类型与位置。A1 表示污染源唯一编号；AREA 表示污染源类型为面源；662987.4  3190907.8  161.85 分别表示污染源 x、y、z 坐标。
SO SRCPARAM A1  5.E-08 2 25 40 90 0
**SO SRCPARAM 后面定义污染源排放参数。A1 表示对应污染源唯一编号。5.E-08 表示排放速率，单位 g/（s·m2）；2 表示面源平均高度，单位 m；25 表示面源 X 轴长度，单位 m；40 表示面源 Y 轴长度，单位 m；90 表示面源 Y 轴长偏北角度，单位（°）；0 表示初始垂直扩散参数。
SO SRCGROUP  ALL
SO FINISHED

RE STARTING
RE ELEVUNIT  METERS
**RE ELEVUNIT METERS 至 DISCCART 部分需从 AERMAP.APR 文件中复制，参数说明详见 6.3.4 节。
RE GRIDCART G1 STA
RE GRIDCART G1 XYINC  662138.34  11  100  3190124.88  12  100
GRIDCART G1      ELEV  1   151.1   173.0   174.3   148.7   133.6   126.5
GRIDCART G1      ELEV  1   120.7   117.7   115.9   112.5   110.5
GRIDCART G1      ELEV  2   153.5   162.1   166.5   155.2   140.1   132.1
GRIDCART G1      ELEV  2   126.9   120.4   115.6   111.0   110.5
GRIDCART G1      ELEV  3   161.2   160.9   160.5   164.0   154.6   144.4
```

```
GRIDCART G1 ELEV 3 136.1 125.9 118.2 114.3 114.1
GRIDCART G1 ELEV 4 169.8 173.9 165.2 167.2 171.8 155.6
GRIDCART G1 ELEV 4 143.2 130.0 120.1 119.4 118.2
GRIDCART G1 ELEV 5 180.7 185.0 178.3 170.3 172.5 160.0
GRIDCART G1 ELEV 5 150.7 133.2 127.5 126.0 123.2
GRIDCART G1 ELEV 6 207.4 206.2 202.4 184.4 165.8 154.1
GRIDCART G1 ELEV 6 144.5 138.2 144.9 135.8 129.3
GRIDCART G1 ELEV 7 240.2 237.8 232.5 202.3 173.4 153.8
GRIDCART G1 ELEV 7 140.5 146.6 160.8 147.7 135.5
GRIDCART G1 ELEV 8 266.4 265.9 254.4 216.4 191.6 173.0
GRIDCART G1 ELEV 8 153.1 153.5 171.7 158.2 136.1
GRIDCART G1 ELEV 9 281.0 288.6 273.5 233.2 219.6 198.7
GRIDCART G1 ELEV 9 178.7 162.7 162.8 151.3 137.9
GRIDCART G1 ELEV 10 317.3 313.7 288.5 266.8 266.0 238.9
GRIDCART G1 ELEV 10 209.0 178.2 156.6 156.3 157.3
GRIDCART G1 ELEV 11 363.1 349.9 324.4 313.7 292.5 258.0
GRIDCART G1 ELEV 11 220.1 186.3 165.8 168.7 172.8
GRIDCART G1 ELEV 12 367.8 344.9 339.1 336.6 307.2 269.3
GRIDCART G1 ELEV 12 237.0 208.5 185.9 182.8 186.7
GRIDCART G1 HILL 1 878.0 878.0 878.0 878.0 878.0 878.0
GRIDCART G1 HILL 1 878.0 878.0 878.0 878.0 878.0
GRIDCART G1 HILL 2 878.0 878.0 878.0 878.0 878.0 878.0
GRIDCART G1 HILL 2 878.0 878.0 878.0 878.0 878.0
GRIDCART G1 HILL 3 878.0 878.0 878.0 878.0 878.0 878.0
GRIDCART G1 HILL 3 878.0 878.0 878.0 878.0 878.0
GRIDCART G1 HILL 4 878.0 878.0 878.0 878.0 878.0 878.0
GRIDCART G1 HILL 4 878.0 878.0 878.0 878.0 878.0
GRIDCART G1 HILL 5 878.0 878.0 878.0 878.0 878.0 878.0
GRIDCART G1 HILL 5 878.0 878.0 878.0 878.0 878.0
GRIDCART G1 HILL 6 878.0 878.0 878.0 878.0 878.0 878.0
GRIDCART G1 HILL 6 878.0 878.0 878.0 878.0 878.0
GRIDCART G1 HILL 7 878.0 878.0 878.0 878.0 878.0 878.0
GRIDCART G1 HILL 7 878.0 878.0 878.0 878.0 878.0
```

```
GRIDCART G1     HILL   8   878.0   878.0   878.0   878.0   878.0   878.0
GRIDCART G1     HILL   8   878.0   878.0   878.0   878.0   878.0
GRIDCART G1     HILL   9   878.0   878.0   878.0   878.0   878.0   878.0
GRIDCART G1     HILL   9   878.0   878.0   878.0   878.0   878.0
GRIDCART G1     HILL   10  878.0   878.0   878.0   878.0   878.0   878.0
GRIDCART G1     HILL   10  878.0   878.0   878.0   878.0   878.0
GRIDCART G1     HILL   11  878.0   878.0   878.0   878.0   878.0   878.0
GRIDCART G1     HILL   11  878.0   878.0   878.0   878.0   878.0
GRIDCART G1     HILL   12  878.0   878.0   878.0   878.0   878.0   878.0
GRIDCART G1     HILL   12  878.0   878.0   878.0   878.0   878.0
RE GRIDCART G1 END
DISCCART    663016.40    3191099.40    160.98    878.00
RE FINISHED

ME STARTING
ME SURFFILE   AERMET.SFC
ME PROFFILE   AERMET.PFL
ME SURFDATA   58632 2020
ME UAIRDATA   99999 2020
ME PROFBASE   126.3   METERS
ME FINISHED

OU STARTING
OU RECTABLE   1   FIRST
OU RECTABLE   24   FIRST
OU FILEFORM   FIX
OU PLOTFILE   1   ALL   FIRST   ALL_1_FIRST.plt
OU PLOTFILE   24   ALL   FIRST   ALL_24_FIRST.plt
OU PLOTFILE   ANNUAL   ALL   ALL_ANNUAL.plt
OU POSTFILE   1   ALL   PLOT   ALL_1.pst
OU POSTFILE   24   ALL   PLOT   ALL_24.pst
OU POSTFILE   ANNUAL   ALL   PLOT   ALL_ANNUAL.pst
OU FINISHED
```

根据项目情况将上述输入文件中的参数设置完成后，将输入文件保存至与执行文件同一个文件夹下，完成运行模型的准备工作。

（3）AERMOD 面源输出结果。

与点源运行过程相同，本案例存放位置为 C：\AERMOD-A，使用的 AERMOD 执行程序名称为 AERMOD.EXE，输入文件名称为 AERMOD.INP。在命令提示符窗口输入"cd C：\AERMOD-A"后回车，来到目标路径下，再输入"AERMOD.EXE AERMOD.INP"回车即可运行 AERMOD 程序（见图 6-33）。

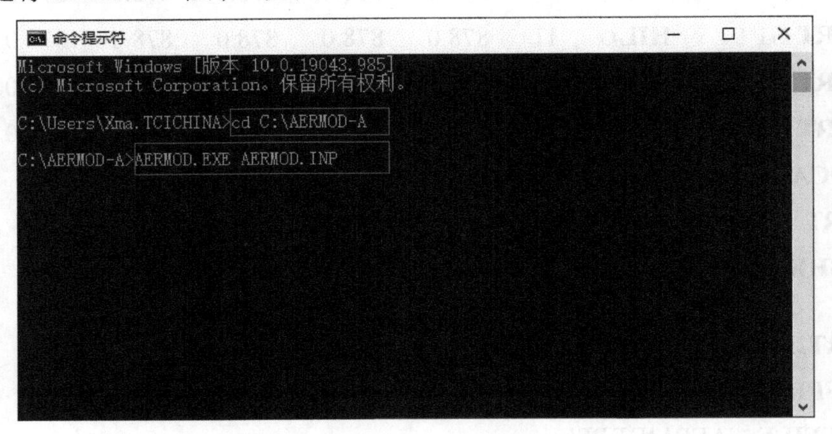

图 6-33 运行 AERMOD.INP

AERMOD 运行所需文件及运行后生成的文件如图 6-34 所示，其中，AERMOD.EXE 是执行文件；AERMET.SFC 和 AERMET.PFL 是气象文件；AERMOD.INP 是输入文件；AERMOD.out 文件为程序运行中的信息文件，包括运行输入文件备份和运行过程的总结；ALL_1_FIRST.plt、ALL_24_FIRST.plt 和 ALL_ANNUAL.plt 分别是输出的小时最大浓度、日均最大浓度和年均浓度的绘图文件；ALL_1.pst、ALL_24. pst 和 ALL_ANNUAL. pst 分别是输出的小时、日均和年均的详细记录文件（见图 6-35 至图 6-41）。

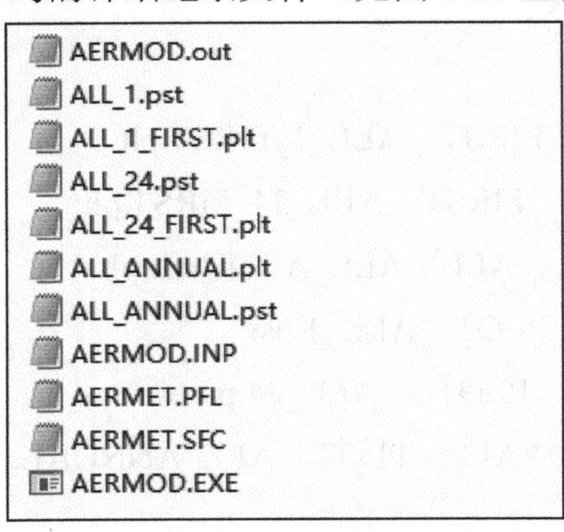

图 6-34 AERMOD 输入及输出文件

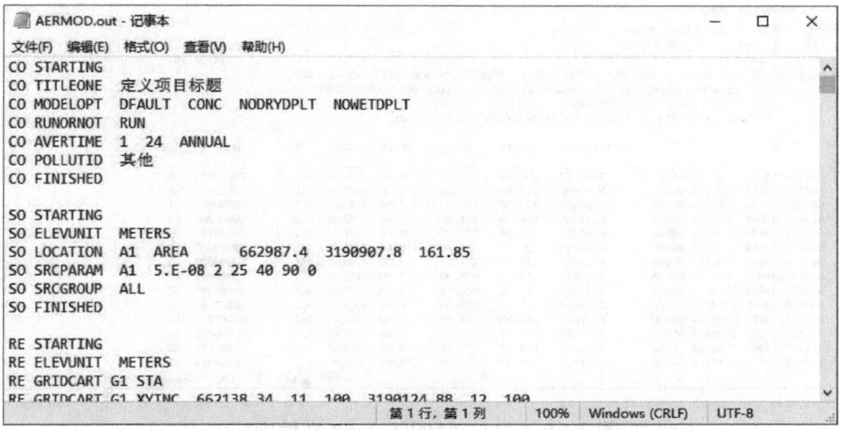

AERMOD.out - 记事本

文件(F)　编辑(E)　格式(O)　查看(V)　帮助(H)

```
CO STARTING
CO TITLEONE  定义项目标题
CO MODELOPT  DFAULT  CONC  NODRYDPLT  NOWETDPLT
CO RUNORNOT  RUN
CO AVERTIME  1  24  ANNUAL
CO POLLUTID  其他
CO FINISHED

SO STARTING
SO ELEVUNIT  METERS
SO LOCATION  A1  AREA     662987.4  3190907.8  161.85
SO SRCPARAM  A1  5.E-08 2 25 40 90 0
SO SRCGROUP  ALL
SO FINISHED

RE STARTING
RE ELEVUNIT  METERS
RE GRIDCART G1 STA
RE GRIDCART G1 XYINC  662138.34  11  100  3190124.88  12  100
```

第 1 行, 第 1 列　100%　Windows (CRLF)　UTF-8

图 6-35　AERMOD.out 文件内容

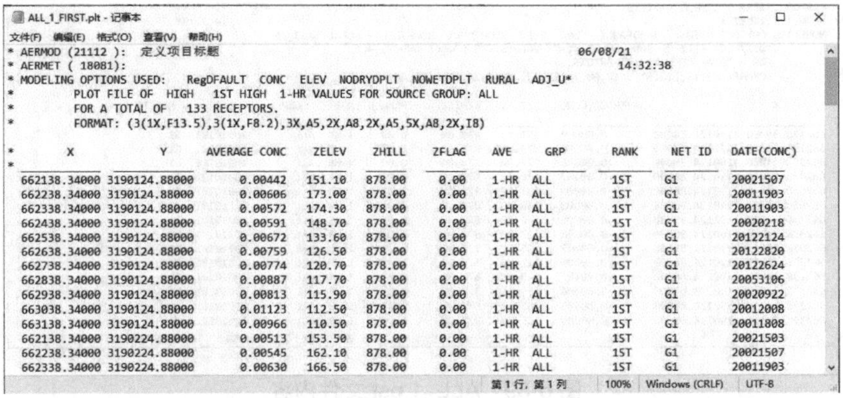

ALL_1_FIRST.plt - 记事本

文件(F)　编辑(E)　格式(O)　查看(V)　帮助(H)

```
* AERMOD (21112 ):  定义项目标题                                          06/08/21
* AERMET ( 18081):                                                           14:32:38
* MODELING OPTIONS USED:   RegDFAULT  CONC  ELEV  NODRYDPLT  NOWETDPLT  RURAL  ADJ_U*
*         PLOT FILE OF  HIGH   1ST HIGH  1-HR VALUES FOR SOURCE GROUP: ALL
*         FOR A TOTAL OF   133 RECEPTORS.
*         FORMAT: (3(1X,F13.5),3(1X,F8.2),3X,A5,2X,A8,2X,A5,5X,A8,2X,I8)

*        X             Y      AVERAGE CONC    ZELEV    ZHILL    ZFLAG    AVE     GRP       RANK     NET ID   DATE(CONC)
*
  662138.34000 3190124.88000       0.00442   151.10   878.00     0.00    1-HR  ALL         1ST      G1       20021507
  662238.34000 3190124.88000       0.00606   173.00   878.00     0.00    1-HR  ALL         1ST      G1       20011903
  662338.34000 3190124.88000       0.00572   174.30   878.00     0.00    1-HR  ALL         1ST      G1       20011903
  662438.34000 3190124.88000       0.00591   148.70   878.00     0.00    1-HR  ALL         1ST      G1       20020218
  662538.34000 3190124.88000       0.00672   133.60   878.00     0.00    1-HR  ALL         1ST      G1       20122124
  662638.34000 3190124.88000       0.00759   126.50   878.00     0.00    1-HR  ALL         1ST      G1       20122820
  662738.34000 3190124.88000       0.00774   120.70   878.00     0.00    1-HR  ALL         1ST      G1       20122624
  662838.34000 3190124.88000       0.00887   117.70   878.00     0.00    1-HR  ALL         1ST      G1       20053106
  662938.34000 3190124.88000       0.00813   115.90   878.00     0.00    1-HR  ALL         1ST      G1       20020922
  663038.34000 3190124.88000       0.01123   112.50   878.00     0.00    1-HR  ALL         1ST      G1       20012008
  663138.34000 3190124.88000       0.00966   110.50   878.00     0.00    1-HR  ALL         1ST      G1       20011808
  662138.34000 3190224.88000       0.00513   153.50   878.00     0.00    1-HR  ALL         1ST      G1       20021503
  662238.34000 3190224.88000       0.00545   162.10   878.00     0.00    1-HR  ALL         1ST      G1       20021507
  662338.34000 3190224.88000       0.00630   166.50   878.00     0.00    1-HR  ALL         1ST      G1       20011903
```

第 1 行, 第 1 列　100%　Windows (CRLF)　UTF-8

图 6-36　ALL_1_FIRST.plt 文件内容

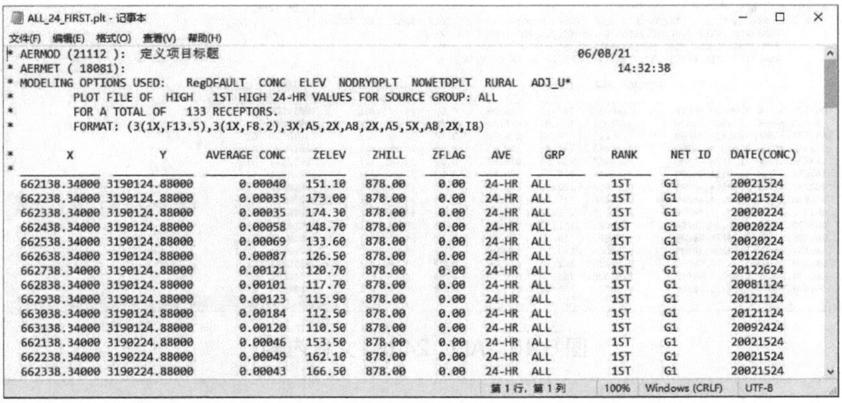

ALL_24_FIRST.plt - 记事本

文件(F)　编辑(E)　格式(O)　查看(V)　帮助(H)

```
* AERMOD (21112 ):  定义项目标题                                          06/08/21
* AERMET ( 18081):                                                           14:32:38
* MODELING OPTIONS USED:   RegDFAULT  CONC  ELEV  NODRYDPLT  NOWETDPLT  RURAL  ADJ_U*
*         PLOT FILE OF  HIGH   1ST HIGH 24-HR VALUES FOR SOURCE GROUP: ALL
*         FOR A TOTAL OF   133 RECEPTORS.
*         FORMAT: (3(1X,F13.5),3(1X,F8.2),3X,A5,2X,A8,2X,A5,5X,A8,2X,I8)

*        X             Y      AVERAGE CONC    ZELEV    ZHILL    ZFLAG    AVE     GRP       RANK     NET ID   DATE(CONC)
*
  662138.34000 3190124.88000       0.00040   151.10   878.00     0.00   24-HR  ALL         1ST      G1       20021524
  662238.34000 3190124.88000       0.00035   173.00   878.00     0.00   24-HR  ALL         1ST      G1       20021524
  662338.34000 3190124.88000       0.00035   174.30   878.00     0.00   24-HR  ALL         1ST      G1       20020224
  662438.34000 3190124.88000       0.00058   148.70   878.00     0.00   24-HR  ALL         1ST      G1       20020224
  662538.34000 3190124.88000       0.00069   133.60   878.00     0.00   24-HR  ALL         1ST      G1       20020224
  662638.34000 3190124.88000       0.00087   126.50   878.00     0.00   24-HR  ALL         1ST      G1       20122624
  662738.34000 3190124.88000       0.00121   120.70   878.00     0.00   24-HR  ALL         1ST      G1       20122624
  662838.34000 3190124.88000       0.00101   117.70   878.00     0.00   24-HR  ALL         1ST      G1       20081124
  662938.34000 3190124.88000       0.00123   115.90   878.00     0.00   24-HR  ALL         1ST      G1       20121124
  663038.34000 3190124.88000       0.00184   112.50   878.00     0.00   24-HR  ALL         1ST      G1       20121124
  663138.34000 3190124.88000       0.00120   110.50   878.00     0.00   24-HR  ALL         1ST      G1       20092424
  662138.34000 3190224.88000       0.00046   153.50   878.00     0.00   24-HR  ALL         1ST      G1       20021524
  662238.34000 3190224.88000       0.00049   162.10   878.00     0.00   24-HR  ALL         1ST      G1       20021524
  662338.34000 3190224.88000       0.00043   166.50   878.00     0.00   24-HR  ALL         1ST      G1       20021524
```

第 1 行, 第 1 列　100%　Windows (CRLF)　UTF-8

图 6-37　ALL_24_FIRST.plt 文件内容

ALL_ANNUAL.plt - 记事本

文件(F) 编辑(E) 格式(O) 查看(V) 帮助(H)

```
* AERMOD (21112 ):  定义项目标题                                                    06/08/21
* AERMET ( 18081):                                                                      14:32:38
* MODELING OPTIONS USED:   RegDFAULT  CONC  ELEV  NODRYDPLT  NOWETDPLT  RURAL  ADJ_U*
*         PLOT FILE OF ANNUAL VALUES AVERAGED ACROSS   1 YEARS FOR SOURCE GROUP: ALL
*         FOR A TOTAL OF   133 RECEPTORS.
*         FORMAT: (3(1X,F13.5),3(1X,F8.2),2X,A6,2X,A8,2X,I8.8,2X,A8)

*        X             Y      AVERAGE CONC    ZELEV    ZHILL    ZFLAG    AVE     GRP       NUM YRS   NET ID
* ____________ ____________ _____________ ______ ______ ______ ______ ________ ________ ________
  662138.34000 3190124.88000       0.00004   151.10   878.00     0.00  ANNUAL  ALL       00000001  G1
  662238.34000 3190124.88000       0.00005   173.00   878.00     0.00  ANNUAL  ALL       00000001  G1
  662338.34000 3190124.88000       0.00007   174.30   878.00     0.00  ANNUAL  ALL       00000001  G1
  662438.34000 3190124.88000       0.00009   148.70   878.00     0.00  ANNUAL  ALL       00000001  G1
  662538.34000 3190124.88000       0.00012   133.60   878.00     0.00  ANNUAL  ALL       00000001  G1
  662638.34000 3190124.88000       0.00015   126.50   878.00     0.00  ANNUAL  ALL       00000001  G1
  662738.34000 3190124.88000       0.00017   120.70   878.00     0.00  ANNUAL  ALL       00000001  G1
  662838.34000 3190124.88000       0.00017   117.70   878.00     0.00  ANNUAL  ALL       00000001  G1
  662938.34000 3190124.88000       0.00017   115.90   878.00     0.00  ANNUAL  ALL       00000001  G1
  663038.34000 3190124.88000       0.00016   112.50   878.00     0.00  ANNUAL  ALL       00000001  G1
  663138.34000 3190124.88000       0.00015   110.50   878.00     0.00  ANNUAL  ALL       00000001  G1
  662138.34000 3190224.88000       0.00004   153.50   878.00     0.00  ANNUAL  ALL       00000001  G1
  662238.34000 3190224.88000       0.00005   162.10   878.00     0.00  ANNUAL  ALL       00000001  G1
  662338.34000 3190224.88000       0.00007   166.50   878.00     0.00  ANNUAL  ALL       00000001  G1
```

第1行，第1列　100%　Windows (CRLF)　UTF-8

图 6-38　ALL_ANNUAL.plt 文件内容

ALL_1.pst - 记事本

文件(F) 编辑(E) 格式(O) 查看(V) 帮助(H)

```
* AERMOD (21112 ):  定义项目标题                                                    06/08/21
* AERMET ( 18081):                                                                      14:32:38
* MODELING OPTIONS USED:   RegDFAULT  CONC  ELEV  NODRYDPLT  NOWETDPLT  RURAL  ADJ_U*
*         POST/PLOT FILE OF CONCURRENT  1-HR VALUES FOR SOURCE GROUP: ALL
*         FOR A TOTAL OF   133 RECEPTORS.
*         FORMAT: (3(1X,F13.5),3(1X,F8.2),2X,A6,2X,A8,2X,I8.8,2X,A8)

*        X             Y      AVERAGE CONC    ZELEV    ZHILL    ZFLAG    AVE     GRP        DATE     NET ID
* ____________ ____________ _____________ ______ ______ ______ ______ ________ ________ ________
  662138.34000 3190124.88000       0.00004   151.10   878.00     0.00    1-HR  ALL       20010101  G1
  662238.34000 3190124.88000       0.00006   173.00   878.00     0.00    1-HR  ALL       20010101  G1
  662338.34000 3190124.88000       0.00008   174.30   878.00     0.00    1-HR  ALL       20010101  G1
  662438.34000 3190124.88000       0.00007   148.70   878.00     0.00    1-HR  ALL       20010101  G1
  662538.34000 3190124.88000       0.00008   133.60   878.00     0.00    1-HR  ALL       20010101  G1
  662638.34000 3190124.88000       0.00008   126.50   878.00     0.00    1-HR  ALL       20010101  G1
  662738.34000 3190124.88000       0.00008   120.70   878.00     0.00    1-HR  ALL       20010101  G1
  662838.34000 3190124.88000       0.00008   117.70   878.00     0.00    1-HR  ALL       20010101  G1
  662938.34000 3190124.88000       0.00007   115.90   878.00     0.00    1-HR  ALL       20010101  G1
  663038.34000 3190124.88000       0.00005   112.50   878.00     0.00    1-HR  ALL       20010101  G1
  663138.34000 3190124.88000       0.00003   110.50   878.00     0.00    1-HR  ALL       20010101  G1
  662138.34000 3190224.88000       0.00004   153.50   878.00     0.00    1-HR  ALL       20010101  G1
  662238.34000 3190224.88000       0.00005   162.10   878.00     0.00    1-HR  ALL       20010101  G1
  662338.34000 3190224.88000       0.00006   166.50   878.00     0.00    1-HR  ALL       20010101  G1
```

第1行，第1列　100%　Windows (CRLF)　UTF-8

图 6-39　ALL_1.pst 文件内容

ALL_24.pst - 记事本

文件(F) 编辑(E) 格式(O) 查看(V) 帮助(H)

```
* AERMOD (21112 ):  定义项目标题                                                    06/08/21
* AERMET ( 18081):                                                                      14:32:38
* MODELING OPTIONS USED:   RegDFAULT  CONC  ELEV  NODRYDPLT  NOWETDPLT  RURAL  ADJ_U*
*         POST/PLOT FILE OF CONCURRENT 24-HR VALUES FOR SOURCE GROUP: ALL
*         FOR A TOTAL OF   133 RECEPTORS.
*         FORMAT: (3(1X,F13.5),3(1X,F8.2),2X,A6,2X,A8,2X,I8.8,2X,A8)

*        X             Y      AVERAGE CONC    ZELEV    ZHILL    ZFLAG    AVE     GRP        DATE     NET ID
* ____________ ____________ _____________ ______ ______ ______ ______ ________ ________ ________
  662138.34000 3190124.88000       0.00005   151.10   878.00     0.00   24-HR  ALL       20010124  G1
  662238.34000 3190124.88000       0.00007   173.00   878.00     0.00   24-HR  ALL       20010124  G1
  662338.34000 3190124.88000       0.00011   174.30   878.00     0.00   24-HR  ALL       20010124  G1
  662438.34000 3190124.88000       0.00013   148.70   878.00     0.00   24-HR  ALL       20010124  G1
  662538.34000 3190124.88000       0.00017   133.60   878.00     0.00   24-HR  ALL       20010124  G1
  662638.34000 3190124.88000       0.00021   126.50   878.00     0.00   24-HR  ALL       20010124  G1
  662738.34000 3190124.88000       0.00022   120.70   878.00     0.00   24-HR  ALL       20010124  G1
  662838.34000 3190124.88000       0.00018   117.70   878.00     0.00   24-HR  ALL       20010124  G1
  662938.34000 3190124.88000       0.00011   115.90   878.00     0.00   24-HR  ALL       20010124  G1
  663038.34000 3190124.88000       0.00005   112.50   878.00     0.00   24-HR  ALL       20010124  G1
  663138.34000 3190124.88000       0.00002   110.50   878.00     0.00   24-HR  ALL       20010124  G1
  662138.34000 3190224.88000       0.00004   153.50   878.00     0.00   24-HR  ALL       20010124  G1
  662238.34000 3190224.88000       0.00006   162.10   878.00     0.00   24-HR  ALL       20010124  G1
  662338.34000 3190224.88000       0.00009   166.50   878.00     0.00   24-HR  ALL       20010124  G1
  662438.34000 3190224.88000       0.00013   155.20   878.00     0.00   24-HR  ALL       20010124  G1
```

第1行，第1列　100%　Windows (CRLF)　UTF-8

图 6-40　ALL_24.pst 文件内容

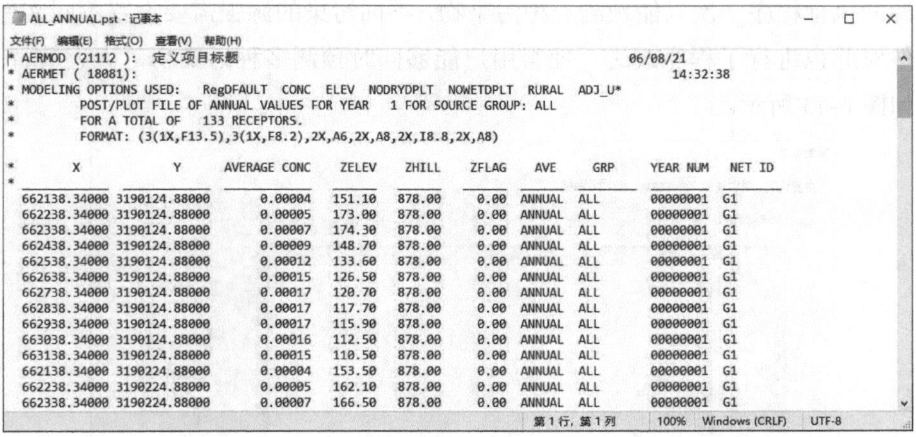

```
* AERMOD (21112 ):  定义项目标题                                              06/08/21
* AERMET ( 18081):                                                             14:32:38
* MODELING OPTIONS USED:   RegDFAULT  CONC  ELEV  NODRYDPLT  NOWETDPLT  RURAL  ADJ_U*
*         POST/PLOT FILE OF ANNUAL VALUES FOR YEAR   1 FOR SOURCE GROUP: ALL
*         FOR A TOTAL OF   133 RECEPTORS.
*         FORMAT: (3(1X,F13.5),3(1X,F8.2),2X,A6,2X,A8,2X,I8.8,2X,A8)
*        X             Y      AVERAGE CONC    ZELEV    ZHILL    ZFLAG    AVE     GRP       YEAR NUM   NET ID
* ____________ ____________ ____________  ______  ______  ______  ______  ________  ________  ________
  662138.34000 3190124.88000      0.00004   151.10   878.00     0.00  ANNUAL  ALL       00000001  G1
  662238.34000 3190124.88000      0.00005   173.00   878.00     0.00  ANNUAL  ALL       00000001  G1
  662338.34000 3190124.88000      0.00007   174.30   878.00     0.00  ANNUAL  ALL       00000001  G1
  662438.34000 3190124.88000      0.00009   148.70   878.00     0.00  ANNUAL  ALL       00000001  G1
  662538.34000 3190124.88000      0.00012   133.60   878.00     0.00  ANNUAL  ALL       00000001  G1
  662638.34000 3190124.88000      0.00015   126.50   878.00     0.00  ANNUAL  ALL       00000001  G1
  662738.34000 3190124.88000      0.00017   120.70   878.00     0.00  ANNUAL  ALL       00000001  G1
  662838.34000 3190124.88000      0.00017   117.70   878.00     0.00  ANNUAL  ALL       00000001  G1
  662938.34000 3190124.88000      0.00017   115.90   878.00     0.00  ANNUAL  ALL       00000001  G1
  663038.34000 3190124.88000      0.00016   112.50   878.00     0.00  ANNUAL  ALL       00000001  G1
  663138.34000 3190124.88000      0.00015   110.50   878.00     0.00  ANNUAL  ALL       00000001  G1
  662138.34000 3190224.88000      0.00004   153.50   878.00     0.00  ANNUAL  ALL       00000001  G1
  662238.34000 3190224.88000      0.00005   162.10   878.00     0.00  ANNUAL  ALL       00000001  G1
  662338.34000 3190224.88000      0.00007   166.50   878.00     0.00  ANNUAL  ALL       00000001  G1
```

图 6-41　ALL_ANNUAL.pst 文件内容

6.5　商业化软件功能简介

由于使用开源的执行程序操作复杂，在正式运行前每一步的命令和参数都需要大量的人工检查，均设置正确后计算得到的结果方可使用。当模拟范围较大、源的数目较多时，检查核对的工作量会非常大，一不小心就会设置错误。商业化软件不仅可以界面化的方式进行批量的参数设置，还内置了大量的查错机制，方便用户检查设置问题，从而确保计算结果正确可靠。同时，通过商业软件强大的人机交互界面和强大的图表绘制插件可以大大提高模型设置和后期结果图表绘制的效率。

以某款商业软件为例，其污染源设置界面如图 6-42 所示，能够以表格形式直接将源强参数复制导入软件，大大节省了输入参数的时间。

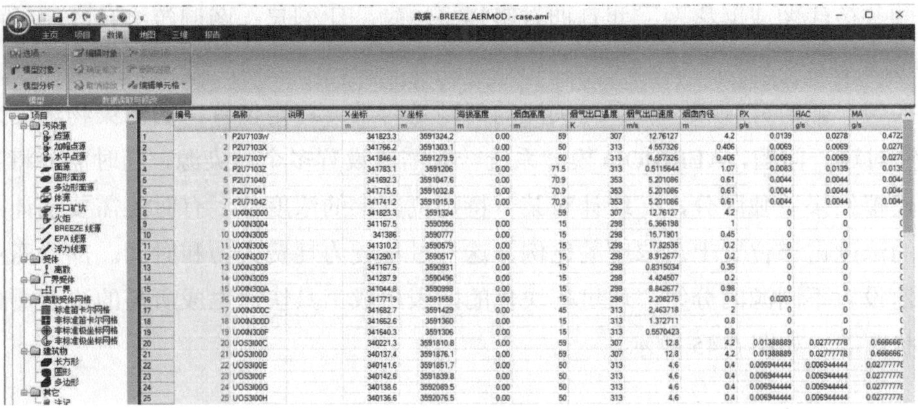

图 6-42　某商业软件污染源设置界面

开源的执行程序一次只能预测一种污染物，不同污染的源强需要设置不同文件运行，商业软件对此也进行了程序改进，使得用户能够同时预测多种污染物，大大节省了模拟时间，如图 6-43 所示。

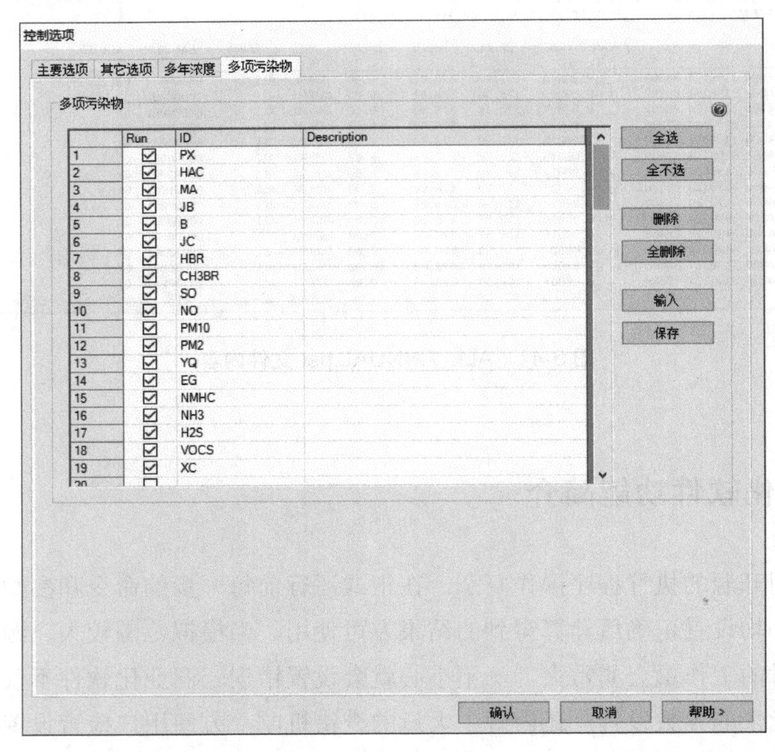

图 6-43 某商业软件同时模拟多种污染物的设置界面

在 AERMOD 模型系统完成运行之后，针对结果进行数据统计绘图是一项十分烦琐的工作，而商业 AERMOD 软件一般在运行后可以自动按照格式读取结果文件中的数据，快速绘制等值线图或网格图，并且拥有添加坐标轴、比例尺、图例等多种绘图功能，如图 6-44 所示。

在大气扩散研究领域，被广泛关注的问题是对某一特定位置上的污染物浓度来源的分析。针对这一问题，AERMOD 模型系统一般需要设置多个污染源，同时需要将各个污染源的模拟结果单独区分，并统计对某一特定位置上的浓度值。有时还需要统计某一组源贡献的浓度占该位置上总浓度的比例，这一过程较为耗费人力和时间。部分商业软件可以快速设置不同源的分组，通过模块化的图表生成工具快速生成所需的浓度贡献率饼图、柱状图等，如图 6-45 所示。

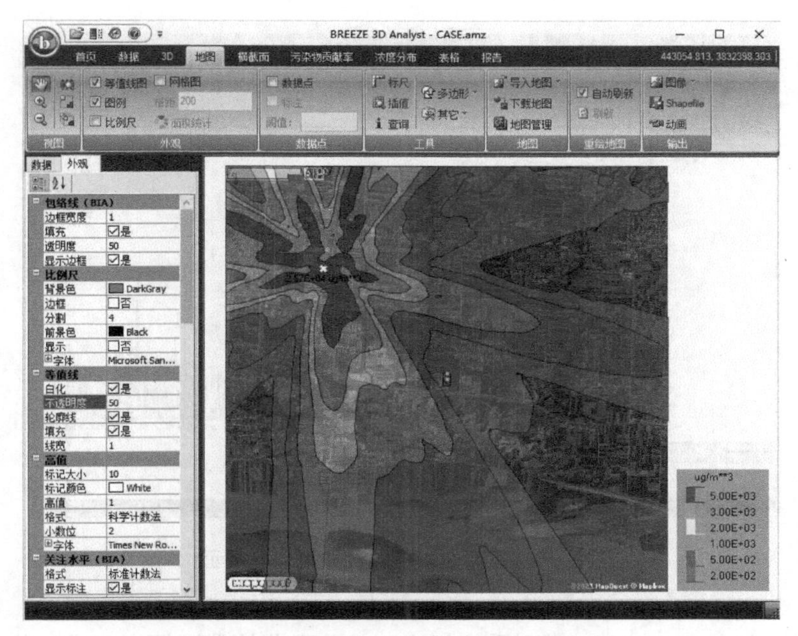

图 6-44　某商业软件展示等值线图界面

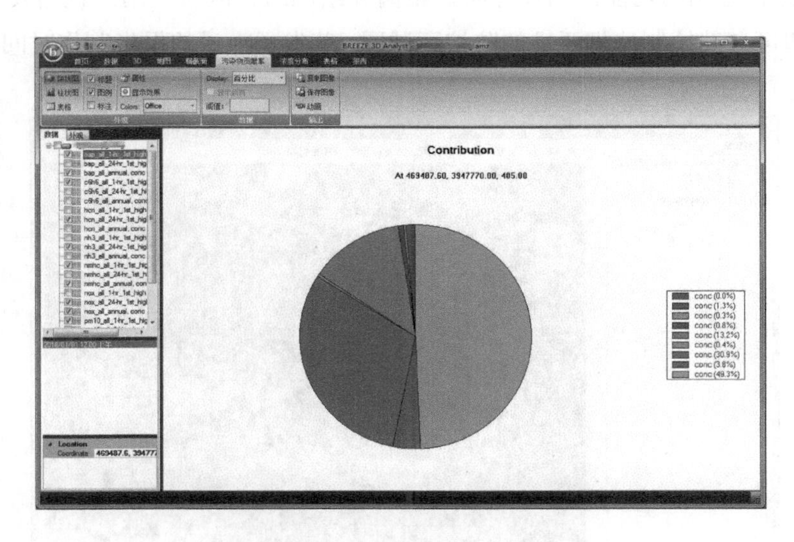

图 6-45　某商业软件统计污染物浓度分布界面

同时，针对某一特定位置上的污染物浓度在整个模拟时间段内的变化也是人们较为关心的研究方向。针对这一问题，AERMOD 模型系统的 POST 结果输出方式即可满足要求，POST 结果输出方式可以得到各个位置上每小时的污染物浓度结果，但是需要关注某一特定位置的浓度变化时，则需要从大量数据中进行筛选。部分商业软件可以直接完成这部分筛选统计的工作，并可以直接生成污染物每小时浓度变化折线图，如图 6-46 所示。

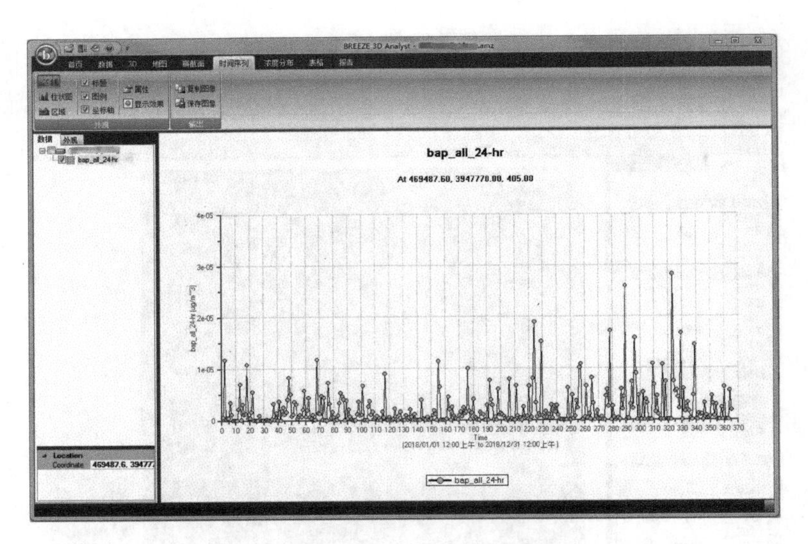

图 6-46　某商业软件统计浓度变化界面

与单纯的开源 AERMOD 模型系统相比，部分商业软件还拥有完成一些当地法规要求的特殊统计和绘制的功能，如计算防护距离并绘制防护区域。用户仅需要完成相应的设置，软件即可自动绘制法规要求的防护区域图，节省了大量的报告制作时间，如图 6-47 所示。

图 6-47　某商业软件防护距离计算模块

第7章 HYSPLIT后向轨迹模式应用案例

7.1 HYSPLIT介绍

7.1.1 HYSPLIT模型概述

HYSPLIT模型（Hybrid Single-Particle Lagrangian Integrated Trajectory Model，混合单粒子拉格朗日综合轨迹模型）是20世纪80年代初由美国国家海洋和大气管理局（NOAA）与澳大利亚气象局（Bureau of Meteorology，BOM）共同开发的，主要开发者是Roland Draxler。经过40余年的发展，HYSPLIT模型已经从一个基于无线电探空仪观测数据估算单条轨迹的简单模型，发展为一个从局地到全球尺度，既能计算简单的气团轨迹，又能模拟复杂污染物传输、扩散、化学转化和沉积过程的复杂系统（见表7-1）。HYSPLIT模型是现阶段大气科学界应用最广泛的大气传输扩散模式之一。

表7-1 HYSPLIT模型发展历史

Version	发布年份	内容
1.0	1982	采用声雷达资料和边界层混合系数（白天/夜晚）估算简单轨迹
2.0	1983	引入声雷达资料和连续的垂直扩散系数
3.0	1987	引入格点资料，并对近地层资料进行插值
4.0	1996	支持多种气象数据、发展混合粒子、烟团模型（NOAA Technical Memo ERL ARL-224）
4.0	1998	从服务器版到PC版
4.1	1999	短期模拟引入各向同性的湍流参数化方案
4.2	1999	采用Sigma和多项式方法的地形坐标
4.3	2000	修改垂直扩散参数化方案

Version	发布年份	内容
4.4	2001	动态数组调用，支持经纬度格点
4.5	2002	引入扩散集合预报、矩阵和源解析扩散预报
4.6	2003	引入非均一湍流订正和沙尘模拟
4.7	2004	引入湍流方差、TKE 和新的邻近预报方程
4.8	2006	调整与 CMAQ 的兼容性，扩展集合预报选项、烟羽抬升、Google Earth 和轨迹集合预报等
4.9	2009	耦合了全球欧拉模式

2020 年 4 月，NOAA 下属的 Air Resources Laboratory（ARL）实验室发布了 HYSPLIT 模型的最新 Version5.0 版本。当前，运行 HYSPLIT 模型有两种方式：①通过 ARL 实验室官网运行网页版；②通过下载 HYSPLIT 程序可执行文件和气象数据使用 PC 版，PC 版包括注册版和非注册版。为避免 ARL 服务器计算能力饱和，网页版在计算配置上存在一定限制；PC 版 HYSPLIT 模型除需要用户自己准备气象数据外，没有计算方面的限制。未注册 PC 版除不能使用预报气象计算烟浓度外，其他功能和注册版完全相同，3 种版本的 HYSPLIT 模型都可进行轨迹计算。

7.1.2 HYSPLIT 模型功能模块

虽然 HYSPLIT 模型可以通过命令行进行手动配置与运行，但这需要一定的计算机基础。对于初学者而言，图形用户（GUI）界面版则显得更加友好。GUI 版本的 HYSPLIT 模型包括 Meteorology 模块、Trajectory 模块、Concentration 模块和 Advanced 模块（见图 7-1）。Meteorology 模块是气象模块，具有气象数据下载、本地气象数据格式转化、气象数据查看等功能；Trajectory 模块是轨迹计算模块，可以利用气象数据计算气团的前向/后向轨迹，并进行聚类处理等；Concentration 模块为污染过程模拟模块，可通过设置污染过程的相关参数，模拟污染物的传输、扩散、沉积过程；Advanced 模块是模型的高级选项模块，可配置模型轨迹计算和污染物模拟过程等过程的参数，属于模型的高级应用。当前，国内对于 HYSPLIT 模型的应用主要是利用 Trajectory 模块计算后向轨迹，对轨迹进行聚类分析，为地区大气污染源解析工作提供支撑。

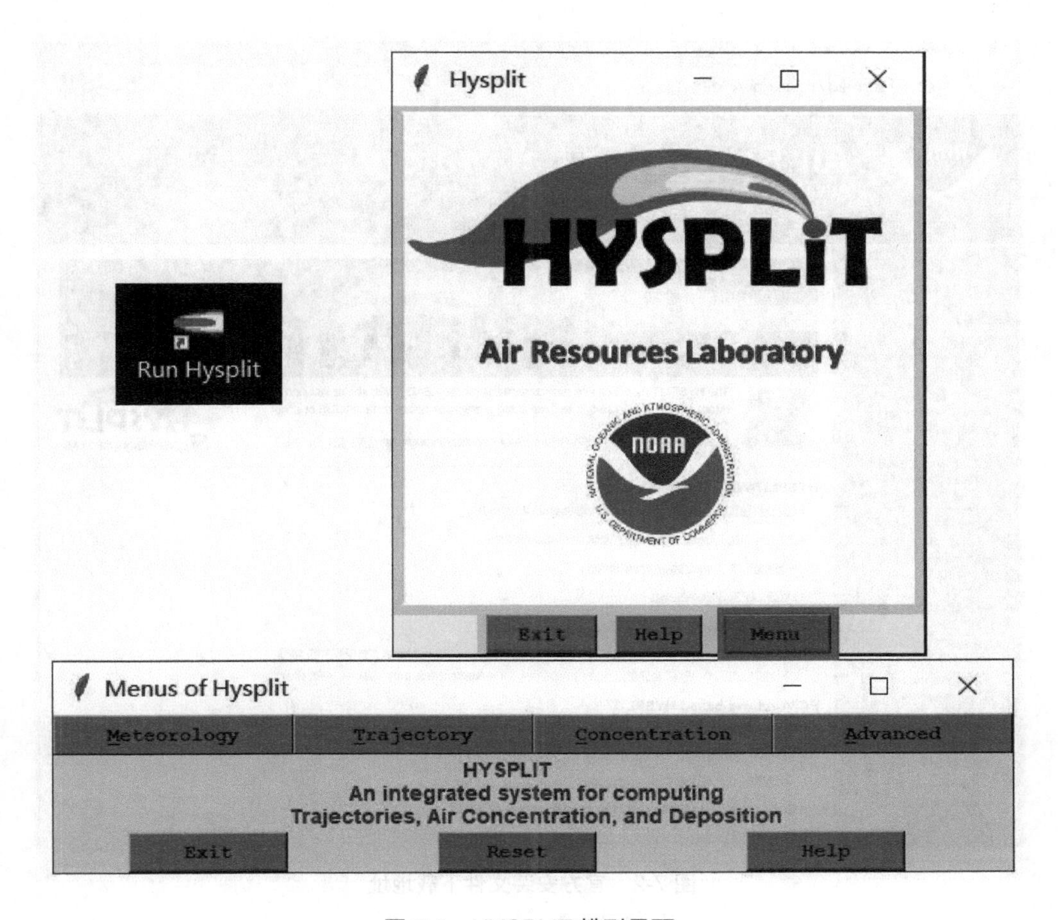

图 7-1 HYSPLIT 模型界面

7.2 HYSPLIT 绘图案例

7.2.1 HYSPLIT 模型安装

在安装 HYSPLIT 模型 PC 版之前，需要先安装 HYSPLIT 模型的附属配套软件，才能使用HYSPLIT图形用户界面(GUI)的所有特性。包括Tcl/Tk、Ghostscript和ImageMagick等实用程序。HYSPLIT 模型 PC 版和附属配套软件的安装包都可以通过 ARL 实验室官网下载或获取下载链接（https：//www.ready.noaa.gov/HYSPLIT.php，见图 7-2），图 7-3 为此次安装示例提前下载好的安装包。

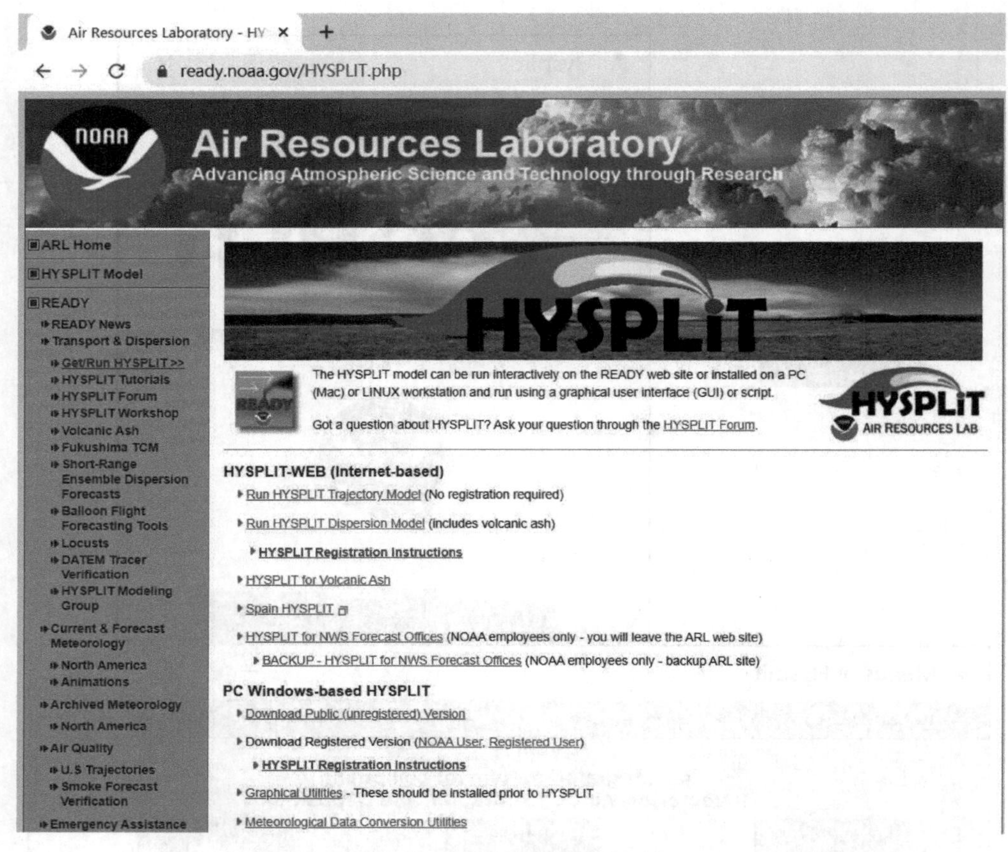

图 7-2 官方安装文件下载地址

图 7-3 HYSPLIT 及附属软件安装包

安装过程如下：

（1）tcl 安装：将下载的 tcl.rar 压缩包解压即可，最好解压在根目录下，免安装。

（2）Ghostscript 与 ImageMagick 安装：双击安装包按照安装向导操作即可，安装过程见图 7-4 和图 7-5。

（3）HYSPLIT 模型安装：双击安装包按照安装向导操作即可，安装过程见图 7-6。

（4）tcl 路径设置：在 HYSPLIT 安装完成后，需要对 tcl 进行路径设置。假设解压后的程序文件位于 C：\tcl\bin，在完成 HYSPLIT 安装后，在桌面右键 HYSPLIT 软件查看属性，在“目标”栏“C：\hysplit\guicode\hysplit.tcl”前添加“C：\tcl\bin\wish86 t.exe”，以两个空格分隔（见图 7-7 左）。

（5）Ghostscript 路径设置：安装 Ghostscript 后，在 HYSPLIT 界面 Advanced→Configuration setup→Set Directories 将 Ghostview 的路径设置为与 Ghostscript 相同的路径（见图 7-7 右）。

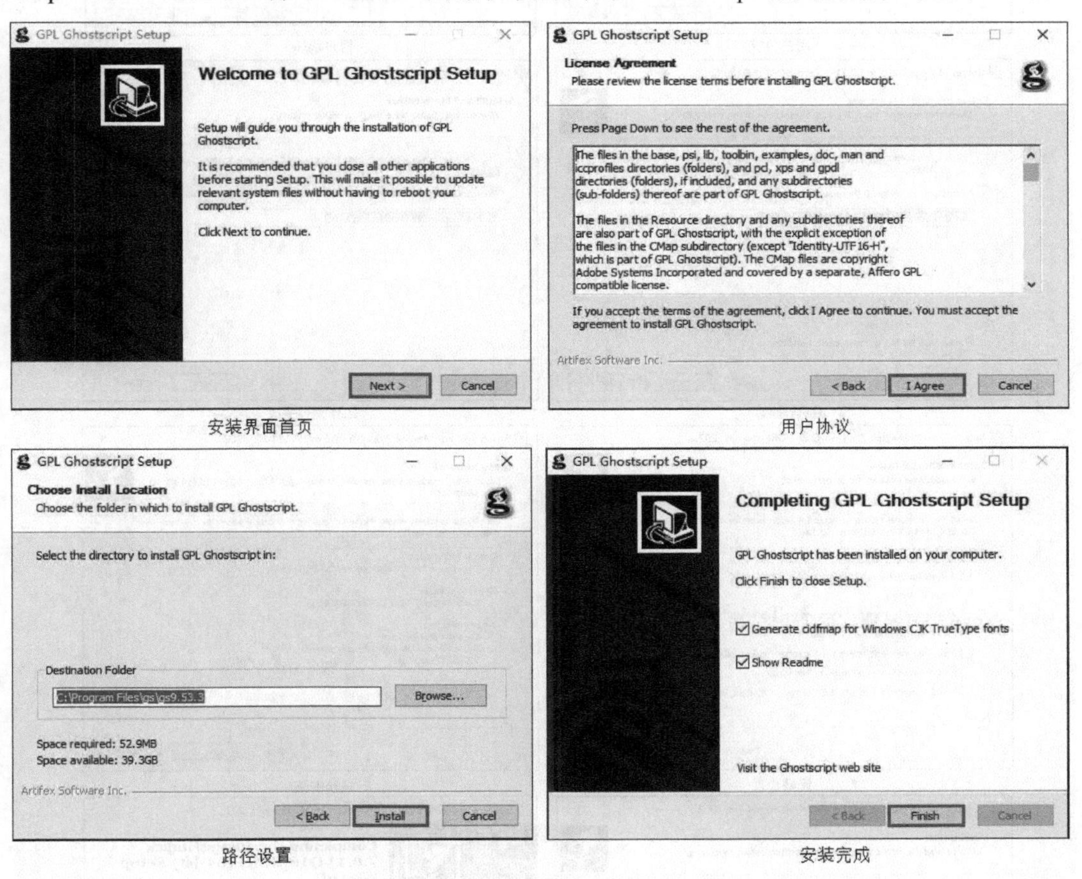

图 7-4　Ghostscript 安装界面

图 7-5 ImageMagick 安装界面

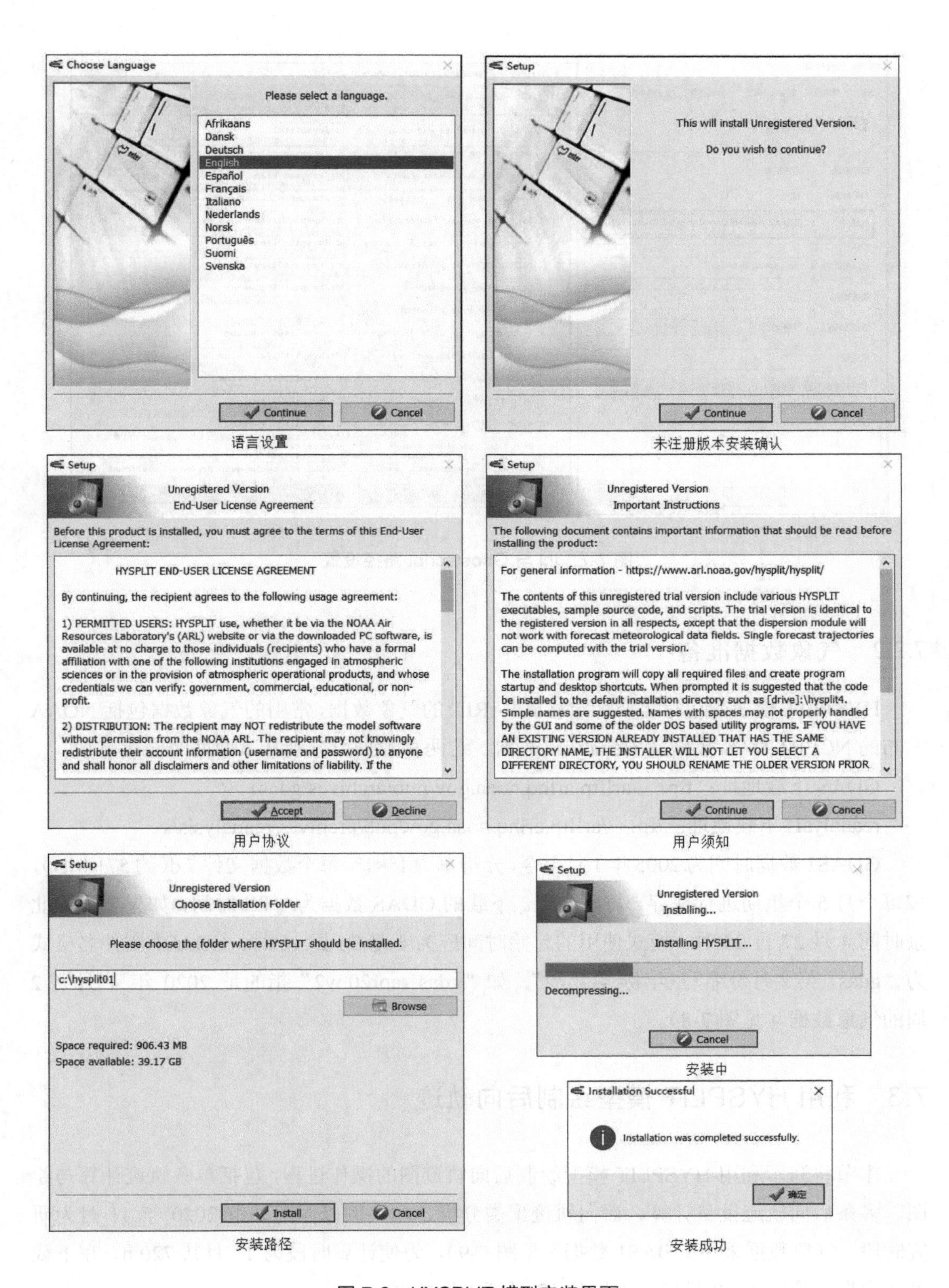

图 7-6　HYSPLIT 模型安装界面

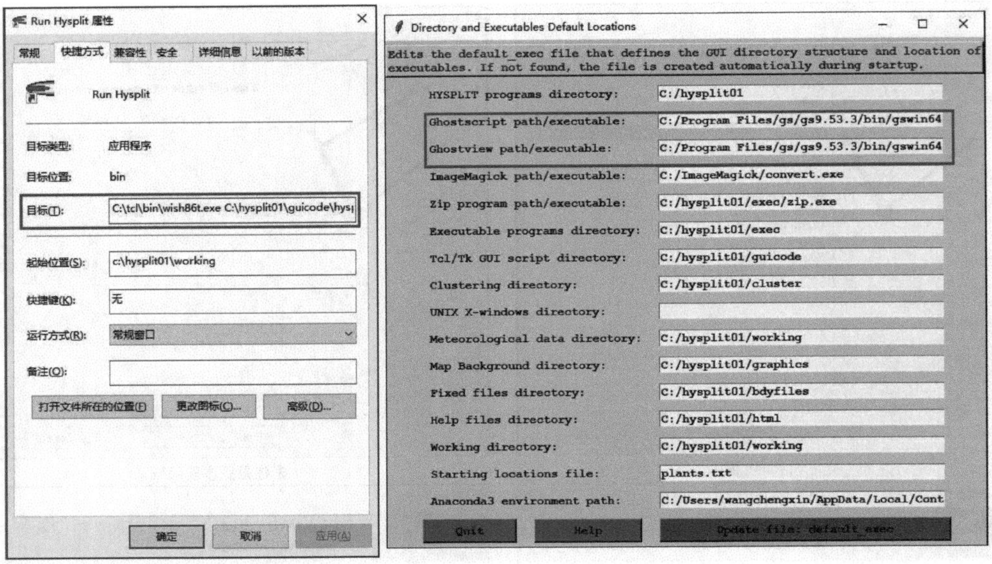

图 7-7 tcl 与 Ghostscript 路径设置

7.2.2 气象数据准备

HYSPLIT 模式的运行需要特定格式（ARL）的气象数据，常用的气象数据包括 NOAA 发布的 NCEP GDAS 数据或 reanalysis 数据。这两种数据可分别从下面两个链接下载。

GDAS 下载地址：ftp：//arlftp.arlhq.noaa.gov/pub/archives/gdas1。

reanalysis 下载地址：ftp：//arlftp.arlhq.noaa.gov/pub/archives/reanalysis/。

GDAS1 数据时间为 2005 年 1 月至今，分辨率为 1°×1°，每个数据文件 7 d（约 571 MB），按每个月 5 个星期进行保存，每月更新。下载的 GDAS 数据为 UTC 时间，如果要模拟北京时间 4 月 27 日 00 时，模式使用的起始时间应为 4 月 26 日 16 时。GDAS1 文件名格式为“gdas1.英文月份缩写+年份.第几周”。如“gdas1.apr20.w2”指的是 2020 年 4 月第 2 周的气象数据（见图 7-8）。

7.3 利用 HYSPLIT 模型绘制后向轨迹

本节将演示利用 HYSPLIT 模型绘制后向轨迹图的操作过程，包括单条轨迹计算与绘图、多条后向轨迹批量计算、后向轨迹聚类分析。本案例以西南某市 2020 年 11 月为研究时段，气象数据采用 GDAS1 数据（见图 7-9），为使计算时段为 11 月共 720 h，在下载准备数据时须准备 10 月最后 1 周和 12 月第 1 周数据。

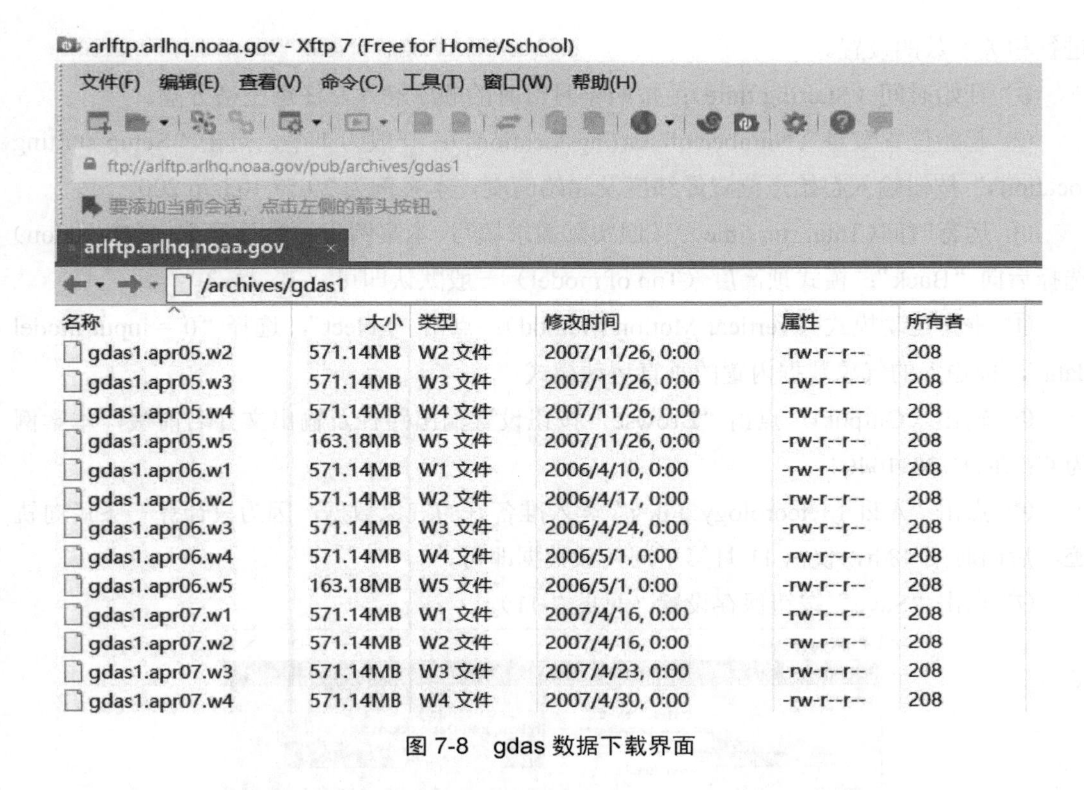

图 7-8　gdas 数据下载界面

图 7-9　案例气象数据

7.3.1　单条轨迹计算与绘图

以 A 市（29.57°N，103.76°E）2020 年 11 月 4 日 12 时（UTC 时间 11 月 4 日 4 时）为例。计算该时刻到达 A 市的气团的 48 h 后向轨迹并绘图。具体步骤如下：

（1）点击“Trajectory”按钮，弹出栏选择“Setup Run”按钮进入设置页面（见图 7-10），进行相关参数的设置。

① 开始时间（Starting time）：按照年月日时的顺序输入，注意空格分隔。

② 起始位置数量（Number of starting locations）：一般为 1 个，点击“Setup starting locations”按钮输入起始点位置经纬度及起始高度，本案例为 29.57 103.76 200。

③ 运行时间（Total run time）：按照实际需求填写，本案例为-48，计算方向（Direction）选择后向“Back”；模式顶高度（Top of model）一般默认即可。

④ 垂直运动模式（Vertical Motion Method）：点击“Select”，选择“0 = input model data”，按输入的气象数据内置的垂直运动模式。

⑤ 输出（Output）：点击“Browse”按钮设置输出路径及输出文件名前缀，本案例为 C：/test1/20110404。

⑥ 点击“Add Meteorology Files”读入准备好的气象数据，因为只计算一条后向轨迹，后向时间 48 h，仅需 11 月第 1 周气象数据即可。

⑦ 点击“Save”按钮保存设置（见图 7-11）。

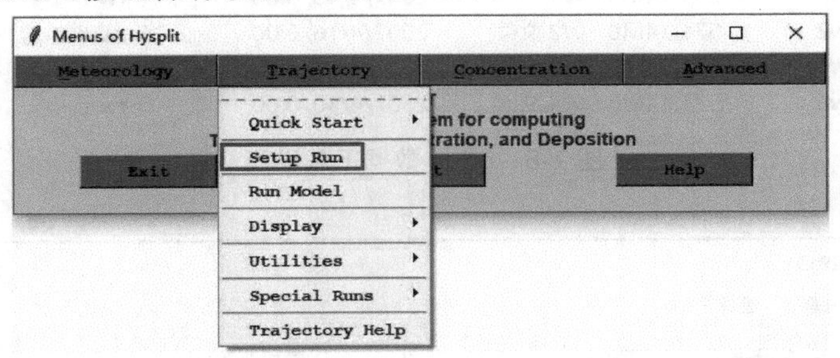

图 7-10 Setup Run 按钮

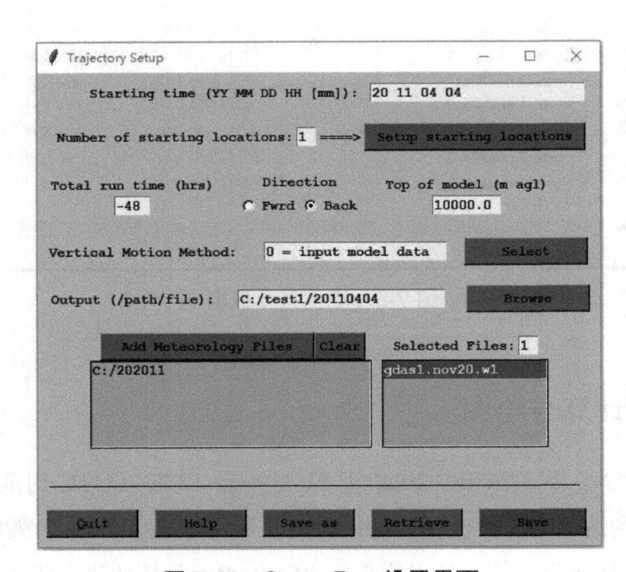

图 7-11 Setup Run 设置界面

（2）点击“Trajectory”按钮，弹出栏选择“Run Model”按钮进入运行页面。结束后点击“Exit”按钮退出（见图 7-12）。

（3）点击“Trajectory”按钮，弹出栏选择“Display”→“Trajectory”按钮进入设置页面，设置相关参数（见图 7-13）。

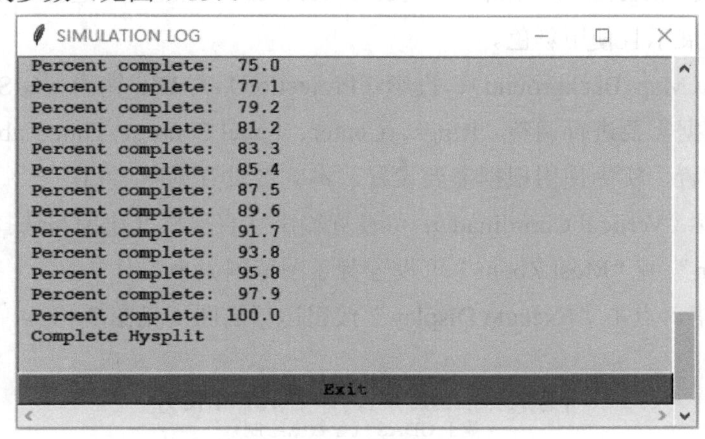

图 7-12　Run model 运行界面

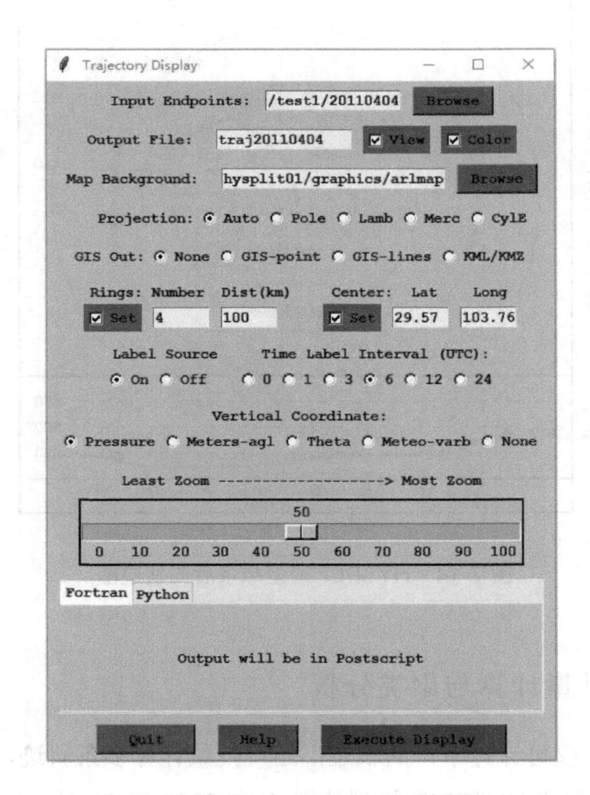

图 7-13　Trajectory Display 设置界面

① 输入文件（Input Endpoints）：点击“Browse”按钮选择上一步“Run Model”输出的文件，本案例为 C：/test1/20110404。

② 输出文件（Output File）：文件默认保存在工作文件夹下，工作路径可通过“Advanced”→“Configuration Setup”→“Set Directories”按钮查看。选择“View”与“Color”表示运行后图片展示且使用彩色。

③ 背景图（Map Background）、投影（Projection）与 GIS 输出（GIS out）：一般默认即可，也可根据需要进行调整。Rings、Center、Label Source、Time Label Interval 可对出图细节进行设置，实际使用根据需要设置，本案例设置见图 7-13。

④ 垂直坐标（Vertical Coordinate）：可设置输出垂直坐标变化图与选择垂直坐标轴类型。“Least Zoom”→“Most Zoom”可设置背景图范围大小。

⑤ 设置完毕，点击“Execute Display”按钮运行出图（见图 7-14）。

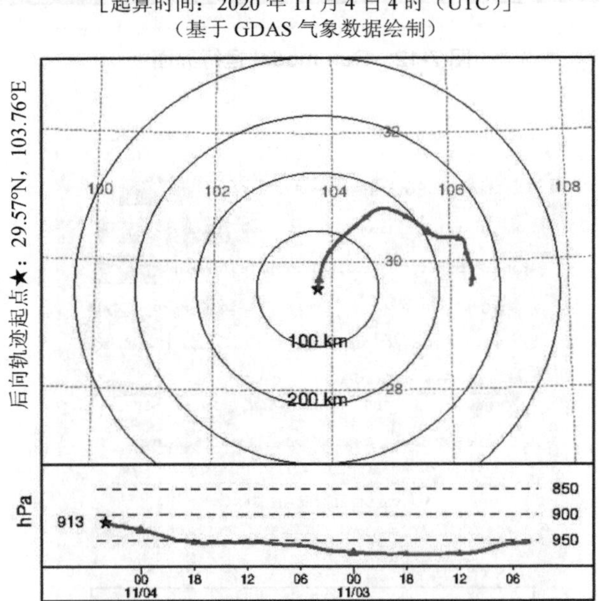

图 7-14 HYSPLT 模型单条后向轨迹图

7.3.2 多条轨迹批量计算与聚类分析

HYSPLIT 模型不仅可计算单一的轨迹，还可批量计算多条轨迹，并对多条轨迹进行聚类分析，下面演示利用 HYSPLIT 模型计算 A 市 2020 年 11 月（720 h）的后向轨迹并进行聚类分析的过程。

（1）批量轨迹计算。

①模型设置（Setup Run）：点击“Trajectory”按钮，弹出栏选择“Setup Run”按钮进入设置页面。该步骤设置方式与单条轨迹设置方式一致，本案例参数设置见图 7-15，需注意起算时间为 2020 年 10 月 30 日 16 时（北京时间 11 月 1 日 0 时）。

②批量运行设置：点击“Trajectory”按钮，弹出栏依次选择“Special Runs”“Daily”按钮。进入批量运行设置界面（见图 7-16）。设置模型批量运行的时间间隔，批量运行时间长度等信息。本案例模拟 2020 年 11 月 720 h，设置如下：

Start caloulations at 20 10 31 16 and every 1 hr until 30 days 0 hr after start!

③批量设置完成后，点击“Execute Script”按钮开始运行轨迹批量计算（见图 7-17）。运行结束后点击“Exit”退出。输出结果将存放在前一步设置的输出文件夹中，文件名结构为“前缀+年月日小时”（见图 7-18）。

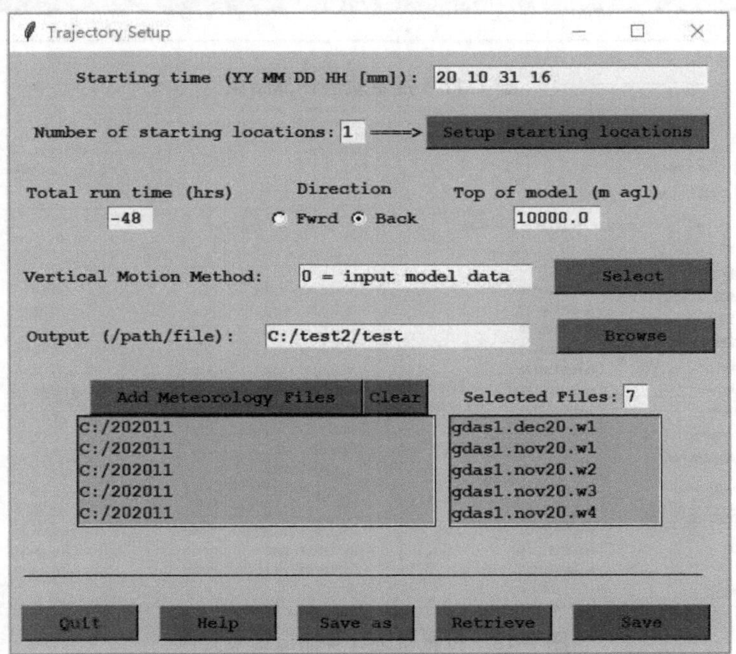

图 7-15　Setup Run 设置界面

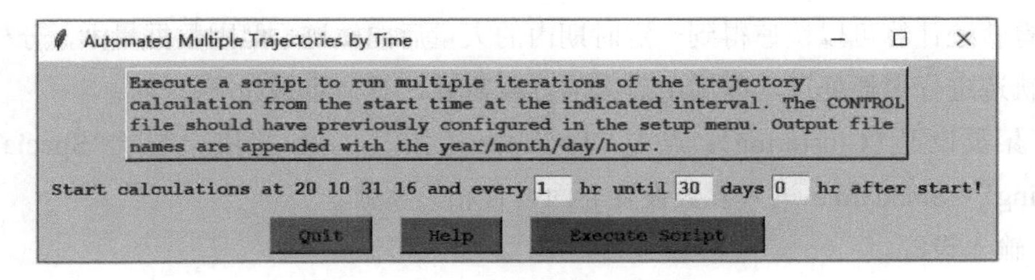

图 7-16　批量轨迹计算设置界面

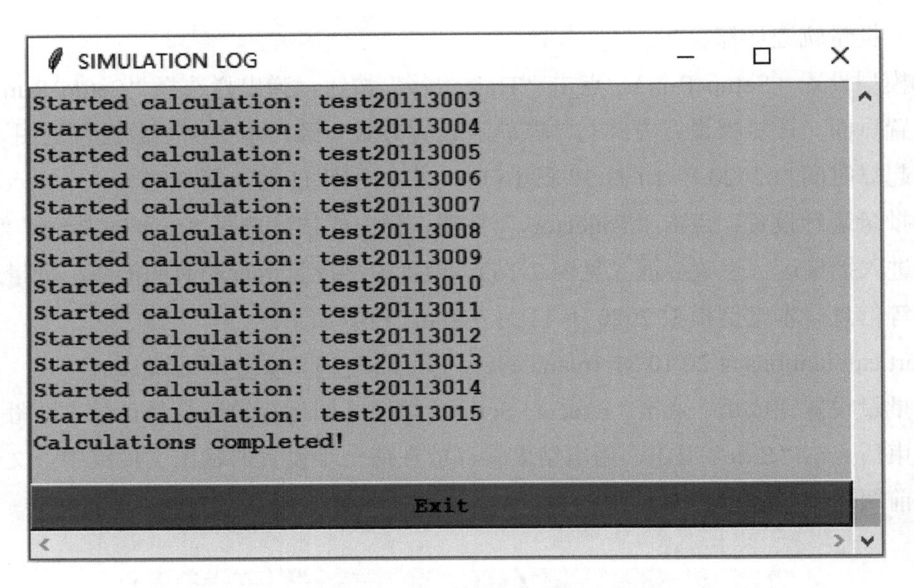

图 7-17 批量轨迹计算结束

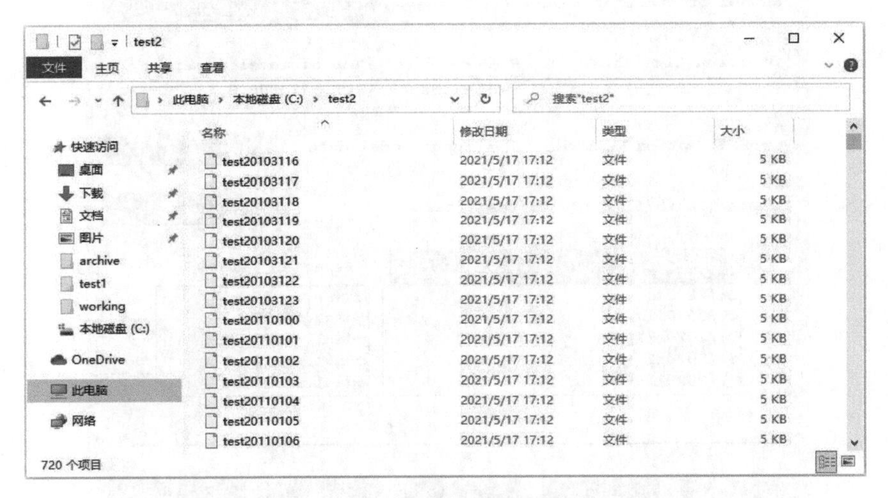

图 7-18 批量轨迹计算输出结果文件

（2）轨迹聚类。

批量轨迹计算可以快速得到一定时期内的大量后向轨迹，但因数据量大，分析困难，需要对轨迹进行聚类处理，以满足后续的分析需要，具体步骤如下：

① 聚类设置（Clustering）：点击“Trajectory”按钮，弹出栏依次选择“Special Runs”“clustering”“Standard”进入参数设置界面设置相关参数。

② 输入设置。

聚类时间（Hours to cluster）：可以与后向轨迹计算时间一致，也可以小于后向轨迹时间，本案例设置为 36。聚类时间间隔［Time interval（hrs）］与轨迹间隔（Trajectory skip）可分别定义聚类计算的时间间隔与轨迹间隔。本案例均设置为 1，表示对每条轨迹进行逐时的聚类计算（见图 7-19）。

终点文件夹（Endpoints folder）为前一步批量轨迹运算的输出文件夹；工作文件夹（Working folder）、结果文件夹（Archive folder）以及投影（Projection）保持默认即可。

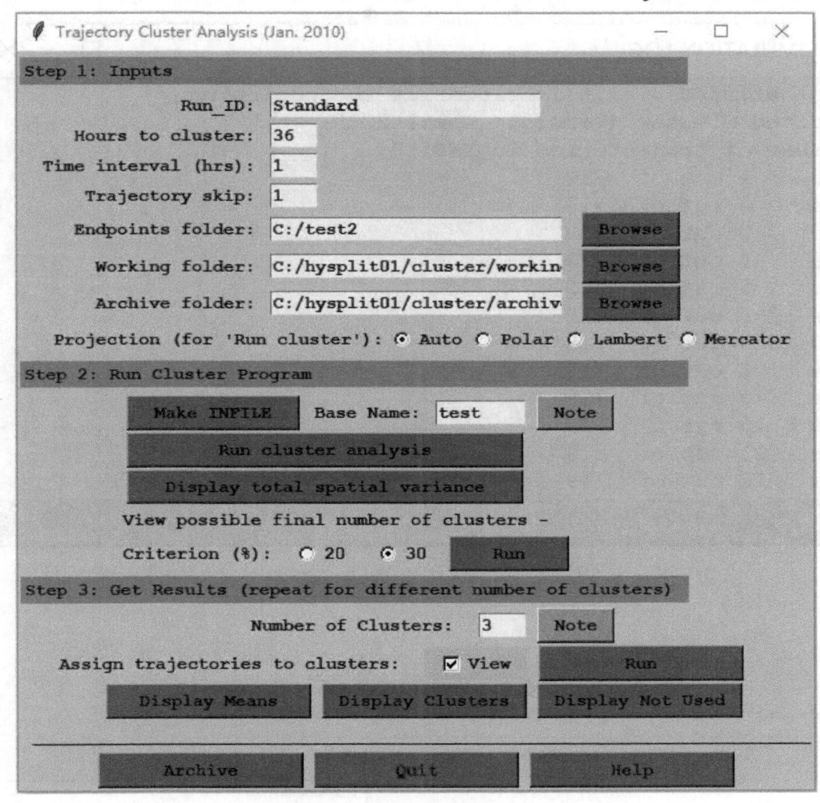

图 7-19　聚类计算设置界面

③ 聚类。

在 Base name 后输入轨迹文件前缀，本案例为“test”，然后点击“Make INFILE”按钮。程序会基于前缀生成对应的 INFILE 文件，生成完毕后点击“Continue”关闭页面（见图 7-20）。

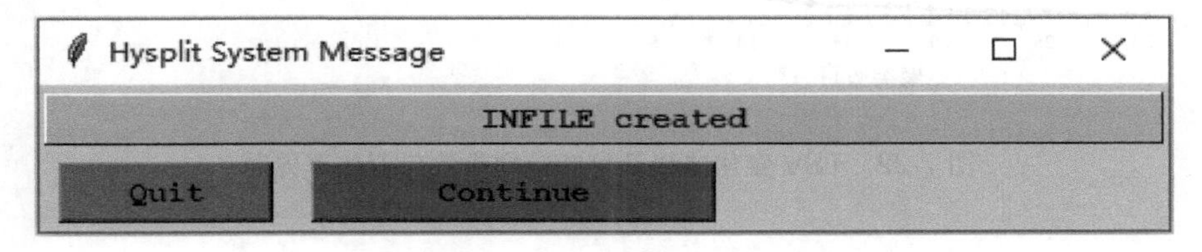

图 7-20　Make INFILE 界面

点击“Run cluster analysis”按钮，运行聚类程序，开始聚类计算（见图 7-21）。计算结束，点击“Display total spatial variance”按钮可查看 TSV 变化曲线；点击“Run”按钮之后得到了可能的分型条数及变化的可能性，分型条数越少、变化越小的越好（见图 7-22）。如本案例 11 条分型时变化最小，但数量太多不利于分析，综合考虑选择 3 条（变化率 72.82）作为最终的分型条数。

```
SIMULATION LOG
Model started ... it is slower at the beginning
 Started Cluster (Version: April 2015)
 Number of trajectories in INFILE:          720
Pass     1 out of  719
Pass     2 out of  719
Pass     3 out of  719
Pass     4 out of  719
Pass     5 out of  719
Pass     6 out of  719
Pass     7 out of  719
Pass     8 out of  719
Pass     9 out of  719
Pass    10 out of  719
Pass    11 out of  719
Pass    12 out of  719
                    Exit
```

图 7-21　聚类计算过程

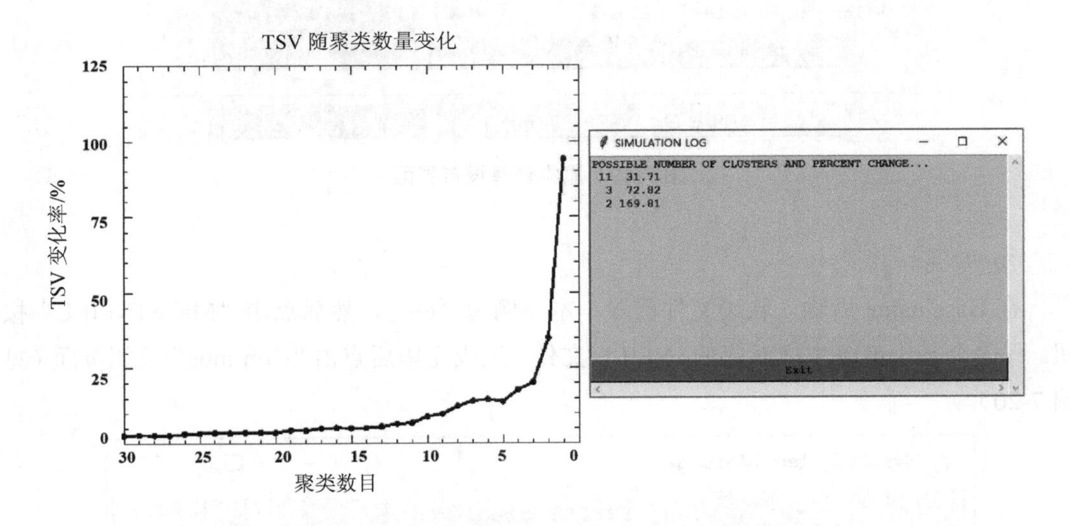

图 7-22　TSV 变化曲线及可能分型条数与变化率界面

④ 结果查看。

确定分型条数后，即可进行聚类结果输出，在“Number of clusters”后填入分型条数，选择“View”，点击“Run”即可对聚类结果进行输出（见图 7-23 和图 7-24）。可以点击“Display Means”按钮查看聚类结果（见图 7-25），也可以点击“Display Clusters”查看单个轨迹分型中的所有轨迹。所有操作完毕，点击“Archive”按钮，将会将聚类操作的所有文件从 working 文件夹移动到 archive 文件夹下。输出文件中的“CLUSLIST_N”记录了每条轨迹的聚类情况（见图 7-26），可以将文件数据使用 Excel 表格打开，再结合空气质量数据，分析不同轨迹影响下的空气污染情况。

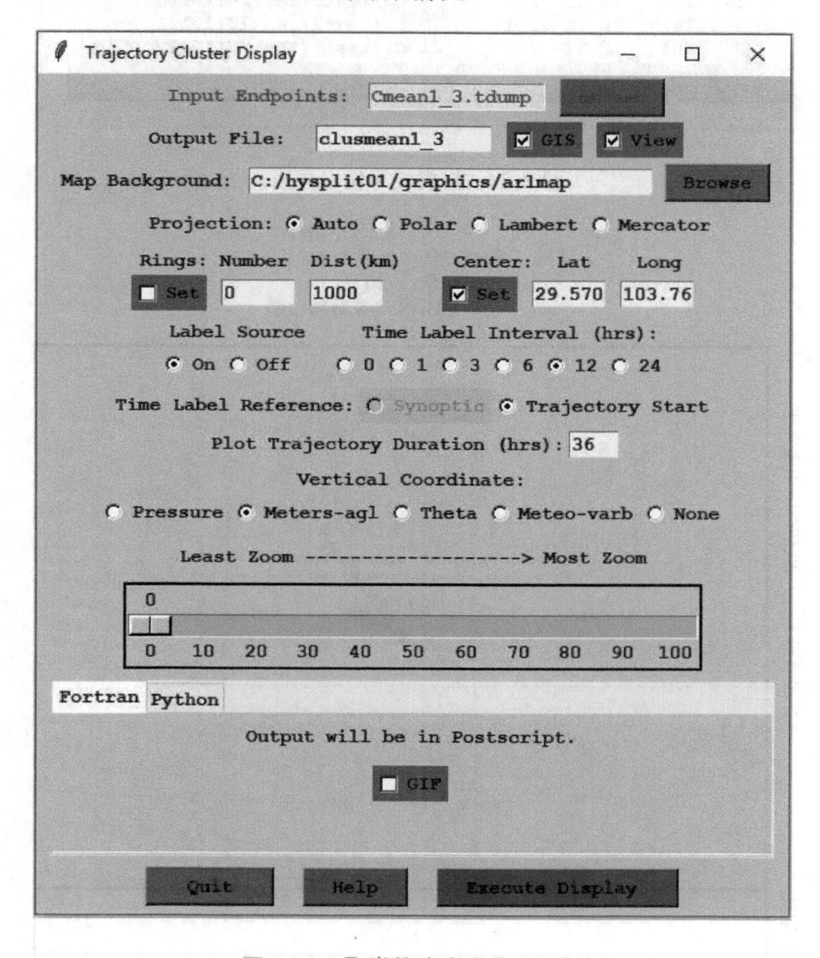

图 7-23　聚类轨迹出图设置界面

SIMULATION LOG

CL#	#TRJ/CL	YR	MO	DA	HR	file#	filename
1	181	20	10	31	16	1	C:/test2/test20103116
1	181	20	10	31	17	2	C:/test2/test20103117
1	181	20	10	31	18	3	C:/test2/test20103118
1	181	20	10	31	19	4	C:/test2/test20103119
1	181	20	10	31	20	5	C:/test2/test20103120
1	181	20	10	31	21	6	C:/test2/test20103121
1	181	20	10	31	22	7	C:/test2/test20103122
1	181	20	10	31	23	8	C:/test2/test20103123
1	181	20	11	1	0	9	C:/test2/test20110100
1	181	20	11	1	1	10	C:/test2/test20110101
1	181	20	11	1	9	18	C:/test2/test20110109
1	181	20	11	1	10	19	C:/test2/test20110110
1	181	20	11	1	11	20	C:/test2/test20110111
1	181	20	11	1	12	21	C:/test2/test20110112

Exit

图 7-24　聚类结果输出界面

聚类方法：标准
轨迹数量：720 条
基于 GDAS 气象数据绘制

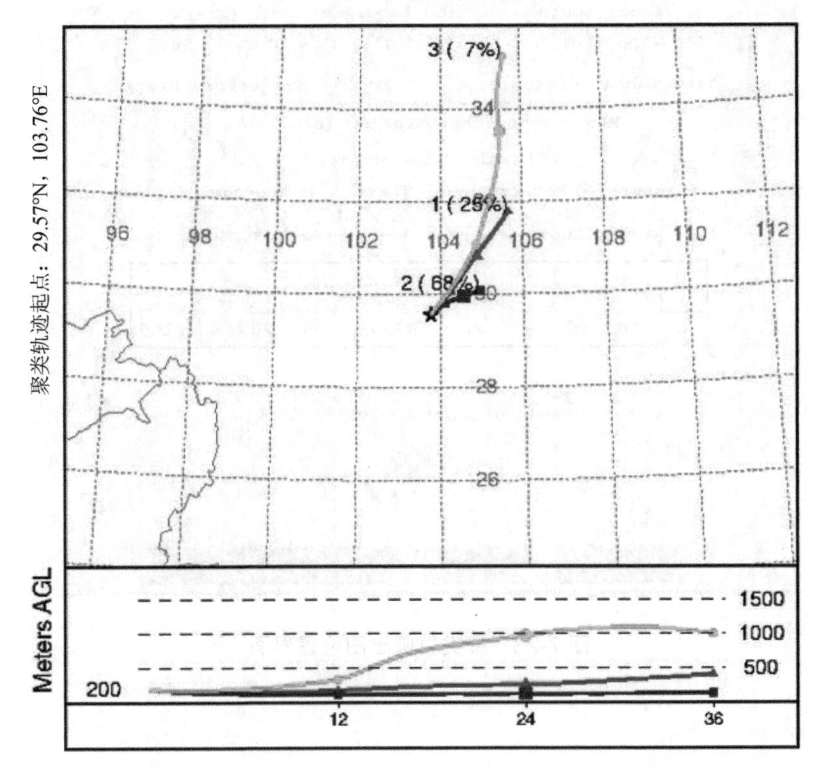

图 7-25　聚类轨迹图

图 7-26　CLUSLIST-3 文件内容

7.4　小结

HYSPLIT 模型是现阶段大气科学界应用最广泛的大气传输扩散模式之一。熟悉 HYSPLIT 模型 GUI 版本的 4 个模块——Meteorology 模块、Trajectory 模块、Concentration 模块和 Advanced 模块，并掌握 HYSPLIT 模型安装和气象数据准备后，读者可以利用 HYSPLIT 模型绘制后向轨迹图，包括单条轨迹计算与绘图、多条后向轨迹批量计算。感兴趣的读者，也可以进一步学习。

第 8 章
空气质量模拟结果验证案例

8.1 常用统计指标介绍

用于空气质量模拟结果验证的常用指标包括相关系数（Correlation Coefficient，R^2）、平均百分比偏差（Fractional Bias，FB）、标准化平均偏差（Normalized Mean Bias，NMB）、标准化平均误差（Normalized Mean Error，NME）。

（1）相关系数（R^2），用于度量两个变量之间线性相关关系的强弱，本书用相关系数量化监测值和模拟值的线性相关性。其相关系数 R^2 计算方式：

$$R^2=\frac{\sum_{i=1}^{N}(\mathrm{Pred}_i-\mathrm{PRED})(\mathrm{Obs}_i-\mathrm{OBS})}{\sqrt{\sum_{i=1}^{N}(\mathrm{Pred}_i-\mathrm{PRED})^2\sum_{i=1}^{N}(\mathrm{Obs}_i-\mathrm{OBS})^2}} \tag{8-1}$$

式中：N——样本总量；

Obs_i——经过排序后的第 i 个监测值；

OBS——监测值的平均值；

Pred_i——经排序后的第 i 个模拟值；

PRED——模拟值的平均值。

在采用模型比较验证时，要求相关系数不低于 0.2，且模型模拟值应大于或等于推荐模型模拟值。

（2）平均百分比偏差（FB），指两变量平均值的差值与其平均值之和比值的 2 倍的百分比，本书用平均百分比偏差量化验证案例监测值和模型模拟值的一致性。平均百分比偏差 FB 计算方法：

$$\mathrm{FB}=2\times(\frac{\mathrm{PRED}-\mathrm{OBS}}{\mathrm{PRED}+\mathrm{OBS}})\times 100\% \tag{8-2}$$

在采用模拟验证案例法时，原则上要求百分比偏差控制在–67%～67%，即模型估计的偏差在 2 倍以内。

（3）标准化平均偏差（NMB），指所有配对的非空模拟值和观测值的差值，再进行标准化，以避免观测值范围过度离散的问题。标准化平均偏差 NMB 计算公式：

$$\mathrm{NMB}=\frac{\sum_{i=1}^{N}(\mathrm{Pred}_{x,t}^{i}-\mathrm{Obs}_{x,t}^{i})}{\sum_{i=1}^{N}\mathrm{Obs}_{x,t}^{i}} \tag{8-3}$$

式中：$\mathrm{Obs}_{x,t}^{i}$——x 点 t 时间第 i 个观测值；

$\mathrm{Pred}_{x,t}^{i}$——x 点 t 时间第 i 个模拟值。

（4）标准化平均误差（NME），指观测值大于 0 的部分中有时空配对的观测值和模拟值的差值绝对值进行平均，再进行标准化，以避免观测值范围过度离散的问题。标准化平均误差 NME 计算公式：

$$\mathrm{NME}=\frac{\sum_{i=1}^{N}\left|\mathrm{Pred}_{x,t}^{i}-\mathrm{Obs}_{x,t}^{i}\right|}{\sum_{i=1}^{N}\mathrm{Obs}_{x,t}^{i}}\times 100\% \tag{8-4}$$

在采用区域欧拉网络模型时，一般用 NMB、NME 和 R^2 来评估模型的准确性，其二氧化硫（SO_2）、二氧化氮（NO_2）、臭氧（O_3）和细颗粒物（$PM_{2.5}$）评价指标如下：

SO_2：–40%＜NMB＜50%，NME＜80%，R^2＞0.3；

NO_2：–40%＜NMB＜50%，NME＜80%，R^2＞0.3；

O_3：–15%＜NMB＜15%，NME＜35%，R^2＞0.4；

$PM_{2.5}$：–50%＜NMB＜80%，NME＜150%，R^2＞0.3。

8.2　虚拟预测结果与空气质量监测站数据的统计指标案例

使用 AERMOD 对沧州市 2018 年大气环境进行模拟，并将输出的日度大气 PM_{10} 浓度预测值和地面监测站的监测值对比，借助相关系数、平均百分比偏差、标准化平均偏差、标准化平均误差，验证模拟的有效性，其结果见表 8-1。

表 8-1　沧州市大气模拟结果评价

站点名称	相关系数	平均百分比偏差	标准化平均偏差	标准化平均误差
永济路与长芦大道路口西北角 409	0.23	–1.31	–0.79	0.79

由表 8-1 可知，大气模拟结果和地面监测站数据的相关性较好，两者之间的偏差相对较小，可以证明模拟有效。

8.3 小结

相关系数、平均百分比偏差、标准化平均偏差、标准化平均误差等指标能够有效地度量大气模型模拟数据和实际观测数据的联系与差异，从而成为行之有效的模型定量分析评价指标；这些指标可以广泛应用于支撑模型验证案例、模型比较验证、区域欧拉网格模型的准确性评价。

第 9 章 2018 版大气环评导则技术复核研究——以垃圾焚烧厂为例

9.1 大气环评技术复核路线与要点

9.1.1 大气环评技术复核路线

本书的大气环境影响评价技术复核路线见图 9-1。具体工作流程如下：对原始文件进行完整性审核，若环评单位提供的资料不全，则要求环评单位补充和完善资料；若环评单位提供的资料齐全，则依据《环境影响评价技术导则　大气环境》（HJ 2.2—2018）（以下简称 2018 版大气导则）的要求，对基础数据、模型参数等进行复核。复核过程中，若基础数据、模型参数不合理，则出具复核报告（不进行进一步复核）；若基础数据、模型参数合理，则开展模拟，将技术复核结果、环评报告预测结果进行比对，并出具复核报告。

9.1.2 基础数据复核

（1）污染源。

污染源复核主要包括复核污染源的一致性和参数设置的合理性。一方面，复核环评报告和模型输入文件中的大气污染源是否一致；另一方面，复核排放高度、烟囱直径、烟气流速、源坐标、源海拔高程、排放源强等污染源参数设置是否合理。

（2）环境空气保护目标。

环境空气保护目标是大气环境影响评价的主要对象，因此，环境空气保护目标的准确性是大气环境影响评价的基础。环境空气保护目标复核主要包括复核环评报告与模型输入文件中的环境空气保护目标是否一致；环境空气保护目标经纬度、高程与实际是否存在偏差。

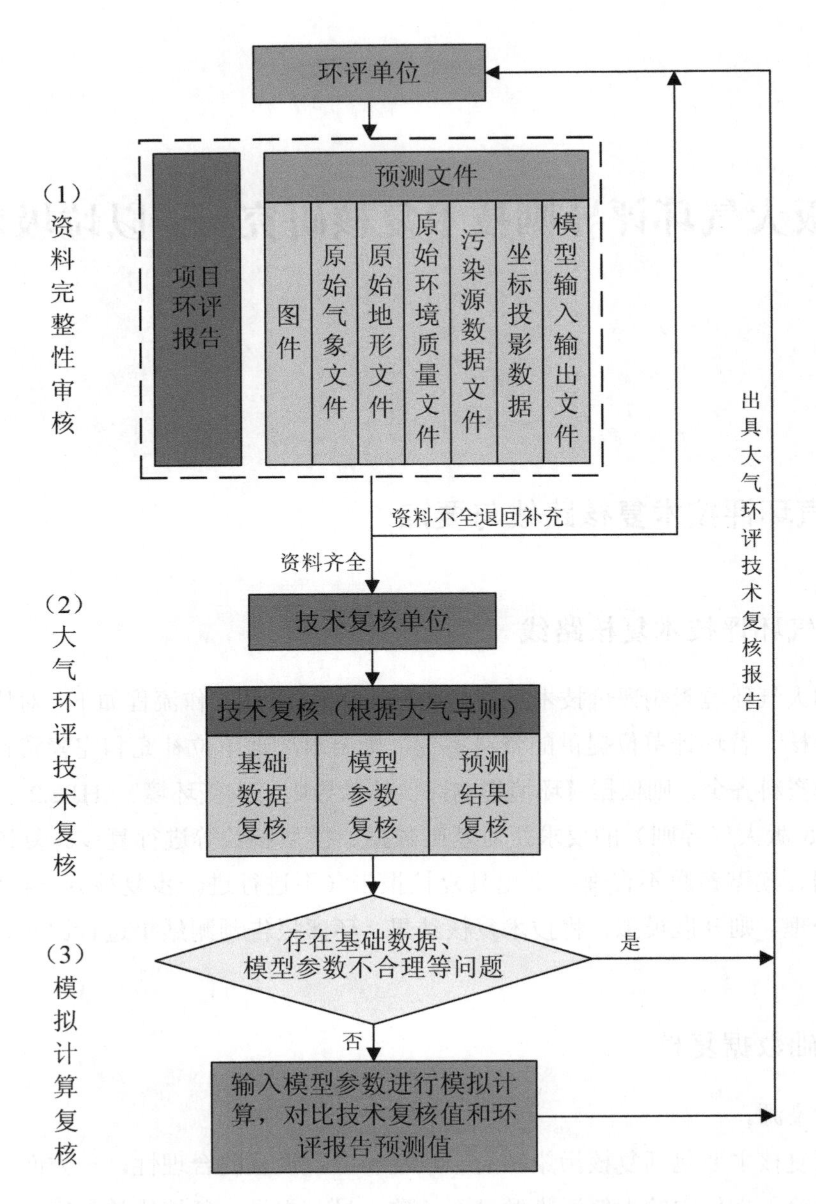

图 9-1 大气环境影响评价技术复核路线

（3）现状浓度。

环评报告现状章节、预测章节及模型输入文件中的环境空气质量现状浓度应保持一致；环境空气保护目标及网格的环境质量现状浓度计算方法应满足 2018 版大气导则要求。

9.1.3　模型参数复核

（1）网格设置。

预测网格设置需要满足 2018 版大气导则的要求。AERMOD 和 ADMS 模型要求距离源中心 5 km、5～15 km、大于 15 km 的网格间距，分别不超过 100 m、250 m、500 m。CALPUFF 模型要求预测范围小于 50 km 的网格间距不超过 500 m，预测范围大于 100 km 的网格间距不超过 1 000 m。

（2）参数设置。

预测模型主要参数包括地形参数、地表参数和气象数据。根据 2018 版大气导则要求，需要选用分辨率不小于 90 m 精度的地形数据，并提取污染源、环境空气保护目标等的高程；地表参数主要包括地表粗糙度、反照率、波文比等，具体可参考作者团队开发的 AERSURFACE 在线服务系统（https：//www.ieimodel.org/）等；气象数据包括地面、高空数据，应选取近 3 年中完整的 1 个日历年的数据，复核中还应关注模型输入文件中的气象数据是否有缺失和调整。

（3）预测范围。

2018 版大气导则规定：预测范围应覆盖环评范围，并覆盖各污染物短期浓度贡献值占标率大于 10%的区域，以及 $PM_{2.5}$ 年平均浓度贡献值占标率大于 1%的区域。如果评价范围内包含环境空气功能区一类区，预测范围应覆盖项目对一类区的最大环境影响。

（4）预测内容和时间。

预测因子应选取有环境质量标准的评价因子。预测因子达标的按达标区的预测内容和评价要求开展；预测因子不达标的按不达标区的预测内容和评价要求开展。预测时间选取评价基准年，预测时段取连续一年。重点复核环评报告和模型输入文件是否存在遗漏污染源、遗漏预测因子，预测时间设置是否合理等问题。

9.1.4　预测结果复核

（1）预测结果核算。

预测结果核算应考虑模型输出的所有网格点和环境空气保护目标。若评价范围涉及一类区，还要单独核算一类区的所有网格点。

（2）评价内容和方法的复核。

按 2018 版大气导则要求，预测项目在正常排放情况下，复核内容应包括环境空气保护目标和网格点主要污染物的短期浓度和长期浓度贡献值及其最大浓度占标率；预测项目在非正常排放下，复核内容应包括环境空气保护目标和网格点主要污染物的 1 h 最大浓度贡献值及其占标率。环境影响叠加需要叠加现状浓度，并对环境空气保护目标和网格点主要污染物的保证率日平均质量浓度和年平均质量浓度进行符合性判定，一类区和二类区进行分类叠加。对不达标因子进行评价的项目，如果无法获得该区域规划达标年的污染源清单或预测浓度场，则需要核算该评价因子的年平均质量浓度变化率 k 值。

重点复核环境影响叠加是否叠加现状浓度、一类区和二类区是否进行分类叠加、保证率日平均质量浓度算法是否正确、k 值算法是否正确等问题。

（3）评价结论的复核。

应按 2018 版大气导则对达标区、不达标区的评价要求，对建设项目大气环境影响评价结论进行相应复核。重点复核项目在正常排放情况下，污染源短期或年均浓度贡献值的最大浓度占标率是否满足 2018 版大气导则要求；项目环境影响是否符合环境功能区划或满足区域环境质量改善目标。若评价范围涉及一类区，还需复核是否包含对一类区的评价结果。

9.2 垃圾焚烧厂大气环评技术复核案例

9.2.1 垃圾焚烧厂排污节点

随着城镇化水平的提高，我国城市生活垃圾日益增多，2018 年清运量为 22 802 万 t，我国已成为生活垃圾产生量最大的国家之一。由于焚烧处理技术具有处理规模大、周期短、减量性高、占地小、能源回收效率高等优点，逐渐成为主流技术，2018 年我国生活垃圾焚烧处理量占生活垃圾无害化处理量的 45.1%。

我国主要的焚烧技术为移动式炉排焚烧，典型发电生产工艺流程及产排污节点见图 9-2。由于生活垃圾组分复杂，焚烧过程会产生一系列化学污染物，包括酸性气体、重金属、二噁英等。生活垃圾焚烧行业工艺复杂，大气污染物组分特殊，对生态环境、土地资源及人类健康都有影响，同时伴随着“邻避现象”。因此，生活垃圾焚烧行业大气环境影响评价的科学性至关重要，对大气环境影响评价复核体系的研究迫在眉睫。

近年来，国内外学者对生活垃圾焚烧行业大气环境影响的研究主要集中在环境影响评价等方面，而对大气环评技术复核的研究较少。下文基于本书建立的大气环评技术复核体系，结合生活垃圾焚烧行业的大气环评技术复核开展案例应用。

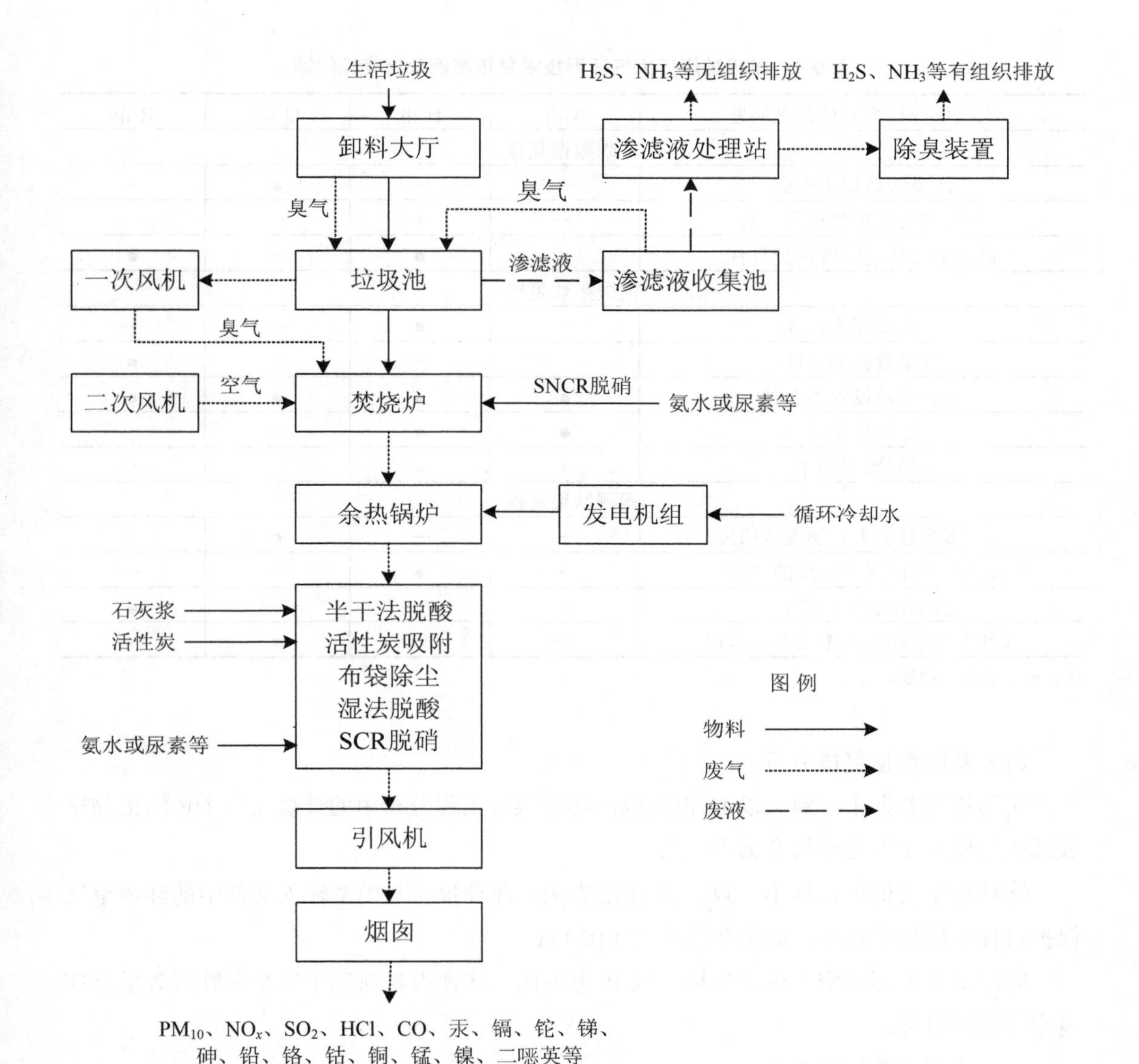

图 9-2　生活垃圾焚烧发电工艺流程及产排污节点

9.2.2　垃圾焚烧厂大气环评技术复核分析

本书基于 2018 版大气导则、《生活垃圾焚烧污染控制标准》（GB 18485—2014）等相关文件要求，结合大气环评技术复核路线和复核要点，分别对 A 市、H 市、Q 市、R 市垃圾焚烧厂环评报告进行大气环境影响评价技术复核，其常见问题归纳见表 9-1。

表 9-1 垃圾焚烧厂大气环评技术复核案例分析常见问题

大气环评技术复核常见问题	A 市	H 市	Q 市	R 市
基础数据复核				
污染源数据不一致	—	—	●	—
环境空气保护目标不一致	—	●	—	—
遗漏重要环境空气保护目标	●	●	—	●
模型参数复核				
高程设置不合理	—	●	—	—
气象数据不合理	—	—	—	●
地表参数设置不合理	●	●	●	●
遗漏污染源	●	●	—	—
遗漏预测因子	●	●	—	—
预测结果复核				
环境影响叠加未叠加现状浓度	—	—	●	—
遗漏一类区现状浓度的叠加	—	●	—	—
叠加现状浓度错误	—	—	—	●
保证率日平均质量浓度算法错误	—	—	●	—

注：● 代表存在问题。

（1）基础数据复核分析。

①污染源数据不一致。以 Q 市为例，环评报告工程分析中的焚烧尾气 HF 污染物排放源强与模型输入文件的数据不一致。

②环境空气保护目标不一致。以 H 市为例，环评报告与模型输入文件中的环境空气保护目标坐标偏差较大，如某乡偏差达 1 000 m。

③遗漏重要环境空气保护目标。以 R 市为例，环评报告遗漏了风景名胜区等重点环境空气保护目标。

（2）模型参数复核分析。

①高程设置不合理。以 H 市为例，模型输入文件中的卸料大厅无组织面源的地面高程设置为 0，与实际地面高程（72 m）不符。

②气象数据不合理。以 R 市为例，在模型输入文件提供的每日地面气象数据中，有 290 个数据的总云量低于低云量，不符合逻辑。

③地表参数设置不合理。以 Q 市为例，环评报告将地表参数划为 3 个扇区，地表类型分别为农村、城市、农村，与遥感图片相差较大，且未给出划分依据；特别是环评报告中划分的 135°～180°扇区，所取的地表参数与 AERSURFACE 在线服务系统获得的参数（波文比、粗糙度）差异较大，具体见表 9-2。

表 9-2　AERSURFACE 在线服务系统与 Q 市某垃圾焚烧厂环评报告中的地表参数对比

AERSURFACE 在线服务系统获取参数				环评报告提供参数		
季节（月份）	扇区	波文比	粗糙度/m	扇区	波文比	粗糙度/m
春季（3 月、4 月、5 月）	120°～150°	0.28	0.151	135°～180°	0.5	1
春季（3 月、4 月、5 月）	150°～180°	0.28	0.125			
夏季（6 月、7 月、8 月）	120°～150°	0.33	0.387		1	1
夏季（6 月、7 月、8 月）	150°～180°	0.33	0.336			
秋季（9 月、10 月、11 月）	120°～150°	0.45	0.387		1	1
秋季（9 月、10 月、11 月）	150°～180°	0.45	0.336			
冬季（12 月、1 月、2 月）	120°～150°	0.45	0.112		0.5	1
冬季（12 月、1 月、2 月）	150°～180°	0.45	0.091			

④遗漏污染源。以 H 市为例，环评报告拟建项目为三期扩建工程，对一期、二期工程提出了整改削减方案，但环境影响叠加预测时未考虑一期、二期“以新带老”削减源的影响。

⑤遗漏预测因子。以 A 市为例，大气预测遗漏了对重金属（如 Mn 等）的预测评价。

（3）预测结果复核分析。

H 市、Q 市、R 市垃圾焚烧厂项目均位于环境空气质量达标区，预测结果复核发现的问题主要集中在环境影响叠加方面，具体问题如下：

①环境影响叠加未叠加现状浓度。以 Q 市为例，环评报告环境影响叠加时，NH_3、H_2S 仅叠加区域在建、拟建项目贡献值，未叠加现状浓度。

②遗漏一类区现状浓度的叠加。以 H 市为例，项目涉及一类区某沿岸红树林自然保护区，在一类区环境影响叠加时，仅叠加了 NH_3、H_2S、HCl 等因子的现状浓度，未对 NO_2、SO_2 等其他因子开展环境影响叠加预测评价。

③叠加现状浓度错误。以 R 市为例，环评报告对一类区和二类区进行了 NH_3、H_2S 等评价因子现状浓度的补充监测；但叠加预测时，未按一类区、二类区进行分类叠加现状浓度。

④保证率日平均质量浓度算法错误。以 Q 市为例，环评报告将 NO_2 等长期监测日平均质量现状浓度计算保证率后，再与预测点贡献值叠加作为预测点保证率日平均质量浓度，与 2018 版大气导则中保证率日平均质量浓度计算方法要求不符。

9.2.3　垃圾焚烧厂大气环评技术复核小结

综上所述，基于对上述垃圾焚烧厂环评报告进行的大气环境影响评价技术复核，发现的主要问题为遗漏预测因子、遗漏重要环境空气保护目标和地表参数设置不合理，约占问题总量的 47%；其次为环境影响叠加未叠加现状浓度、叠加现状浓度错误和遗漏污染源，约占问题总量的26%。

环评单位、评估机构应重点关注以上问题，尤其地表参数设置不合理、遗漏重要环境空气保护目标（出现问题较多）更应引起重视。

9.3 小结

本书结合2018版大气导则要求，总结了基础数据、模型参数、预测结果等方面的复核要点，建立了大气复核技术路线图，研究成果对评估、环评等工作具有很强的指导作用。目前，大气环评技术复核工作主要依靠复核人员的经验，下一步应结合云计算、人工智能等手段，开展大气环评技术复核验真系统研究，形成环评“云复核”，提高复核工作效率，为地方评估工作提供有力的技术支持和服务。

第 10 章

AERMOD 模型在建设环评中的应用案例

按照《环境影响评价技术导则　大气环境》（HJ 2.2—2018）要求，本章的应用案例为对某虚拟企业的建设项目进行大气环境影响评价。本应用案例直接从采用 AERMOD 进行预测模拟开始，不再对评价等级及评价范围进行详细阐述。

10.1　污染源调查

某企业的建设项目厂址中心坐标为 109.959 884°E、38.557 865°N，该企业拟新建一台燃煤锅炉及配套相应的公辅工程，大气污染源包括原煤仓废气（G1）、锅炉废气（G2）、石灰粉仓废气（G3）、渣仓废气（G4）。根据工程分析内容，该企业正常生产情况下大气污染源排放情况见表 10-1，非正常生产情况下大气污染源排放情况见表 10-2，大气评价范围内在建、拟建污染源排放见表 10-3，大气评价范围内削减污染源排放情况见表 10-4。

表 10-1　大气污染源正常排放参数

污染源名称	序号	排气筒排放参数				排放源强/（kg/h）			
		高度/m	内径/m	烟气量（标态）/（m³/h）	温度/℃	SO_2	NO_x	PM_{10}	$PM_{2.5}$
煤仓废气	G1（1）	15	0.3	3 000	20			0.06	0.04
	G1（2）	15	0.3	3 000	20			0.06	0.04
锅炉烟气	G2	50	2.0	200 000	120	8	8	2	1.6
石灰粉仓废气	G3	15	0.2	2 000	20			0.04	0.02
渣仓废气	G4	15	0.2	2 000	20			0.04	0.02

表 10-2　大气污染源非正常排放参数

污染源名称	序号	排气筒排放参数				排放源强/（kg/h）			
		高度/m	内径/m	烟气量（标态）/（m³/h）	温度/℃	SO_2	NO_x	PM_{10}	$PM_{2.5}$
锅炉烟气	G2	50	2.0	200 000	120	32	32	8	6.4

表 10-3 大气评价范围内在建大气污染源排放参数

污染源名称	排气筒排放参数				排放源强/（kg/h）			
	高度/m	内径/m	烟气量（标态）/（m^3/h）	温度/℃	SO_2	NO_x	PM_{10}	$PM_{2.5}$
在建源 1	30	0.3	5 000	80	5	6	2	1

表 10-4 大气评价范围内削减大气污染源排放参数

污染源名称	排气筒排放参数				排放源强/（kg/h）			
	高度/m	内径/m	烟气量（标态）/（m^3/h）	温度/℃	SO_2	NO_x	PM_{10}	$PM_{2.5}$
削减源 1	80	2.5	300 000	80	−6	−15	−6	−4
削减源 2	40	1.5	100 000	120	−2	−3	−4	−2

10.2 预测因子与情景

结合项目所在行政区域常规监测因子的达标情况和导则中关于不达标区的预测要求，本项目大气预测情景见表 10-5。

表 10-5 常规预测情景组合

序号	污染源类别	预测因子	预测内容	预测点	评价内容
1	新增污染源正常排放	SO_2、NO_2	1 h 平均浓度 日平均浓度 年均浓度	环境空气保护目标 网格点	最大浓度 贡献值及占标率
		PM_{10}、$PM_{2.5}$	日平均浓度 年均浓度		
2	新增污染源非正常排放	SO_2、NO_2、PM_{10}、$PM_{2.5}$	1 h 平均浓度	环境空气保护目标 网格点	最大浓度 贡献值及占标率
3	新增污染源−区域削减污染源+在建、拟建污染源	SO_2	日平均浓度 年均浓度	环境空气保护目标 网格点	保证率日平均质量浓度和年均日均质量浓度
4	不达标因子叠加	NO_2、PM_{10}、$PM_{2.5}$	年均浓度	网格点	评价年平均质量浓度变化率
5	大气环境防护距离	SO_2、NO_2、PM_{10}、$PM_{2.5}$	1 h 平均浓度	网格点	大气环境防护距离

10.3　预测模型参数

10.3.1　预测模型选择

根据气象资料分析，选取的气象站评价基准年（2018 年）内存在风速≤0.5 m/s 的持续时间约为 4 h（未超过 72 h）；20 年统计气象数据静风频率为 11.5%（未超过 35%），按照导则规定，本次大气预测可选择 AERMOD 模式进行模拟。预测不考虑建筑物下洗和污染物化学转化，也不考虑干、湿沉降。

10.3.2　敏感点

根据调查，本项目评价范围内二类区共有 4 个敏感点。

10.3.3　地形参数

预测地形数据采用 NASA Shuttle Radar Topographic Mission 制作的全球范围内 90 m 精度的地形文件(可在 the National Map Seamless Data Distribution System 或 USGS 获得)，可以满足本评价的要求。

10.3.4　土地利用相关参数

预测气象所需的正午反照率、波文比、地表粗糙度 3 项参数来自作者团队开发的“30 米分辨率土地利用数据的 AERSURFACE 在线服务系统”（https：//www.ieimodel.org/)。该系统基于全国高分辨率土地利用数据、地理信息系统（GIS)、AERSURFACE 地表参数处理模块，计算得出 AERMOD 所需的地面参数，具体见表 10-6。

表 10-6　地表特征参数

季节（月份）	扇区	反照率	波文比	地表粗糙度	季节（月份）	扇区	反照率	波文比	地表粗糙度
冬季（12 月、1 月、2 月）	1	0.19	1.16	0.024	春季（3 月、4 月、5 月）	1	0.18	0.78	0.047
	2	0.19	1.16	0.02		2	0.18	0.78	0.046
	3	0.19	1.16	0.025		3	0.18	0.78	0.049
	4	0.19	1.16	0.041		4	0.18	0.78	0.055
	5	0.19	1.16	0.026		5	0.18	0.78	0.044
	6	0.19	1.16	0.034		6	0.18	0.78	0.051
	7	0.19	1.16	0.024		7	0.18	0.78	0.053
	8	0.19	1.16	0.031		8	0.18	0.78	0.067
	9	0.19	1.16	0.021		9	0.18	0.78	0.058
	10	0.19	1.16	0.049		10	0.18	0.78	0.092
	11	0.19	1.16	0.02		11	0.18	0.78	0.056
	12	0.19	1.16	0.025		12	0.18	0.78	0.05

季节（月份）	扇区	反照率	波文比	地表粗糙度	季节（月份）	扇区	反照率	波文比	地表粗糙度
夏季（6月、7月、8月）	1	0.19	1.03	0.074	秋季（9月、10月、11月）	1	0.19	1.16	0.074
	2	0.19	1.03	0.084		2	0.19	1.16	0.084
	3	0.19	1.03	0.069		3	0.19	1.16	0.069
	4	0.19	1.03	0.071		4	0.19	1.16	0.071
	5	0.19	1.03	0.092		5	0.19	1.16	0.092
	6	0.19	1.03	0.067		6	0.19	1.16	0.067
	7	0.19	1.03	0.079		7	0.19	1.16	0.079
	8	0.19	1.03	0.094		8	0.19	1.16	0.094
	9	0.19	1.03	0.09		9	0.19	1.16	0.09
	10	0.19	1.03	0.121		10	0.19	1.16	0.121
	11	0.19	1.03	0.088		11	0.19	1.16	0.088
	12	0.19	1.03	0.068		12	0.19	1.16	0.068

10.3.5 计算网格

本次预测以企业厂区中心为中心，预测网格点划分见表 10-7，大气评价范围地形高程见图 10-1。

表 10-7 预测网格点划分情况

坐标轴	范围/m	网格间距/m
X 轴	−5 000～−5 000	100
Y 轴	−5 000～−5 000	100

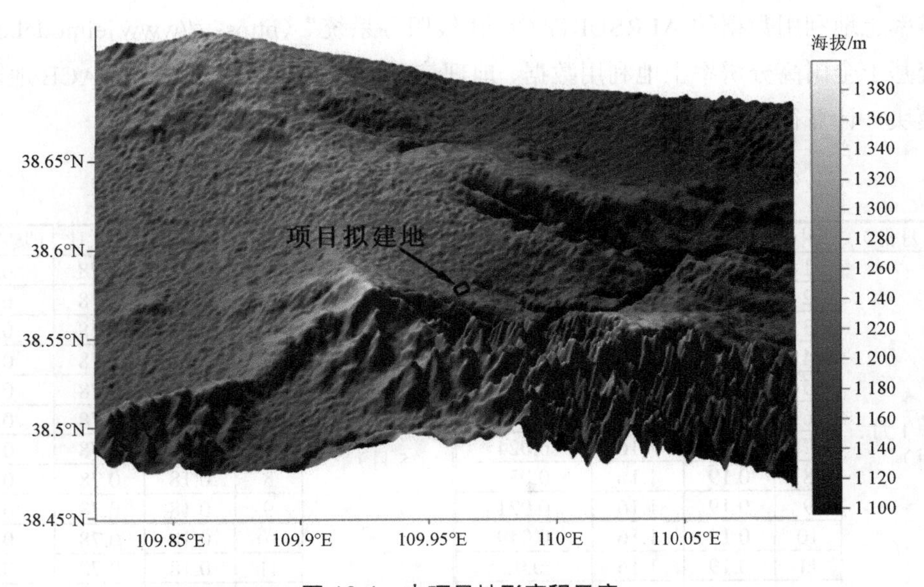

图 10-1 本项目地形高程示意

10.3.6　达标区判定情况

本项目大气评价范围涉及的城市行政区为 A 市，大气评价范围内所涉及行政区情况见表 10-8。

表 10-8　大气评价范围内达标区判定情况

行政区	达标因子	不达标因子	达标区判定
A 市	SO_2	NO_2、PM_{10}、$PM_{2.5}$	不达标区

根据达标区判定情况，A 市环境空气中的 NO_2、PM_{10}、$PM_{2.5}$ 为非达标因子。

根据《环境影响评价技术导则　大气环境》（HJ 2.2—2018）要求，本项目在进行大气评价时，对二类区的达标因子 SO_2，二类区环境空气保护目标和网格点环境质量现状浓度，采用 A 市 2018 年环境空气质量逐日数据作为现状背景叠加浓度；对二类区的不达标因子（NO_2、PM_{10}、$PM_{2.5}$），开展区域环境质量变化评价。

10.4　贡献值预测结果

10.4.1　SO_2

SO_2 网格点及敏感点贡献值最大浓度预测结果见表 10-9。由预测结果可知，预测范围内敏感点及网格点短时浓度贡献值最大浓度占标率≤100%，年均浓度贡献值的最大浓度占标率≤30%。

表 10-9　SO_2 网格点及敏感点贡献值最大浓度预测结果　单位：μg/m³

序号	预测点	平均时段	最大贡献值	历史气象出现时间	最大贡献值占标率/%	达标情况
1	敏感点 A	1 h	3.337 50	18030509	0.67	达标
		日平均	0.487 77	180526	0.33	达标
		年平均	0.047 33	平均值	0.08	达标
2	敏感点 B	1 h	2.636 90	18021710	0.53	达标
		日平均	0.206 14	181227	0.14	达标
		年平均	0.017 45	平均值	0.03	达标
3	敏感点 C	1 h	4.401 45	18070506	0.88	达标
		日平均	0.273 18	180705	0.18	达标
		年平均	0.029 35	平均值	0.05	达标

序号	预测点	平均时段	最大贡献值	历史气象出现时间	最大贡献值占标率/%	达标情况
4	敏感点 D	1 h	2.532 88	18062607	0.51	达标
		日平均	0.145 83	180611	0.10	达标
		年平均	0.011 17	平均值	0.02	达标
网格	(–2900，–4600)	1 h	21.995 08	18081523	4.40	达标
	(–2400，–4800)	日平均	1.324 10	180410	0.88	达标
	(–300，500)	年平均	0.198 70	平均值	0.33	达标

注：1 h 时间格式为 YYMMDDHH，日平均时间格式为 YYMMDD，下同。

10.4.2 NO_2

NO_2 网格点及敏感点贡献值最大浓度预测结果见表 10-10。由预测结果可知，预测范围内敏感点及网格点短时浓度贡献值最大浓度占标率≤100%，年均浓度贡献值的最大浓度占标率≤30%。

表 10-10 NO_2 网格点及敏感点贡献值最大浓度预测结果 单位：μg/m³

序号	预测点	平均时段	最大贡献值	历史气象出现时间	最大贡献值占标率/%	达标情况
1	敏感点 A	1 h	3.337 50	18030509	1.67	达标
		日平均	0.487 77	180526	0.61	达标
		年平均	0.047 33	平均值	0.12	达标
2	敏感点 B	1 h	2.636 90	18021710	1.32	达标
		日平均	0.206 14	181227	0.26	达标
		年平均	0.017 45	平均值	0.04	达标
3	敏感点 C	1 h	4.401 45	18070506	2.20	达标
		日平均	0.273 18	180705	0.34	达标
		年平均	0.029 35	平均值	0.07	达标
4	敏感点 D	1 h	2.532 88	18062607	1.27	达标
		日平均	0.145 83	180611	0.18	达标
		年平均	0.011 17	平均值	0.03	达标
网格	(–2900，–4600)	1 h	21.995 08	18081523	11.00	达标
	(–2400，–4800)	日平均	1.324 10	180410	1.66	达标
	(–300，500)	年平均	0.198 70	平均值	0.50	达标

10.4.3 PM_{10}

PM_{10} 网格点及敏感点贡献值最大浓度预测结果见表 10-11。由预测结果可知，预测范围内敏感点及网格点短时浓度贡献值最大浓度占标率≤100%，年均浓度贡献值的最大浓度占标率≤30%。

表 10-11　PM_{10} 网格点及敏感点贡献值最大浓度预测结果　单位：μg/m³

序号	预测点	平均时段	最大贡献值	历史气象出现时间	最大贡献值占标率/%	达标情况
1	敏感点 A	日平均	0.237 24	181105	0.16	达标
		年平均	0.040 54	平均值	0.06	达标
2	敏感点 B	日平均	0.155 09	180123	0.10	达标
		年平均	0.017 93	平均值	0.03	达标
3	敏感点 C	日平均	0.109 45	180928	0.07	达标
		年平均	0.015 99	平均值	0.02	达标
4	敏感点 D	日平均	0.095 29	181031	0.06	达标
		年平均	0.006 05	平均值	0.01	达标
网格	(–300，–100)	日平均	1.286 96	180716	0.86	达标
	(–300，100)	年平均	0.244 93	平均值	0.35	达标

10.4.4　$PM_{2.5}$

$PM_{2.5}$ 网格点及敏感点贡献值最大浓度预测结果见表 10-12。由预测结果可知，预测范围内敏感点及网格点短时浓度贡献值最大浓度占标率≤100%，年均浓度贡献值的最大浓度占标率≤30%。

表 10-12　$PM_{2.5}$ 网格点及敏感点贡献值最大浓度预测结果表　单位：μg/m³

序号	预测点	平均时段	最大贡献值	历史气象出现时间	最大贡献值占标率/%	达标情况
1	敏感点 A	日平均	0.156 90	181105	0.21	达标
		年平均	0.026 49	平均值	0.08	达标
2	敏感点 B	日平均	0.096 14	180628	0.13	达标
		年平均	0.011 64	平均值	0.03	达标
3	敏感点 C	日平均	0.075 15	180705	0.10	达标
		年平均	0.011 02	平均值	0.03	达标
4	敏感点 D	日平均	0.057 42	181031	0.08	达标
		年平均	0.004 17	平均值	0.01	达标
网格	(–300，100)	日平均	0.854 56	180716	1.14	达标
	(–300，100)	年平均	0.160 15	平均值	0.46	达标

10.5 叠加区域污染源及现状值预测结果

叠加区域削减源与其他在建大气污染源影响后，SO_2 的网格点和敏感点的保证率日平均浓度和年平均质量浓度均符合环境质量标准，具体见表 10-13。SO_2 保证率日平均浓度分布见图 10-2，年平均浓度分布见图 10-3。

表 10-13　SO_2 敏感点及网格点叠加后最大浓度预测结果　单位：μg/m³

序号	预测点	平均时段	最大贡献值	历史气象出现时间	现状浓度	叠加后浓度	占标率/%	达标情况
1	敏感点 A	日平均	0.000 64	181212	48.00	48.000 64	32.00	达标
		年平均	0.150 26	平均值	15.46	15.610 26	26.02	达标
2	敏感点 B	日平均	0.000 00	181212	48.00	48.000 00	32.00	达标
		年平均	0.081 43	平均值	15.46	15.541 43	25.90	达标
3	敏感点 C	日平均	−0.052 69	180106	48.00	47.947 31	31.96	达标
		年平均	0.041 16	平均值	15.46	15.501 16	25.84	达标
4	敏感点 D	日平均	−0.002 69	181212	48.00	47.997 31	32.00	达标
		年平均	0.018 16	平均值	15.46	15.478 16	25.80	达标
网格	（−1000，1500）	日平均	1.635 28	181213	48.00	49.635 28	33.09	达标
	（−1100，1400）	年平均	1.832 00	平均值	15.46	17.292 00	28.82	达标

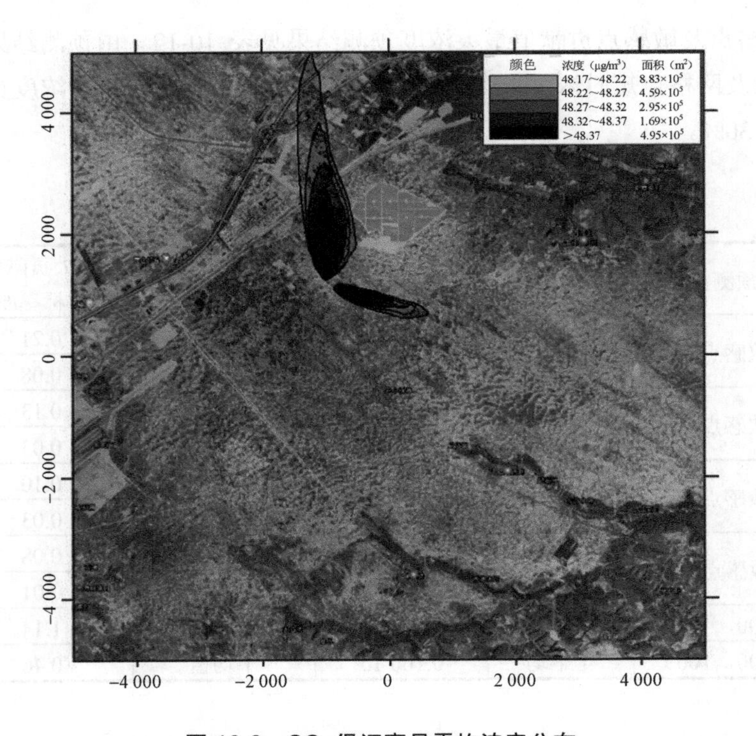

图 10-2　SO_2 保证率日平均浓度分布

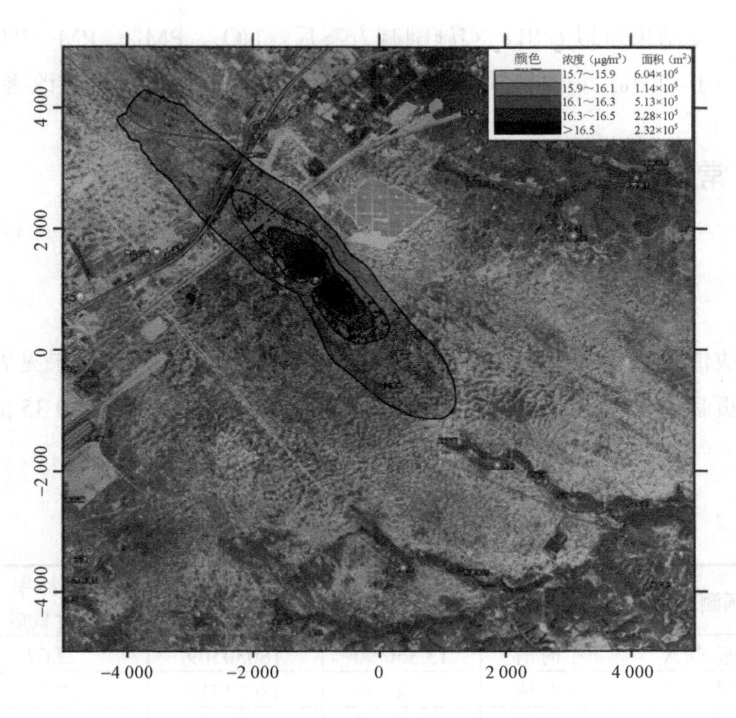

图 10-3 SO_2 年均浓度分布

根据现状评价结果，NO_2、PM_{10}、$PM_{2.5}$ 为现状超标因子，且该区域无法获得不达标区规划年的预测浓度场，因此对评价区域不达标因子的环境质量整体变化情况进行评价，预测范围内不达标因子年平均质量浓度变化率 k 的计算公式：

$$k=\left[\bar{C}_{本项目（a）}-\bar{C}_{区域削减（a）}\right]/\bar{C}_{区域削减（a）}\times 100\% \qquad (10\text{-}1)$$

式中：k——预测范围年平均质量浓度变化率；

$\bar{C}_{本项目（a）}$——本项目对所有网格点的年平均质量浓度贡献值的算术平均数，μg/m³；

$\bar{C}_{区域削减（a）}$——区域削减污染源对所有网格点的年平均质量浓度贡献值的算术平均数，μg/m³。

k 值计算结果见表 10-14。

表 10-14 k 值计算结果

污染物	$\bar{C}_{本项目（a）}$/（μg/m³）	$\bar{C}_{区域削减（a）}$/（μg/m³）	k 值
NO_2	0.025 074	0.047 925	−47.68%
PM_{10}	0.019 202	0.031 149	−38.35%
$PM_{2.5}$	0.012 761	0.017 914	−28.77%

根据以上计算结果可以看出，实施削减方案后，NO_2、PM_{10}、$PM_{2.5}$的年平均质量浓度变化率 k 均小于–20%，可判断本项目建设后区域环境质量得到整体改善。

10.6 非正常情况预测结果

10.6.1 SO_2

非正常排放情况下，SO_2各敏感点及网格点小时最大浓度预测结果见表 10-15，各敏感点及网格点贡献值均可达标，网格点预测值小时最大浓度为 87.980 35 μg/m^3，占标率为 17.60%。

表 10-15 非正常排放 SO_2 预测结果 单位：μg/m^3

序号	预测点	平均时段	最大贡献值	历史气象出现时间	占标率（叠加背景后）/%	达标情况
1	敏感点 A	小时值	13.350 00	18030509	2.67	达标
2	敏感点 B	小时值	10.547 59	18021710	2.11	达标
3	敏感点 C	小时值	17.605 80	18070506	3.52	达标
4	敏感点 D	小时值	10.131 52	18062607	2.03	达标
网格	（–2900，–4600）	小时值	87.980 35	18081523	17.60	达标

10.6.2 NO_2

非正常排放情况下，NO_2各敏感点及网格点小时最大浓度预测结果见表 10-16，各敏感点及网格点贡献值均可达标，网格点预测值小时最大浓度为 87.980 35 μg/m^3，占标率为 43.99%。

表 10-16 非正常排放 NO_2 预测结果 单位：μg/m^3

序号	预测点	平均时段	最大贡献值	历史气象出现时间	占标率（叠加背景后）/%	达标情况
1	敏感点 A	小时值	13.350 00	18030509	6.68	达标
2	敏感点 B	小时值	10.547 59	18021710	5.27	达标
3	敏感点 C	小时值	17.605 80	18070506	8.80	达标
4	敏感点 D	小时值	10.131 52	18062607	5.07	达标
网格	（–2900，–4600）	小时值	87.980 35	18081523	43.99	达标

10.6.3　PM_{10}

非正常排放情况下，PM_{10} 各敏感点及网格点小时最大浓度预测结果见表 10-17，网格点预测值小时最大浓度为 21.995 08 μg/m^3。

表 10-17　非正常排放 PM_{10} 预测结果

序号	预测点	平均时段	最大贡献值/（μg/m^3）	历史气象出现时间
1	敏感点 A	小时值	3.337 5	18030509
2	敏感点 B	小时值	2.636 9	18021710
3	敏感点 C	小时值	4.401 45	18070506
4	敏感点 D	小时值	2.532 88	18062607
网格	（50，−1700）	小时值	21.995 08	18081523

10.6.4　$PM_{2.5}$

非正常排放情况下，$PM_{2.5}$ 各敏感点及网格点小时最大浓度预测结果见表 10-18，网格点预测值小时最大浓度为 17.596 07 μg/m^3。

表 10-18　非正常排放 $PM_{2.5}$ 预测结果

序号	预测点	平均时段	最大贡献值/（μg/m^3）	历史气象出现时间
1	敏感点 A	小时值	2.67	18030509
2	敏感点 B	小时值	2.109 52	18021710
3	敏感点 C	小时值	3.521 16	18070506
4	敏感点 D	小时值	2.026 3	18062607
网格	（50，−1700）	小时值	17.596 07	18081523

10.7　大气防护距离确定

根据大气预测结果，各污染物浓度在厂界各监控点及大气评价范围内环境空气敏感点均满足相关标准要求，因此可不设置大气环境防护距离。

10.8　污染物排放量核算

根据 HJ 2.2—2018 规定，本项目大气污染物排放量核算情况见表 10-19。

表 10-19　大气污染物年排放量核算

序号	污染物	年排放量/（t/a）
1	SO_2	64.00
2	NO_2	64.00
3	颗粒物	17.60

10.9　小结

本项目 SO_2、NO_2、PM_{10}、$PM_{2.5}$ 各敏感点及网格点的最大贡献值浓度均可达标，其短期浓度贡献值最大浓度占标率均小于 100%，年均浓度贡献值的最大浓度占标率小于 30%；SO_2 叠加区域在建源、削减源和现状浓度后日平均质量浓度和年平均质量浓度均可达标；现状不达标的污染物 NO_2、PM_{10}、$PM_{2.5}$ 的 k 值均＜−20%。本项目建设后区域环境质量得到整体改善。

建设项目大气环境影响评价自查表见表 10-20。

表 10-20　建设项目大气环境影响评价自查表

<table>
<tr><th colspan="2">工作内容</th><th colspan="4">自查项目</th></tr>
<tr><td rowspan="2">评价等级与范围</td><td>评价等级</td><td>一级 ☑</td><td colspan="2">二级□</td><td>三级□</td></tr>
<tr><td>评价范围</td><td>边长=50 km□</td><td colspan="2">边长=5～50 km☑</td><td>边长=5 km□</td></tr>
<tr><td rowspan="2">评价因子</td><td>SO_2+NO_x 排放量</td><td>≥2 000 t/a□</td><td colspan="2">500～2 000 t/a□</td><td>＜500 t/a☑</td></tr>
<tr><td>评价因子</td><td colspan="4">基本污染物（SO_2、NO_2、PM_{10}、$PM_{2.5}$）
其他污染物（无）</td></tr>
<tr><td>评价标准</td><td>评价标准</td><td>国家标准 ☑</td><td>地方标准□</td><td>附录 D□</td><td>其他标准□</td></tr>
<tr><td rowspan="4">现状评价</td><td>评价功能区</td><td>一类区□</td><td colspan="2">二类区 ☑</td><td>一类区和二类区□</td></tr>
<tr><td>评价基准年</td><td colspan="4">（2018）年</td></tr>
<tr><td>环境空气质量现状调查数据来源</td><td>长期例行监测标准 ☑</td><td colspan="2">主管部门发布的数据标准 ☑</td><td>现状补充标准 ☑</td></tr>
<tr><td>现状评价</td><td colspan="2">达标区□</td><td colspan="2">不达标区 ☑</td></tr>
</table>

工作内容		自查项目						
污染源调查	调查内容	本项目正常排放源☑ 本项目非正常排放源☑ 现有污染源☑		拟替代的污染源☑		其他在建、拟建项目污染源☑		区域污染源☑
大气环境影响预测与评价	预测模型	AERMOD☑	ADMS□	AUSTAL2000□	EDMS/AEDT□	CALPUFF□	网格模型□	其他□
	预测范围	边长≥50 km□			边长 5～50 km☑		边长=5 km□	
	预测因子	预测因子（SO_2、NO_2、PM_{10}、$PM_{2.5}$）				包括二次 $PM_{2.5}$□ 不包括二次 $PM_{2.5}$☑		
	正常排放短期浓度贡献值	$C_{本项目}$最大占标率≤100%☑				$C_{本项目}$最大占标率＞100%□		
	正常排放年均浓度贡献值	一类区	$C_{本项目}$最大占标率≤10%□			$C_{本项目}$最大占标率＞10%□		
		二类区	$C_{本项目}$最大占标率≤30%☑			$C_{本项目}$最大占标率＞30%□		
	非正常 1 h 浓度贡献值	非正常持续时长（1）h	$C_{非正常}$占标率≤100%□				$C_{非正常}$占标率＞100%☑	
	保证率日平均浓度和年平均浓度叠加值	C 叠加达标☑				C 叠加不达标□		
	区域环境质量的整体变化情况	k≤−20%☑				k＞−20%□		
环境监测计划	污染源监测	监测因子:（SO_2、NO_2、PM_{10}、$PM_{2.5}$）			有组织废气监测☑ 无组织废气监测☑		无监测□	
	环境质量监测	监测因子:（SO_2、NO_2、PM_{10}、$PM_{2.5}$）			监测点位数（2）		无监测□	
评价结论	环境影响	可以接受☑				不可以接受□		
	大气环境防护距离	距（ / ）厂界最远（ / ）m						
	污染源年排放量	SO_2:（64）t/a		NO_2:（64）t/a		PM_{10}:（17.6）t/a		$PM_{2.5}$:（13.76）t/a

注:“□”，填“√”;“（ ）”为内容填写项。

第 11 章
基于气象大数据的环评技术复核研究

11.1 概述

2019 年，生态环境部发布《建设项目环境影响报告书（表）编制监督管理办法》，要求对全国环评文件开展技术复核工作，并规定“鼓励利用大数据手段开展复核工作”。2020 年，生态环境部发布《关于严惩弄虚作假提高环评质量的意见》，提出“生态环境部推进大数据在线自动查重，对各地审批的环评文件及时开展智能校核”。2020 年，我国公布了《中华人民共和国刑法修正案（十一）》，明确提出环境影响评价机构及相关人员的造假行为“入刑”，进一步强化了环评造假行为惩罚力度。

针对环评报告大气环境影响预测章节，作者研究团队结合《环境影响评价技术导则 大气环境》等要求，已开展了大量技术复核工作，发现一些环评单位在空气质量模型参数设置、数据处理方面存在一些问题，如篡改气象数据、错误使用气象数据等。

大气环境影响技术复核工作主要审查气象、地形、污染源、坐标投影、地表参数、模型输入及输出文件等。输入模型的气象文件格式主要是 SFC 格式文件（AERMOD 模型）、MET 格式文件（ADMS 模型）、DAT 格式文件（CALPUFF 模型）等，气象要素包括风速、风向、云量、温度、降水、云底高度、相对湿度等，时间分辨率为 1 h。但由于气象数据存储量大，气象要素的技术复核以人工审查为主，较为烦琐，难以实现复核的自动化、智能化应用。目前，国内气象数据主要应用于公众服务、交通、旅游、农业、水利等领域，尚未应用于环评技术复核业务。

针对上述问题，本书以中国气象局实时监测、质控、发布的权威气象数据为基础，建立了一套基于气象大数据的环评技术复核原型系统，依托大数据分析技术，通过云端服务方式对环评业务使用的气象数据进行智能化、自动化复核，旨在为环评业务的监督管理提供技术支持。

11.2　研究方法

11.2.1　基于气象大数据的环评技术复核原型系统

作者研究团队总结了环评气象复核的工作难点：①气象数据存储量大，通过人工方式逐条复核耗时长、易出错；②针对气象数据的弄虚作假行为较为隐蔽，如通过篡改少数时段的气象数据来实现模拟浓度达标；③复核人员需要掌握一定气象专业知识，否则难以满足地方复核业务需求。

本书建立了基于气象大数据的环评技术复核原型系统（以下简称原型系统），依托大数据分析技术开展环评气象复核工作，快速识别环评气象数据中存在的弄虚作假行为，降低复核审查成本，有效提升监督管理效率。该系统主要分为以下几个模块（见图 11-1）。

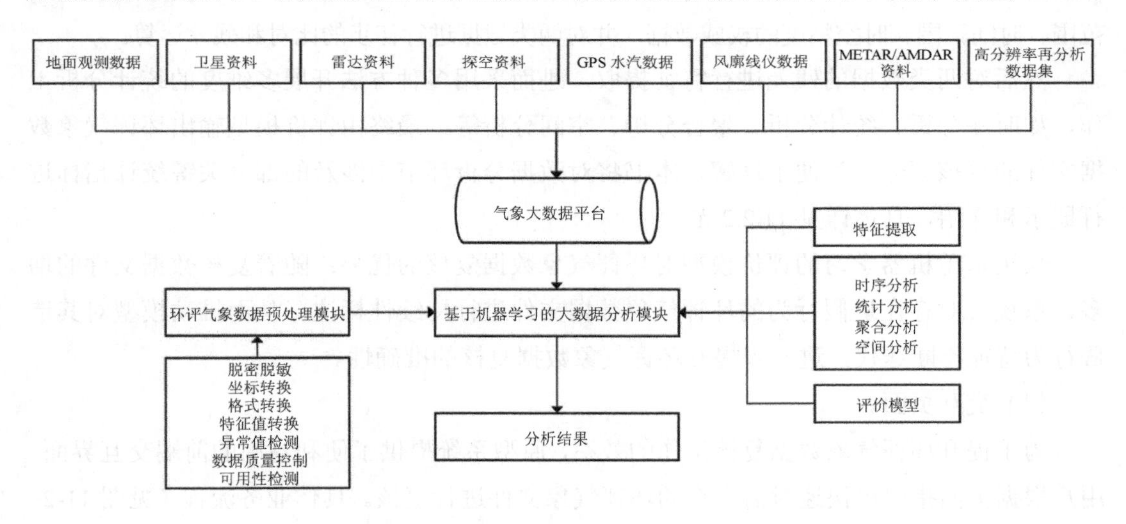

图 11-1　基于气象大数据的环评技术复核原型系统技术路线

（1）气象大数据平台。

气象大数据平台存储了自 1949 年以来经过中国气象局实时监测、质控和发布的各类权威数据集。这些数据包含全国 2 400 多个国家级地面气象观测站、6 万多个区域自动气象站、近 200 部天气雷达、2 000 多个土壤水分观测站、1 000 多个交通气象观测站、300 多个雷电观测站、120 个探空气象观测站、7 颗在轨风云卫星的气象监测数据等。每年新增数据存储量 600 TB 左右，涵盖降水、温度、风力风向等 30 余种气象要素，并均已实现观测自动化，观测频率达到分钟级，平均气象观测站间距 20 km，乡镇覆盖率达到 98%。

气象大数据平台作为环评技术复核原型系统的基础支撑，可支持对任何种类、任意气象要素、任意空间范围、任意时间范围、任意精度的环评气象数据比对分析，能够有效满足不同环评业务的气象数据审查场景，实现“一站式”复核。

（2）环评气象数据预处理模块。

环评气象数据预处理模块用于对上传的环评气象文件进行大数据分析前的预处理。由于环评业务中不同环境空气质量模型对输入的气象数据文件在数据结构、特征值、数据处理方式等方面有不同的要求，因此，通过脱密脱敏、坐标转换、格式转换、特征值转换、异常值检测、数据质量控制和可用性检测等多个预处理流程，可以将不同种类的环评气象文件处理为标准、统一、结构化的气象数据文件，进而输入大数据分析模型进行分析评分。

（3）基于机器学习的大数据分析模块。

大数据分析模块承担着对输入的环评气象数据文件进行比对分析和评分的工作。大数据分析模块在接收到环评气象数据后，将从气象大数据平台中获取对应种类、气象要素、空间范围、时间范围、时空精度的权威数据，并对两类数据进行初步的比对和残差运算。

然后对两类数据的残差进行特征提取，进而采用多种方法开展多维度的统计分析工作，如时序分析、统计分析、聚合分析、空间分析等，最终由评价模型输出环评气象数据文件的复核评分。为便于理解，本书将对数据分析环节中涉及的部分关键统计指标进行展示和介绍，具体详见 11.2.2 节。

采用基于机器学习的评价模型对环评气象数据复核的优势：随着复核数据文件的增多，系统会对存在造假行为的环评气象数据文件进行持续性标注，从而推动模型对其造假行为特征不断迭代，进一步提升环评气象数据复核的准确性。

（4）交互页面。

为了提升环评气象数据复核工作的效率，原型系统提供了便利易用的前端交互界面，用户根据页面指引可快速对需审查的环评气象文件进行复核。具体业务流程（见图 11-2）如下：在用户登录系统中，上传审查的环评气象文件到原型系统，原型系统将自动审查各气象要素，并与中国气象局权威气象数据集中的相应数据对比分析，进行智能复核并自动生成复核报告。

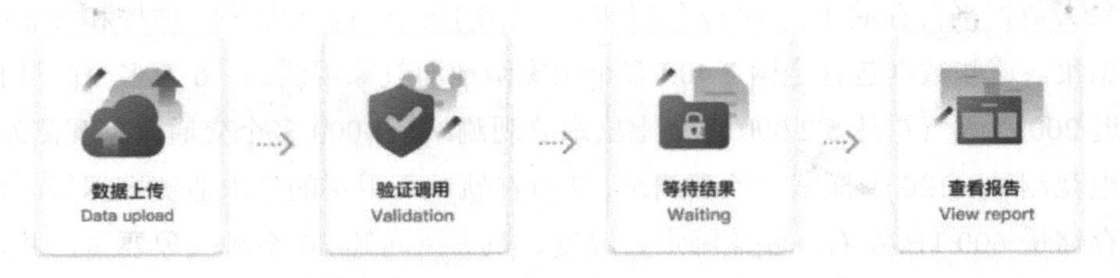

图 11-2 基于气象大数据的环评技术复核原型系统业务流程

11.2.2　统计指标

本书选取平均偏差、平均绝对误差、均方根误差、相关系数等作为统计指标，其计算方法见式（11-1）至式（11-4）。

平均偏差（Bias），指气象要素观测平均值和模型分析平均值的差值。

$$\mathrm{Bias}_j = \frac{1}{N}\left(\sum_{i=1}^{N} x_{ij}^a - \sum_{i=1}^{N} x_{ij}^o\right) \tag{11-1}$$

平均绝对误差（AE），指对气象要素观测值与模型分析值的差值绝对值进行平均。

$$\mathrm{AE}_j = \frac{1}{N}\sum_{i=1}^{N}\left|x_{ij}^a - x_{ij}^o\right| \tag{11-2}$$

均方根误差（RMSE），指对气象要素观测值与模型分析值差值平方和的均值开方。

$$\mathrm{RMSE}_j = \sqrt{\frac{1}{N}\sum_{i=1}^{N}\left(x_{ij}^a - x_{ij}^o\right)^2} \tag{11-3}$$

相关系数（Corr）：衡量气象要素观测值与模型分析值的线性相关程度。

$$\mathrm{Corr}_j = \frac{\sum_{i=1}^{N}\left(x_{ij}^a - \overline{x_{ij}^o}\right)\left(x_{ij}^o - \overline{x_{ij}^o}\right)}{\sqrt{\sum_{i=1}^{N}\left(x_{ij}^a - x_{ij}^o\right)^2}\sqrt{\sum_{i=1}^{N}\left(x_{ij}^o - \overline{x_{ij}^o}\right)^2}} \tag{11-4}$$

式中：N——统计时次的个数；

x_{ij}^a——中国气象局数据中气象台站 j 在第 i 个时段的观测值；

x_{ij}^o——模式输出数据提取的气象台站 j 在第 i 个时段的分析值；

$\overline{x_{ij}^a}$——中国气象局数据中气象台站 j 在第 i 个时段观测值的平均值；

$\overline{x_{ij}^o}$——模式输出数据提取的气象台站 j 在第 i 个时段分析值的平均值。

11.3　复核案例分析

为验证原型系统可靠性，本书选取典型环评气象数据案例，定量评估了气象数据有效性，识别疑似造假行为。

11.3.1　风速、温度典型案例分析

该环评案例预测文件中气象数据整体错位 1 h，并且每日 21—24 时风速、气温数据存在异常（见图 11-3）。其中，风速存在 1 785 个时次的偏差，占总数据量的 20.4%，风

速偏差的时间分布存在明显规律性，77.6%的风速偏差出现在 21—24 时。温度存在 1 739 个时次的偏差，占总数据量的 19.9%，温度偏差的时间分布也存在明显规律性，64.1%的温度偏差出现在 21—24 时。复核结论为该环评预测文件中每天 21—24 时的风速、温度数据存在人为调整的痕迹。统计指标结果见表 11-1。

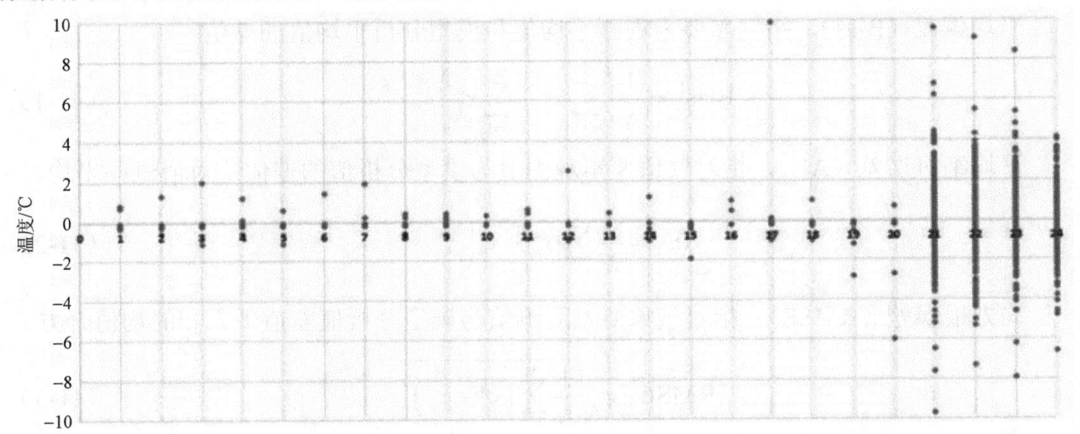

图 11-3　模型气象数据和地面气象观测站实测数据偏差的时间分布

表 11-1　模型气象数据和地面气象观测站实测数据对比

因子	平均偏差	平均绝对偏差	均方根误差	相关系数
风速	−0.000 5	0.210 6	0.782 8	0.826 8
气温	−0.054 2	0.623 7	1.715 9	0.988 9

11.3.2　风向典型案例分析

该环评案例预测文件经系统分析，8 291 个时次数据中共有 3 675 个时次的风向数据出现偏差，占总数据量的 44.3%。并且两者在部分月份的风玫瑰图存在明显的差异（见图 11-4）。复核结论为该环评预测文件中部分月份的风向数据存在人为调整的痕迹。

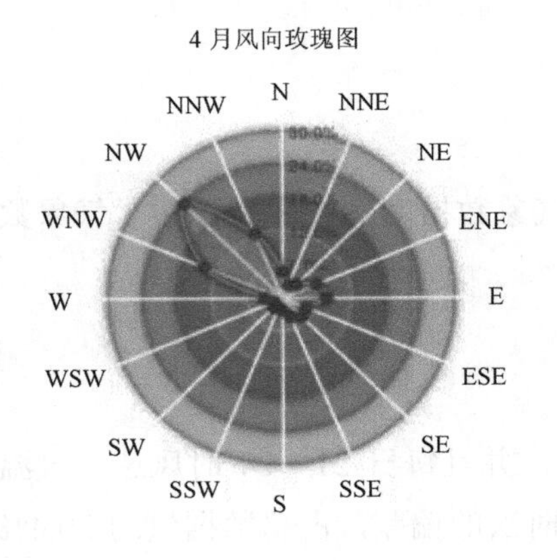

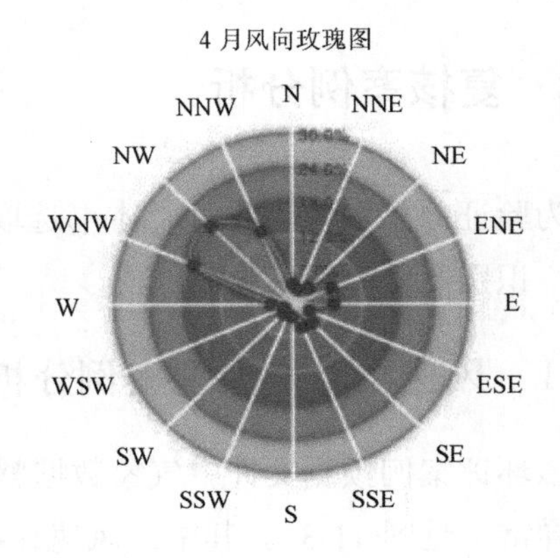

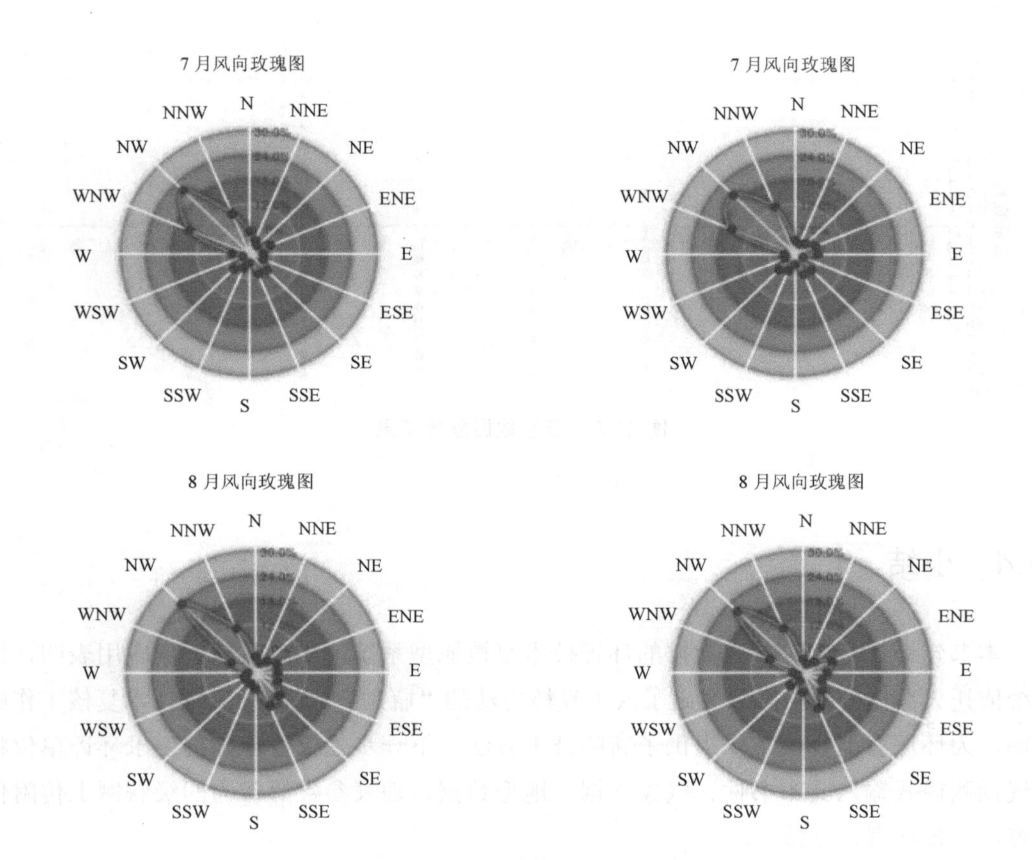

图 11-4　模型气象数据和地面气象观测站实测数据的风玫瑰对比

（左为模型气象数据的月风玫瑰图，右为气象观测站实测数据的月风玫瑰图）

11.3.3　云量、云高典型案例分析

该环评案例预测文件中云量数据经原型系统分析，1 808 个时次数据中共有 1 784 个时次的低云量数据出现偏差，占总数据量的 98.673%。其中，中国气象局地面气象站实测云量数据大于模型云量数据的时次有 1 657 个，占比为 92.9%；中国气象局地面气象站实测云量数据小于模型云量数据的时次有 127 个，占比为 7.1%。系统生成的低云量偏差小时分布散点图见图 11-5。此外，该预测文件中的云高数据人为设定为定值 808 m，与实际情况不符，存在较大问题，导致结果失真。

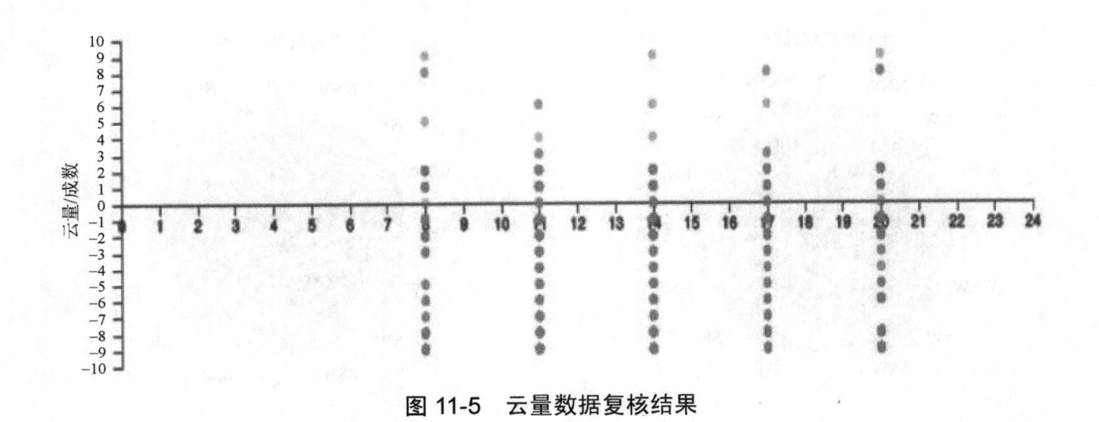

图 11-5 云量数据复核结果

11.4 小结

本书建立了基于气象大数据的环评技术复核原型系统，实际复核案例应用表明，该系统依托大数据分析技术，突破了人工复核方法的“瓶颈”，提高了大气技术复核工作的效率，为环评智能复核工作提供了新的技术方法。下一步建议管理部门要求环评单位将大气预测模式输入文本书件、气象数据、地形数据、地表参数等作为四级联网上传附件内容，以备抽查、复核。

第 12 章
基于算法的大气污染模拟快速效果评估

12.1 概述

空气质量模型在大气环境研究工作中，主要用于环境规划、环境影响评价、环境监测与预报预警、环境质量变化趋势、环境功能区划、环境应急预案、来源解析等有关政策制定和文件编制。目前已有学者开展了空气质量模型辅助决策研究，如劳苑雯等（2012）开发了区域大气污染控制可视化辅助决策工具；邢佳等（2019）建立了大气污染防治综合科学决策支持平台，反算了 2035 年达标要求下，京津冀及周边地区“2+26”城市的减排情景及对应减排方案的费效评估。但上述研究均采用区域空气质量模型（CMAQ 等），在行业或城市维度进行分析，较少精确到具体每个企业、每条道路等。

空气质量模型在实际环境管理决策应用上存在以下局限：①决策情境越多，运算时间越长；②清单所包含源组数量多，只能基于火电、生活等大类源分析，无法精确到企业、道路等小类源组，无法给出详细具体的优化决策；③仅为专业人员操作，地方管理者无法快速使用以进行决策。已有区域环境规划研究中采用的数学方法主要包括线性优化法、遗传算法及 A-P 值法等分析方法，多为区域排放总量调整分析，也无法精确至具体企业、道路。

针对上述局限，本书基于 0-1 整数规划算法、空气质量模型建立了多情景快速反应决策模型，实现只运行一次空气质量模型，管理者可得到不同环境管理情景下细分到具体每个企业、每条道路的决策方案，并利用该模型分析了 2018 年沧州市高速合围区内现状排放情景、优化排放情景等，实现了优化方案快速效果评估。

12.2　材料与方法

12.2.1　整数规划算法

整数规划是在线性规划基础上，全部或部分决策变量为整数的最优化问题求解方法，是运筹学和管理科学基本模型之一。0-1 整数规划是决策变量仅限于 0 或 1 来建立数学模型的一种特殊情形，能数量化地描述离散变量间诸如开与关、取与弃、是与非等逻辑关系及约束条件，该方法具有原理简单、计算量小且结果精确等优点，已广泛应用于选址布局、调度规划、路径设计等领域。本书基于各污染物排放源组的排放量和污染贡献浓度数据，运用 0-1 整数规划算法，建立多目标约束下，排放源组开关控制的多情景快速反应决策模型。此模型不涉及空气质量模型复杂模拟设置过程，因此适用于任何一种空气质量模型。只需空气质量模型模拟一次所得的各源组贡献浓度数据，便可以对任一环境管理情景进行快速源组排放调整决策。

本书使用 0-1 整数规划进行各污染排放源组调整决策研究，约束条件及目标函数公式如下：

$$\max\ z=\sum_i a_i x_i \tag{12-1}$$

$$x_i=\begin{cases}0, & 第i个源组关闭,\\ 1, & 第i个源组开启,\end{cases}\quad i=1,2,\cdots,\ n \tag{12-2}$$

$$\text{st.}\begin{cases}\sum_i b_{i1}x_i \leqslant c_1\\ \sum_i b_{i2}x_i \leqslant c_2\\ \sum_i b_{i3}x_i \leqslant c_3\\ x_i=0\ 或\ 1\end{cases} \tag{12-3}$$

式中：a_i——源组，i（i=1，2，…，n）的基准年排放量，t；

b_i——源组 i（i=1，2，…，n）的贡献浓度，μg/m^3；

x_i——决策变量，取值为 0 或 1；

c_1、c_2、c_3——国控点 1、2、3 的贡献浓度；在年排放总量 z 最大的目标条件下，求得对每个国控点的总贡献浓度降低不少于 1.5 μg/m^3 时的源组调整最优解。

12.2.2　实验设计

多情景快速反应决策模型建立要点在于源组间排放量——贡献浓度的数学关系构建，图 12-1 为模型构建及应用的研究流程。

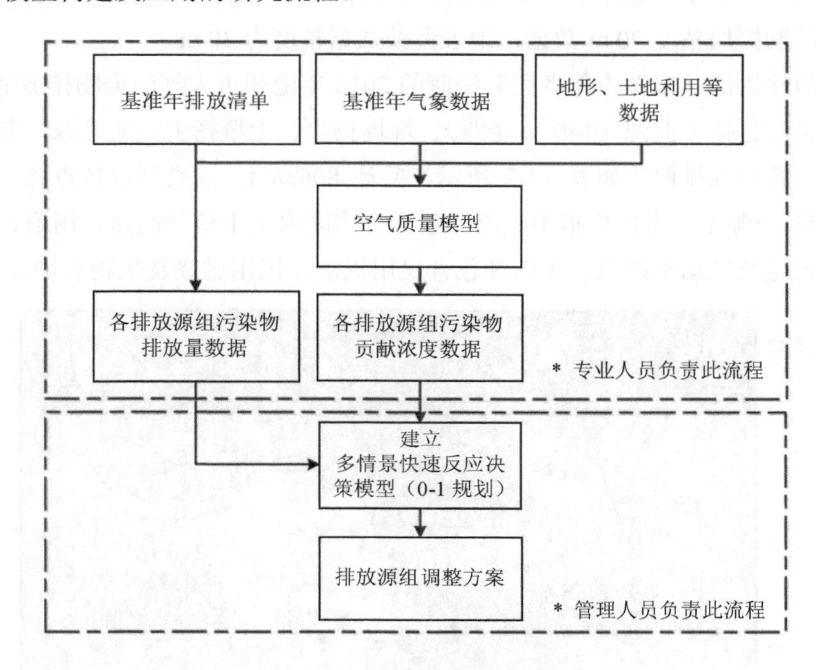

图 12-1　模型研究流程

控制因子（污染物源组的排放控制系数）的选择是污染贡献矩阵设计的前提。控制因子为 1 时代表此源组正常排放，不做控制；控制因子为 0 时代表关闭此排放源组；对应 n 个排放源组，可能的控制情景组合有 2^n 种。模型输入数据见表 12-1。

表 12-1　模型输入数据汇总

数据类型	数据内容
空气质量模型输出数据	模型模拟目标地区目标年空气质量，经过数据处理后，得到各源组对各受体（如国控点、网格点）年平均贡献浓度数据
排放因子信息文件	包含污染物、排放源组、控制因子选取等信息
目标区域信息文件	环境管理达标浓度、目标点坐标信息、目标范围边界坐标信息

12.2.3　空气质量模型选型与配置

本书选择 AERMOD 模型对 2018 年沧州市高速合围区内的颗粒物排放源对沧州市国

控空气质量监测站点（沧州市环保局、沧县城建局、电视转播站）的 PM_{10} 贡献浓度进行模拟。AERMOD 是一个稳态烟羽扩散模式，适于局地尺度的环境空气质量模拟。可用于农村或城市地区、简单或复杂地形，目前已得到广泛应用。地面气象数据使用沧州市 2018 年全年地面气象站数据；选择中尺度气象模式 WRFv3.9 模拟三维高空气象场；地形资料选自美国地质勘探局精度 90 m 数据；地表参数数据精度为 30 m。

本书模拟输入清单来源为作者团队编制的 2018 年沧州市大气污染物排放清单。高速合围区内污染源包括工业源（140 家企业）、堆场扬尘、土壤扬尘、道路源、非道路移动源、生活源；各类源排放量如表 12-2 所示，共计 806.96 t；源类型包括点源、线源、面源，共计 177 个源组。本次模拟中道路源包含合围区内主干道（高速、国道、省道及县道）的道路扬尘及机动车排放，生活源包含民用锅炉、民用燃烧及生物质炉灶排放。

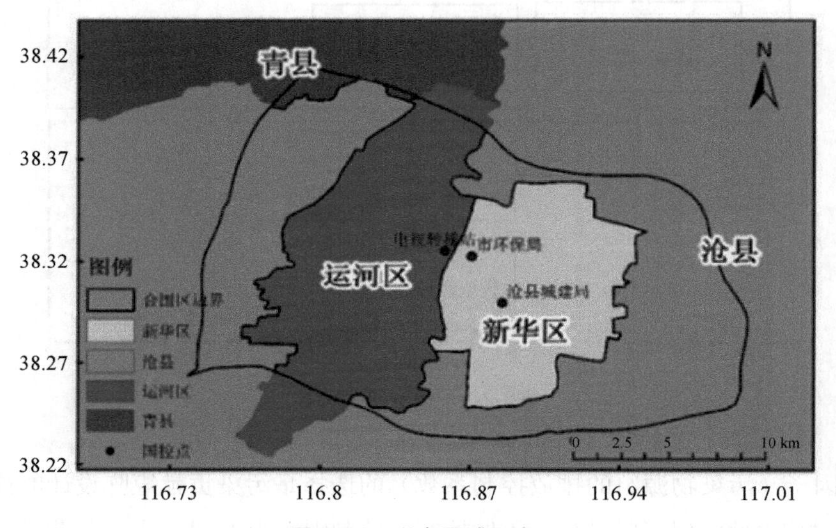

图 12-2　研究区域示意

表 12-2　研究区域内 PM_{10} 排放量　　单位：t/a

输入模型种类	清单排放源种类	新华区	运河区	沧县	青县	总量
工业点源	工业源	225.01	149.59	23.58	0.02	398.20
堆场扬尘面源	堆场扬尘	14.38	0.00	0.28	0.00	14.66
土壤扬尘面源	土壤扬尘	1.53	2.44	4.30	0.35	8.62
道路线源	道路扬尘	48.34	22.47	74.82	1.81	147.44
	道路移动源	1.37	1.66	3.18	0.06	6.26
非道路移动面源	非道路移动源	17.44	31.59	9.23	0.23	58.48
生活面源	民用锅炉	0.04	0.00	0.00	0.00	0.04
	民用燃烧	0.00	0.00	166.66	3.41	170.07
	生物质炉灶	0.00	2.95	0.22	0.03	3.20
总量	—	308.11	210.70	282.27	5.90	806.96

12.2.4　0-1 整数规划模型搭建

以实现对市环保局、沧县城建局、电视转播站 3 个国控点贡献浓度都下降 1.5 μg/m³ 为例，进行各排放源组贡献浓度调整决策研究。将示例参数代入 12.1 小节的算法公式中，a_i 为源组 i（i=1，2，…，177）的 2018 年排放量，单位为 t；b_{ij} 为源组 i（i=1，2，…，177）对国控点 j（j=1，2，3）的贡献浓度，单位为 μg/m³；x_i 为决策变量，取值为 0 或 1；c_j 为国控点 j 贡献浓度；在年排放总量 z 最大的目标条件下，由式（12-3），求得对每个国控点的总贡献浓度降低不少于 1.5 μg/m³ 时的源组调整最优解。

12.2.5　模拟效果校验

本书使用《大气重污染成因与治理攻关项目——沧州市驻点跟踪研究报告》中的源解析结果，进行研究结果的模拟效果评估。

12.3　结果与讨论

12.3.1　现状情景源组贡献分析

以 3 个国控点为受体，进行区域内一次 PM_{10} 排放的浓度贡献模拟。结果表明，合围区内排放对沧县城建局国控点年均贡献浓度最高，为 12.09 μg/m³；其次是市环保局国控点、电视转播站国控点，贡献浓度分别为 9.54 μg/m³、9.38 μg/m³。从不同类别排放源对国控点贡献情况来看（见图 12-3），道路源对国控点贡献浓度占比最高（平均值为 71%），其次为非道路移动源（10%）、工业源（9%）。

从不同的排放源组对国控点的贡献分析来看，由于篇幅原因，文中仅列举排名前 20 的源组贡献（见表 12-3）。结果表明，对市环保局国控点、沧县城建局国控点、电视转播站国控点贡献排名前三的源组种类均为道路源，位于新华区和运河区；3 个源组贡献浓度总量分别占各自国控点总浓度的 42%、53%、43%。

通过现状情景的源组贡献分析，2018 年沧州市高速合围区内 PM_{10} 排放对沧县城建局国控点贡献最大；在各类源中，道路源贡献最高。因此，对道路排放源采取相应管控措施，可有效降低合围区内排放对本地的污染贡献。

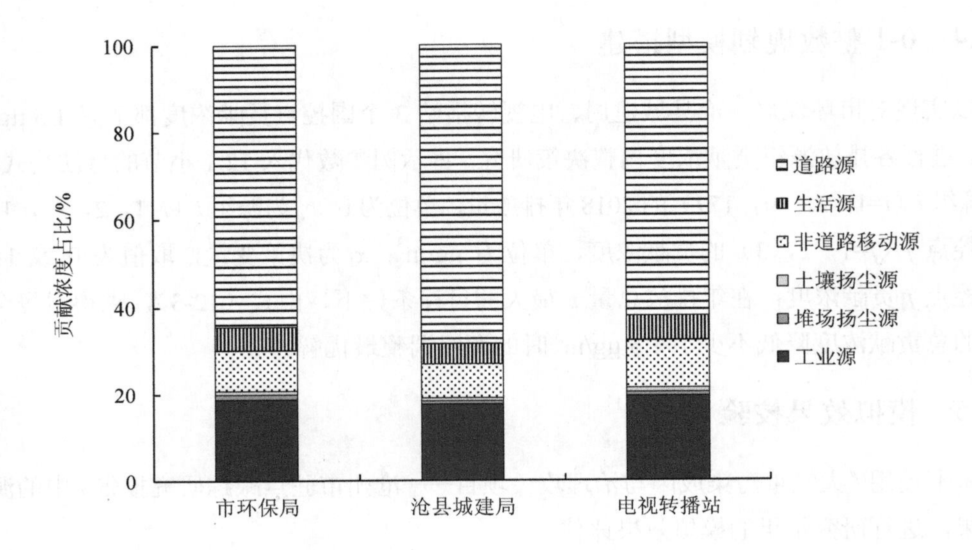

图 12-3 各类源贡献浓度占比

表 12-3 国控点排放源组贡献排名 单位：μg/m³

	市环保局国控点		沧县城建局国控点		电视转播站国控点	
	源组编号	年均浓度	源组编号	年均浓度	源组编号	年均浓度
1	新华区省道	1.72	新华区国道	3.21	新华区省道	1.45
2	运河区省道	1.53	新华区省道	1.98	运河区省道	1.33
3	新华区县道	0.77	运河区省道	1.25	新华区县道	1.26
4	新华区国道	0.77	沧县生活源	0.75	运河区非道路移动源	0.88
5	沧县生活源	0.73	新华区非道路移动源	0.74	沧县生活源	0.72
6	沧县高速	0.65	沧县高速	0.69	沧县高速	0.65
7	新华区非道路移动源	0.64	沧县省道	0.55	新华区国道	0.56
8	沧县省道	0.41	新华区县道	0.46	沧县省道	0.40
9	沧县国道	0.41	运河区县道	0.36	沧县国道	0.32
10	运河区非道路移动源	0.31	沧县国道	0.30	运河区县道	0.25
11	运河区县道	0.19	运河区非道路移动源	0.19	新华区非道路移动源	0.22
12	A 公司	0.14	G 公司	0.17	A 公司	0.12
13	B 公司堆场扬尘源	0.11	H 公司	0.16	C 公司	0.09
14	运河区国道	0.08	运河区国道	0.11	运河区国道	0.08
15	C 公司	0.07	A 公司	0.10	B 公司堆场扬尘源	0.08
16	D 公司	0.06	I 公司	0.08	D 公司	0.07
17	新华区土壤扬尘源	0.06	新华区土壤扬尘源	0.07	运河区土壤扬尘源	0.07
18	运河区高速	0.06	E 公司	0.06	运河区生活源	0.06
19	E 公司	0.05	D 公司	0.05	运河区高速	0.06
20	F 公司	0.05	F 公司	0.04	E 公司	0.04

12.3.2　现状情景模拟效果校验

本书使用《大气重污染成因与治理攻关项目——沧州市驻点跟踪研究报告》中 2018—2019 年秋冬季颗粒物的源解析结果进行了校验，模拟所得合围区内各类排放源贡献浓度占国控点实测年均值比例见表 12-4。其中，工业源对国控点贡献占比 0.91%，扬尘源（包含堆场扬尘、土壤扬尘及道路扬尘）和机动车共占比 7.31%，民用燃煤源占比 0.76%；根据沧州市源解析结果（合围区内各类排放源贡献浓度占国控点实测年均值比例情况），工业源对国控点贡献占比 0.73%，扬尘源及机动车共占比 4.71%，民用燃煤源占比 0.55%，两组数据均方根误差 RMSE 为 0.015，趋近于 0，表明模拟效果较好。对比显示（见图 12-4），本书模拟结果与源解析结果趋势相同，均为扬尘源及机动车占比最大，工业源占比其次，民用燃煤源占比最低。本书涵盖的 2018 年合围区内 PM_{10} 排放量约占全沧州 PM_{10} 排放量的 0.55%，与贡献浓度占比量级相符。综上分析，本书模拟结果具有可靠性。

表 12-4　各国控点模拟结果占实测年均值比例　单位：%

国控点名称	工业源	堆场扬尘	土壤扬尘	非道路移动源	生活源	道路源
市环保局	0.87	0.13	0.09	0.95	0.75	6.41
沧县城建局	1.09	0.10	0.09	0.93	0.75	8.70
电视转播站	0.78	0.10	0.10	1.09	0.77	6.21
平均值	0.91	0.11	0.09	0.99	0.76	7.11

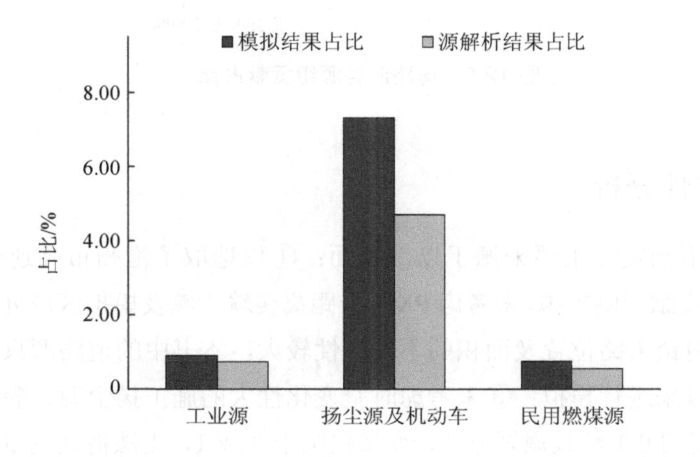

图 12-4　模拟结果与源解析结果占比情况对比

12.3.3　优化情景源组调整分析

本案例 177 个源组中有点源 140 个、面源 25 个、线源 12 个，源组总排放量为 806.96 t，对目标国控点（市环保局、沧县城建局、电视转播站）年均总贡献浓度分别为 9.54 μg/m^3、12.09 μg/m^3、9.38 μg/m^3。使用 0-1 整数规划模型求得在对 3 个国控点贡献浓度降低不少于 1.5 μg/m^3 约束条件下，计算达到总排放量变化最少目标下的最优解。

结果表明，最优方案为对“新华区省道”“运河区土壤扬尘”排放源组进行控制，其余源组均正常排放。现状排放情景下，各大源类对各国控点贡献占比最大的均为道路源。以贡献浓度最高的沧县城建局国控点为例，图 12-5 为道路源各源组对其贡献情况。在实施对“新华区省道”“运河区土壤扬尘”排放源组管控后，排放总量降低 15.66 t，而对各国控点贡献浓度分别降低了 1.75 μg/m^3、2.00 μg/m^3、1.52 μg/m^3。调整后的总排放量为 791.30 t，对各国控点年均总贡献浓度可调整至 7.80 μg/m^3、10.09 μg/m^3、7.87 μg/m^3。

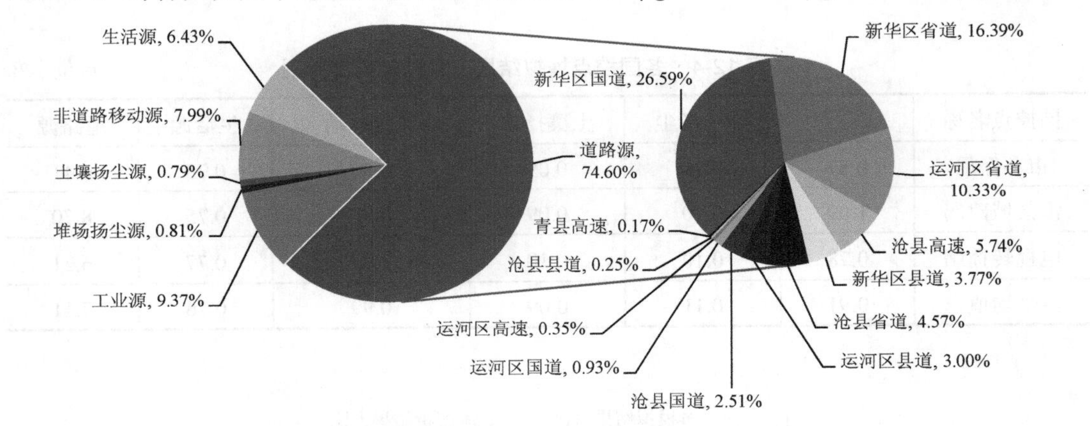

图 12-5　道路源各源组贡献占比

12.3.4　不确定性分析

本次研究的不确定性主要来源于以下方面：①仅选取了沧州市高速合围区内部分 PM_{10} 排放源进行贡献影响模拟，未考虑 PM_{10} 长距离传输影响及模拟区域外高架源排放的影响；②由于乡村镇道路位置及面积的不确定性较大，本书中的道路源只考虑了合围区内主干道的排放量来进行模拟；③未考虑时空变化性大的施工扬尘源、餐饮源排放的影响；④本书所使用的 0-1 整数规划方法，变量仅限于 0 或 1，无法得到变量为分数或小数的部分减排效果最优解，实际应用中具有一定局限性，在未来研究中将进一步使用线性规划等方法对减排率进行研究，并根据各源组的减排潜力，增加相应的约束条件，增加本研究的可行性。

12.4　结论

（1）现状情景下，合围区排放源对沧县城建局国控点年均总贡献浓度最高（12.09 μg/m³）；排放源组类别中，道路源对国控点浓度贡献占比最高（71%），其次为非道路移动源（10%）；对市环保局国控点、沧县城建局国控点、电视转播站国控点贡献排名前三的源组种类均为道路源，所在区域均为新华区和运河区。

（2）优化情景下，对“新华区省道”“运河区土壤扬尘”源组进行调整为最优解。此时排放量变化最少，而对市环保局国控点、沧县城建局国控点、电视转播站国控点贡献浓度最多降低 1.75 μg/m³、2.00 μg/m³、1.52 μg/m³。调整后的源组总排放量最低下降至 791.30 t/a，对各国控点年均贡献浓度最低将达到 7.80 μg/m³、10.09 μg/m³、7.87 μg/m³。

第13章 特殊情景下（2020 年 2—10 月）河北省典型钢铁企业大气污染影响

13.1 概述

2020 年我国新冠肺炎疫情管控期间，各省市先后启动重大突发公共卫生事件一级响应。大气污染物排放方面，来自生活源、交通源以及中小企业工业源的排放降低显著。新冠肺炎疫情管控期间我国钢铁行业生产未受较大影响。河北省是我国粗钢产量大省，国家统计局数据显示，2019 年粗钢产量占全国总产量的 24.25%，并且其大气污染物排放占比最大，2018 年平均占比达 20.51%。新冠肺炎疫情管控期间，2020 年第一季度全国和河北省粗钢产量同比增长分别为 1.46%和 0.16%。在全面复工复产后，2020 年第二季度全国粗钢产量同比增长 2.97%，第二季度河北省粗钢产量同比减少 2.39%；第三季度全国和河北省粗钢产量保持稳定增长。相关研究指出，新冠肺炎疫情管控期间唐山市交通流量减少、餐饮企业关停，但唐山市钢铁企业未受影响，钢铁大气排放特征凸显，2 月 9—13 日大气污染过程中，唐山市空气质量受钢铁工业排放影响显著，说明新冠肺炎疫情对我国钢铁企业生产影响较小。

在钢铁行业大气环境影响方面，现有研究无法精准反映单个钢铁企业大气排放对国控站点的贡献。已有研究主要采用 CAMx 等区域大尺度模型和 AERMOD、CALPUFF 等小尺度模型模拟钢铁行业空气质量影响。例如，现有文献（汤铃等，2020a，2020b；伯鑫等，2017；Tang 等，2020）采用 CAMx 等模型模拟不同年份不同区域钢铁行业大气污染影响。然而，受生活源和交通源等污染源排放清单不确定性影响，现有模拟结果无法精准反映我国单个或者多个典型钢铁企业排放对大气环境的影响水平。在小尺度污染模拟方面，相关研究采用小尺度空气质量模型，模拟钢铁行业单部门的空气质量贡献水平，未考虑生活源和交通源等其他排放源的贡献和影响，无法对数值模拟结果与空气质量检测数据进行验证，进一步增加了模拟结果的不确定性。

针对上述问题，本书以河北省某典型长流程钢铁厂为例，利用中国气象局 2020 年 2—10 月气象预报数据，建立基于 AERMOD 钢铁企业污染预报模型，模拟新冠肺炎疫情管控期（2020 年 2—3 月）及“解封”后期（2020 年 4—10 月）钢铁企业的大气污染影响，并结合当地 3 个国控点的空气质量监测数据开展验证。由于河北省钢铁企业生产活动受新冠肺炎疫情影响较小，且生活源和交通源等其他污染源排放大幅减少，在考虑不利风向下，模拟结果能更加精确地反映钢铁企业污染物排放对空气质量的影响，为典型钢铁企业污染预报研究提供新的思路。同时可为钢铁企业排放管控和优化布局等提供数据支持。

13.2 研究方法

13.2.1 研究区域与对象

本书选取的钢铁厂属于典型长流程钢铁企业，位于河北省某平原城市，周围地势平坦。2018 年，该企业拥有烧结机共 5 台，高炉总容积达 14 600 m^3，粗钢年产量达 1 122.84 万 t，占该市粗钢总产量的 27.23%。2020 年第一季度，该企业粗钢产量为 220.10 万 t，环比下降 0.45%，说明该企业钢铁生产受新冠肺炎疫情影响程度较小。2020 年 2 月，该市发布公共卫生事件一级响应，要求尽量减少公共交通和自驾出行及公众聚集活动，说明该市交通源、生活源排放减少。

空气质量监测数据来自企业周围 3 个空气质量监测站点（国控站点），监测站点位置见图 13-1，$1^{\#}$距离企业最近，为 2.82 km，$2^{\#}$、$3^{\#}$监测站点与企业的距离分别为 4.05 km、6.83 km。

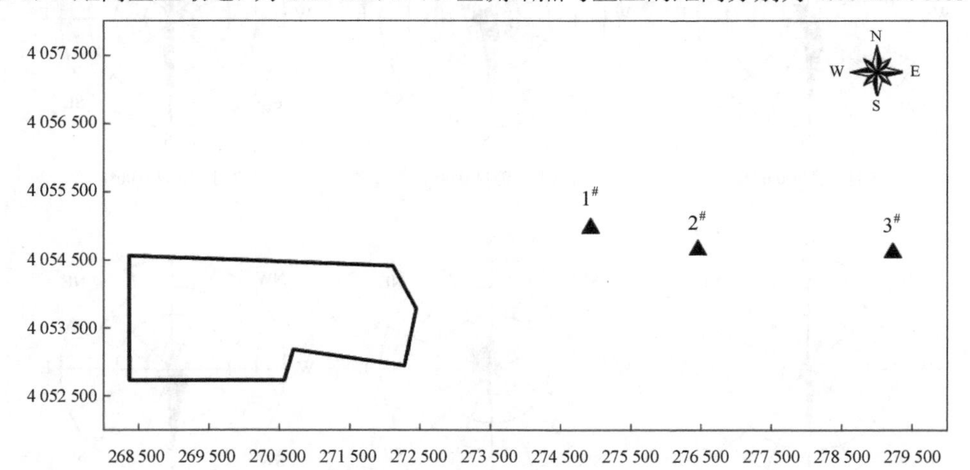

图 13-1　钢铁企业与空气质量监测站点位置关系（UTM 坐标系，单位：m）

注：▲$1^{\#}$、▲$2^{\#}$、▲$3^{\#}$代表该区域的 3 个空气质量监测站点，□代表本书所选取的某典型长流程钢铁厂。

13.2.2 模拟模型参数

本书预报模型来自研究团队开发的企业大气污染预报系统，该系统采用AERMOD作为污染预报模型。AERMOD是美国国家环境保护局和我国生态环境部推荐的法规模型之一，广泛应用于工业排放源（包括火电、钢铁等）扩散模拟，适用于平坦地形条件下模拟。

本书获取了中国气象局2020年2月1日—10月31日预报数据，该预报资源融合了多种全球数值模式产品GRAPES（中国气象局）/GFS、T639（中国气象局）/GMF等预报产品，使用数据为每天预测未来1 d的连续数据，经处理后转换成AERMOD模型可读取的预报气象数据。预报期间风玫瑰图见图13-2，主导风向为南风（S）和北风（N）。

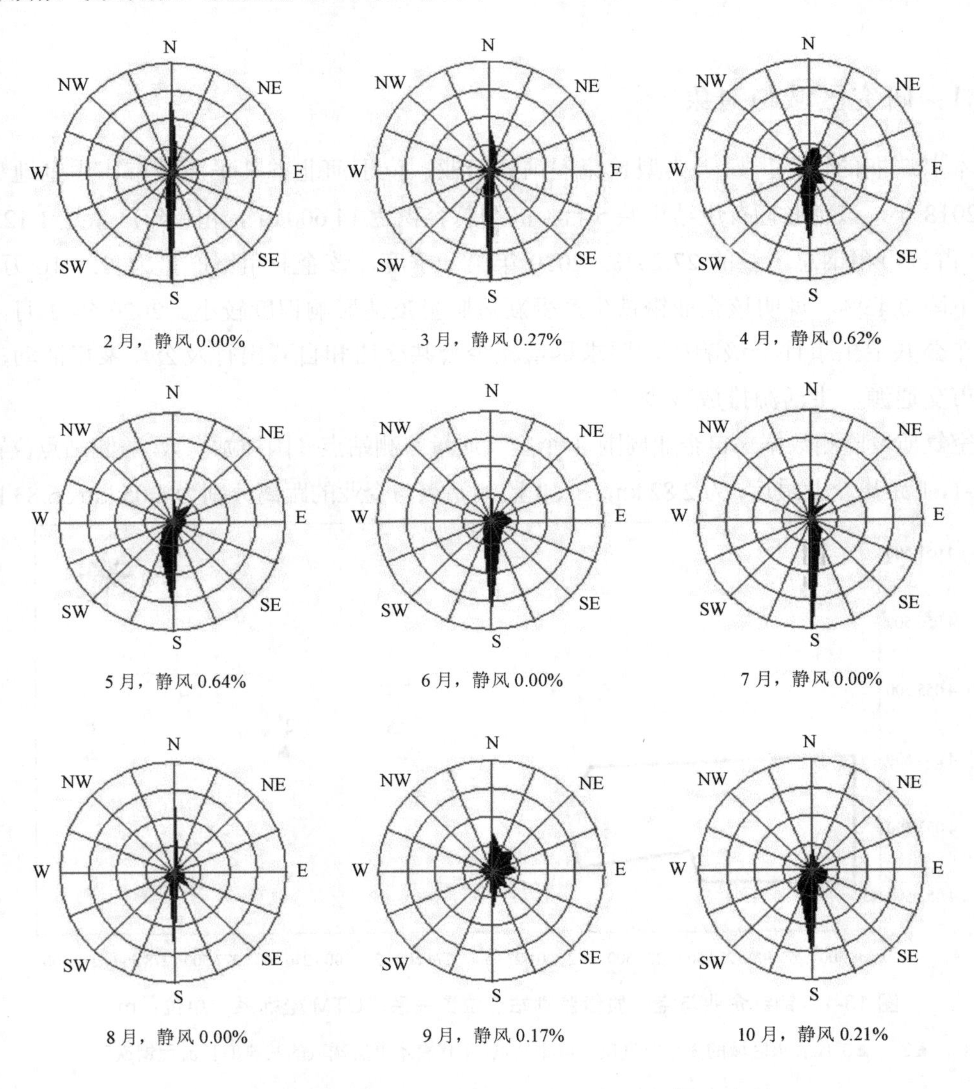

图13-2 2020年2月1日—10月31日预报风玫瑰

本书中钢铁企业排放信息来自研究团队全国高分率钢铁排放清单（HSEC），污染物因子包括 SO_2、NO_x 和 PM_{10}，模拟范围 15.2 km×15.2 km，水平分辨率 200 m，东西向 76 个格点，南北向 76 个格点，3 个国控点作为敏感点，计算时间步长按 1 h 考虑，研究时间段为 2020 年 2 月 1 日—10 月 31 日，地表参数（见表 13-1）来自研究团队开发的 AERSURFACE 在线服务系统。

表 13-1　地表参数

分区	正午反照率	波文比	地表粗糙度
0°～30°	0.18	0.99	0.144
30°～60°	0.18	0.99	0.029
60°～90°	0.18	0.99	0.029
90°～120°	0.18	0.99	0.499
120°～150°	0.18	0.99	0.51
150°～180°	0.18	0.99	0.95
180°～210°	0.18	0.99	0.536
210°～240°	0.18	0.99	0.22
240°～270°	0.18	0.99	0.1
270°～300°	0.18	0.99	0.031
300°～330°	0.18	0.99	0.046
330°～360°	0.18	0.99	0.04

由于模拟期间主导风向为南风（S）和北风（N），而 3 个国控站点基本位于钢铁企业的东北方向（图 13-1），这种情况下，该钢铁企业对 3 个国控站点的影响较小，模拟结果的代表性不好，很难反映该企业真实的环境影响。因此，本书选取钢铁厂对国控点的不利风向下（200°～290°），分析 SO_2、NO_x 和 PM_{10} 的模拟值和实测值的占比及相关性。且在该不利风向条件下，模拟区域范围内，没有其他钢铁厂对国控点造成影响。

13.2.3　模拟模型评估

本书参考国内外文献的评估方法，利用统计学方法，计算钢铁企业大气污染物排放预报值（包括 SO_2、NO_x 和 PM_{10}）和国控点实际监测值的相关系数，验证模型的模拟效果。

13.3 结果与讨论

13.3.1 钢铁企业大气环境影响分析

不利风向条件下，在新冠肺炎疫情管控期（2020 年 2—3 月），该钢铁厂排放对 3 个国控站点SO_2、NO_x和PM_{10}的浓度贡献占比情况分别为20.19%～33.81%、17.49%～23.46%和 2.02%～2.69%（见图 13-3）。在“解封”后期（2020 年 4—10 月），该钢铁厂大气污染物排放对 3 个国控站点 SO_2、NO_x和 PM_{10}月均贡献占比分别为 13.43%～21.01%、11.09%～20.92%和 1.20%～2.22%。由于在新冠肺炎疫情管控期间，居民出行及公众聚集活动减少，道路源、生活源等污染源的干扰较小，导致该钢铁企业排放的 3 种污染物对国控站点的贡献占比均显著增加（$P<0.1$）。同时，钢铁厂排放对国控站点 1#的贡献占比最大，对国控站点 3#的占比最小（见图 13-3）。表明距离钢铁厂越近，其排放对环境的影响越大；因此优化和调整钢铁厂布局，要充分考虑风向、与敏感点距离等因素。

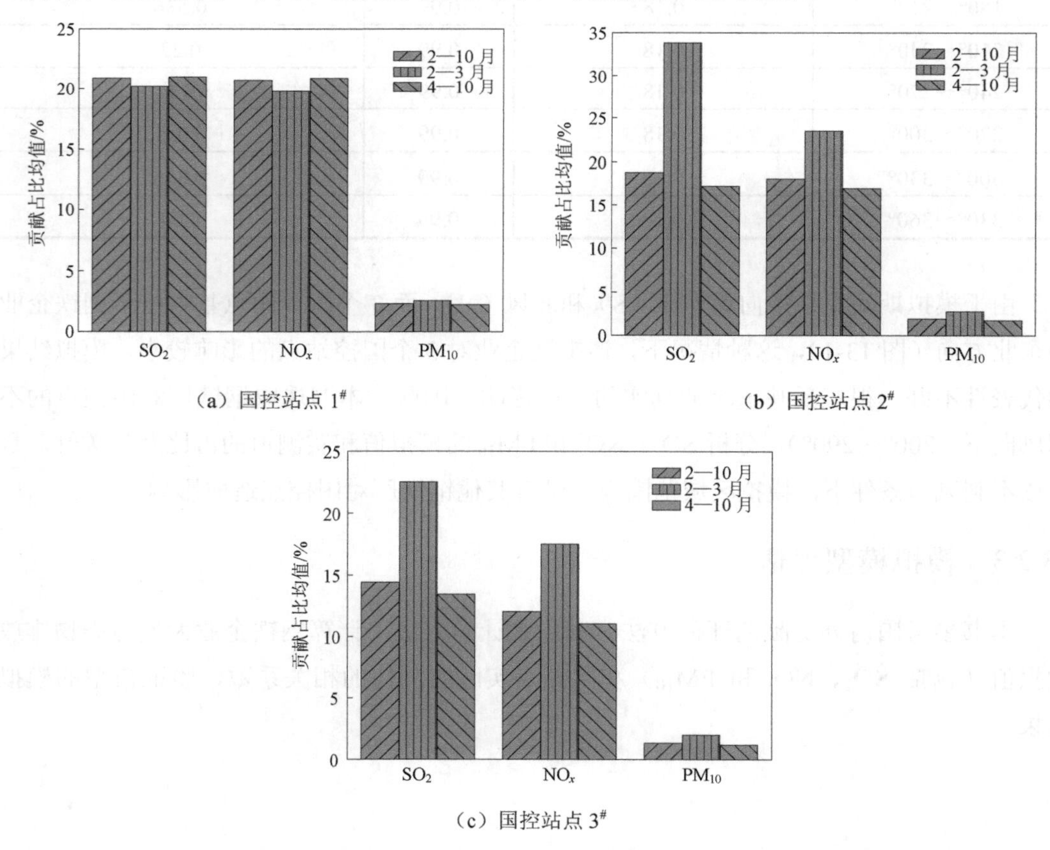

图 13-3 不利条件下该钢铁企业排放 SO_2、NO_x和 PM_{10}对国控站点贡献占比

钢铁厂排放的 PM_{10} 对国控站点贡献占比最小，SO_2 贡献占比最大。这是由于钢铁企业除尘技术成熟，可实现较低的排放水平。因此，下一步要着重加强对钢铁企业 SO_2 和 NO_x 排放的管控，提升脱硫和脱硝设备的覆盖率和效率。

由于本书只考虑不利风向下典型钢铁企业对国控站点的影响，本次模拟中 SO_2 和 NO_x 贡献占比相对较高。

13.3.2　模型模拟效果分析

为控制气象因素的影响，本书重点分析在不利风向下（200°～290°），SO_2、NO_x 和 PM_{10} 的模拟值和实测值的相关性（见图 13-4）。结果表明：模拟值与实测值的整体相关性较好，但在不同时段的相关系数有明显差异。

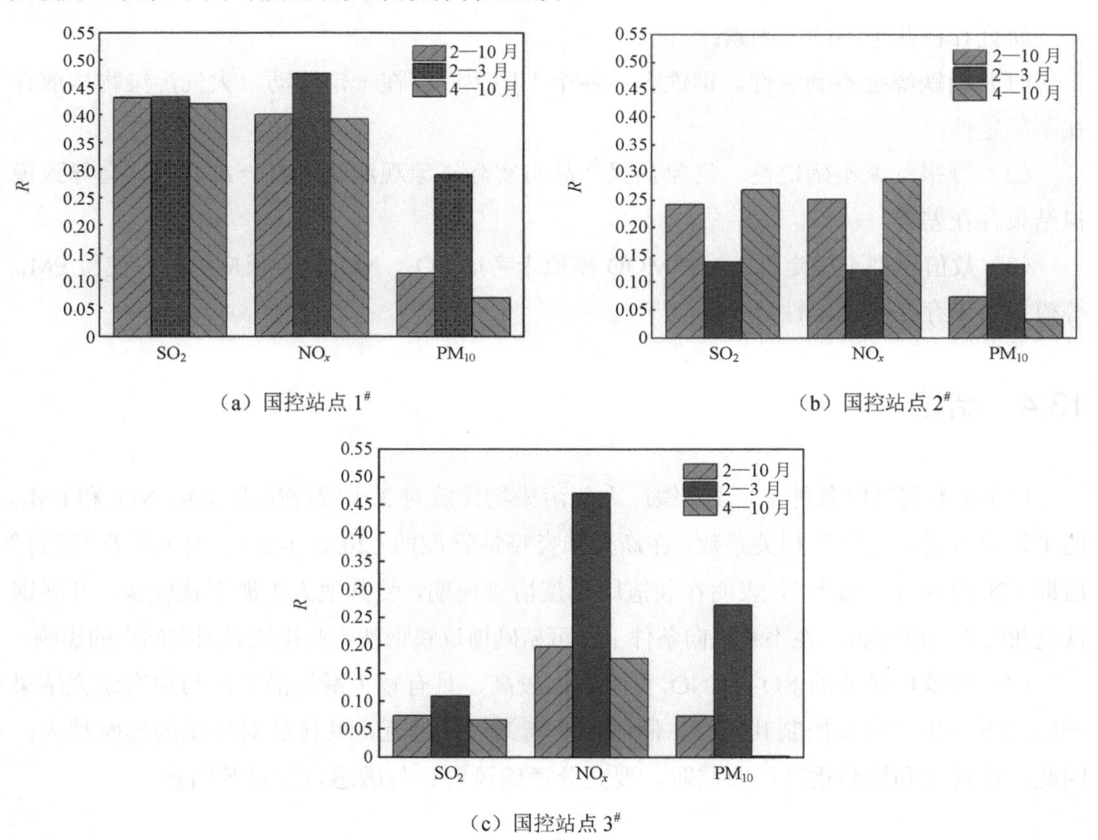

（a）国控站点 1#

（b）国控站点 2#

（c）国控站点 3#

图 13-4　不利条件下该钢厂排放 SO_2、NO_x 和 PM_{10} 对国控站点月贡献预测值和监测值的相关系数

在不利风向下，2020 年 2—10 月，该钢铁厂 SO_2、NO_x 和 PM_{10} 模拟值与实测值的整体相关系数最高分别为 0.43、0.40 和 0.11。在不同时段中，模拟值与实测值的相关性在新冠肺炎疫情管控期（2020 年 2—3 月）高于“解封”后期（2020 年 4—10 月）；从各国控站点分析，距离钢铁厂越近，相关性越好；从不同污染物角度分析，NO_x、SO_2的相关系数好于 PM_{10}。在新冠肺炎疫情管控期，国控站点 1#的 SO_2、NO_x 和 PM_{10} 相关系数 R 最高，分别为 0.43、0.47 和 0.29；在“解封”后期，同样是国控站点 1#的 SO_2、NO_x 和 PM_{10} 的相关系数 R 最高，分别为 0.42、0.39 和 0.07。在新冠肺炎疫情管控期，生活源和交通源等污染源排放的大幅减少，导致该钢铁企业排放对国控站点的影响程度较大，模拟值和监测值的相关系数更高。因此，在新冠肺炎疫情管控期，能更加精确地反映钢铁企业排放对国控站点的影响。对照美国 EPA 传统的放示踪剂 SF6 的方法，本书提出了一个新的模型验证思路。

13.3.3 不确定性分析

研究存在几个不确定因素：

（1）钢铁源强不确定性。钢铁企业各个工序生产存在一定波动，大气污染物排放存在不确定性。

（2）预报气象不确定性。气象预报产品与实际气象观测结果有一定偏差，会导致模拟结果存在差异。

（3）数值模型不确定性。AERMOD 模拟未考虑 SO_2、NO_x 化学反应机制，使得 PM_{10} 等模拟结果存在不确定性。

13.4 结论

（1）在不利风向条件下，该钢铁厂大气污染物排放对 3 个国控站点 SO_2、NO_x 和 PM_{10} 的平均浓度贡献占比和相关系数，在新冠肺炎疫情管控期（2020 年 2—3 月）高于“解封”后期（2020 年 4—10 月），表明在新冠肺炎疫情管控期，受其他人为源干扰较少，开展钢铁企业污染贡献模拟，在不利风向条件下，可精确地反映钢铁企业排放对国控站点的影响。

（2）钢铁厂排放的 SO_2 和 NO_x 贡献占比较高，具有较大减排潜力，与现有研究结果一致，下一步要着重控制其排放。同时，距离钢铁厂越近，其排放对环境的影响越大；因此，在优化和调整钢铁厂布局时，要充分考虑风向、与敏感点距离等因素。

第 14 章
含菌气溶胶扩散对人群的潜在影响风险

14.1 概述

含菌气溶胶（粒径范围 0.25～8 μm）在大气中扩散、传播会引起人类疾病的感染、流行。国内外研究者利用不同尺度的扩散模型，模拟了生物（细菌、病毒等）气溶胶大气扩散、空间分布等，如 Kritana 等（2012）对比分析了各种口蹄疫预测模型优缺点，认为空气质量模型是预测口蹄疫传播的重要工具，现在的研究大多采用 RegAQMS 模型、CALPUFF 模型、高斯扩散模型、ADM 模型等，应用于对人类和牲畜具有致病性的生物气溶胶研究中，主要研究微生物气溶胶向环境释放后的气溶胶浓度和分布情景。

空气质量模型在生物（病毒、细菌等）气溶胶模拟中的研究，多集中在病毒或细菌在大气的扩散、沉降、分布等过程，较少分析生物气溶胶释放对人口的潜在影响。作者团队在分析生物药厂环境影响评价报告书等资料时发现，一些生物药厂建设在城市建成区内，对相关企业风险源强、微生物（病毒、细菌）在环境中传播对人群潜在健康的具体影响，无法定量评价，仅做定性分析和简要评价。

针对上述问题，本书根据中国农业科学院兰州兽医研究所布鲁氏菌抗体阳性事件公开报道数据，利用 CALPUFF 模型定量模拟了 2019 年 7 月 24 日—8 月 20 日，中牧兰州生物药厂含菌气溶胶扩散、传播、空间分布情况，分析了含菌气溶胶对人群潜在影响情况，并结合公开报道的检测数据开展验证，为突发公共卫生事件应急响应、环境健康影响评价及生物药厂、生物安全实验室布局等提供技术支持。

14.2 材料与方法

14.2.1 研究区域与对象

东西流向的黄河横穿兰州市全境，峡谷与盆地相间，周围群山环绕，受这种复杂峡谷地形的影响，兰州市存在山谷风、城市热岛环流等复杂气象场，造成静风频率高、逆温条件频繁等不利气象条件。研究时段为 2019 年 7 月 24 日—8 月 20 日，模拟情景来自 2019 年 12 月甘肃省卫生健康委员会、甘肃省农业农村厅、兰州市人民政府发布的《中国农科院兰州兽研所布鲁氏菌抗体阳性事件调查处置情况通报》：中牧兰州生物药厂在兽用布鲁氏菌疫苗生产过程中使用过期消毒剂，致使生产发酵罐废气排放灭菌不彻底，携带含菌发酵液的废气形成含菌气溶胶，释放到大气环境。模拟源强基本信息来自中牧实业股份有限公司兰州生物药厂生产区整体搬迁项目环境影响报告书等，涉及布鲁氏菌 2 种（S2 株、A19 株），生产周期为 34 d，研究范围为 14 km×14 km。从图 14-1 可知，生物药厂排放源（+）靠近东边的中国农业科学院兰州兽医研究所（以下简称兰州兽研所）（1#），距兰州大学（2#）相对较远（约 4 km）。根据兰州市气象站，研究时段当地的主导风向为 E、ENE（见图 14-2），平均风速 1.2 m/s，静风频率 2.4%，平均温度 23.6℃。

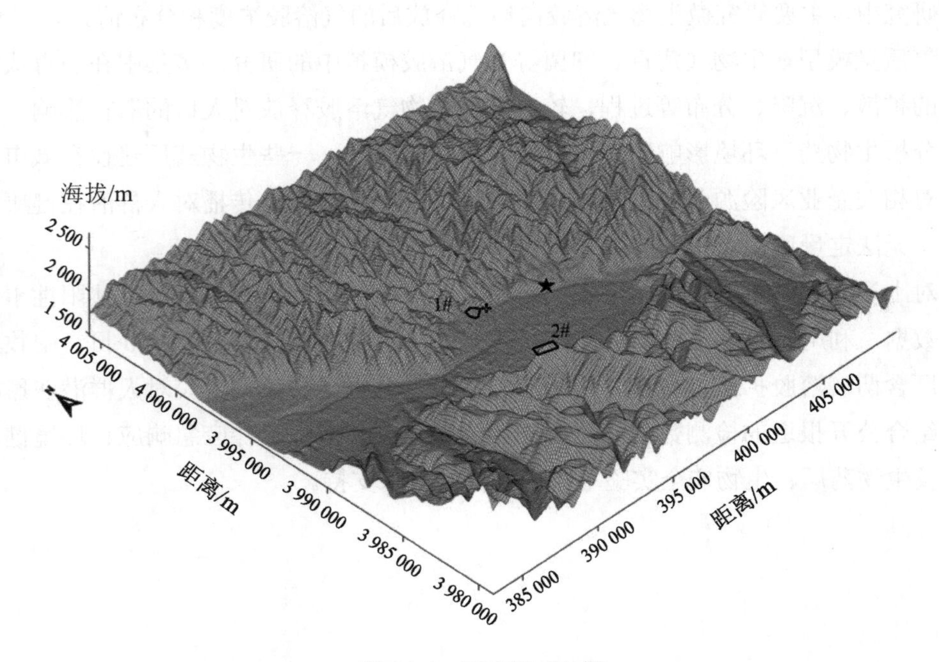

图 14-1 研究区域地形

（+为排放源，1#为兰州兽研所，2#为兰州大学，★为兰州市气象站，UTM 坐标系）

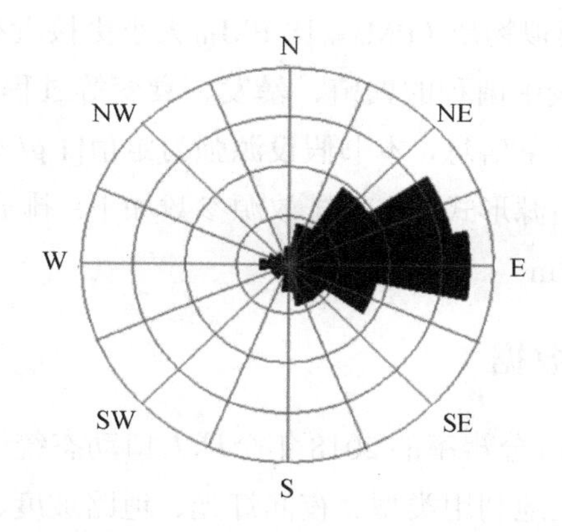

图 14-2 2019 年 7 月 24 日—8 月 20 日兰州市地面气象站风玫瑰

14.2.2 空气质量模型

CALPUFF 模型属于非稳态三维拉格朗日烟团模型，拉格朗日烟团模型克服了高斯模型在复杂地形、复杂气象场等条件下在精度和有效性上的不足，广泛应用到生物恐怖危害评估和生物气溶胶模拟等方面，CALPUFF 模型系统也是我国生态环境部、美国国家环境保护局推荐的用于模拟污染物扩散的法规模型之一。CALPUFF 模型能较好反映山谷风环流等复杂气象条件的大气预测，在国内多个复杂地形-复杂气象场项目中得到了应用，取得了很好的模拟效果。

本书搜集了 2019 年 7 月 24 日—8 月 20 日模拟区域内或周围的 3 处地面气象站数据（兰州、榆中、皋兰），气象因子包括风速、风向、相对湿度、降水量、温度与气压等；高空气象数据为中尺度数据大气模式 WRF 模拟提供的三维气象场数据；区域地形资料来自美国地质勘探局（USGS），地形数据精度为 90 m，土地利用类型数据精度为 30 m。本书建模网格分辨率为 100 m，东西向 140 个格点，南北向 140 个格点。

本书定量模拟布鲁氏菌气溶胶在大气环境长期浓度分布情况，布鲁氏菌导致人畜共患传染病，布鲁氏菌大小为 0.5～1.5 μm，可经呼吸道、消化道、损伤的皮肤等多途径传播。布鲁氏菌在不同环境中生存的时间各不相同，但无论在哪种环境下布鲁氏菌的存活时间都比较长，在有的环境下布鲁氏菌可生存长达 18 个月。布鲁氏菌在合适的条件下能生存很长时间，有较高的抗灭活能力，对湿热、紫外线、常用的消毒剂、抗生素等比较敏感；对干燥、低温有较强的抵抗力。另外，由于贮存宿主不断被发现，宿主转移现象越来越多，各种影响因素下，变异菌株的数量及类型不断增加，因此，形成布鲁氏菌属种型的一个演变过程。

关于含菌气溶胶模拟的研究报道，采用了 PM_{10} 作为炭疽杆菌战剂释放传播过程的载体。本书采用 $PM_{0.56}$ 作为模拟物质（$PM_{0.56}$ 比 PM_{10} 大小更接近布鲁氏菌），考虑了干湿沉降影响，不考虑含菌气溶胶中菌种的繁殖、暴发、衰变等过程。由于公开资料中，没有关于本次事故泄漏源强排放量信息，本书假设源强为定值[1 g/（s·m^2）]。CALPUFF 模型的研究区域污染物排放以面源形式输入，排放源参数如下：排放高度为 5 m、排放速率为 1 g/（s·m^2）、海拔为 1 524 m。

14.2.3 人口空间分布数据

本书所用数据来自 1 km 分辨率的 2018 年全球人口动态统计分析数据库(LandScan)，该数据库基于地理因子（土地利用类型、夜间灯光、道路坡度、城市密度等）、自然环境（海拔等）及社会经济因子（道路、河流、铁路等）而产生，其开发过程利用地理信息系统、针对全球不同国家和地区的生活文化、统计数据的质量、可获得性、精确性及尺度等方面的差别而建立的人口分配算法和遥感等方法，是目前涉及人口数据研究中被广泛采用的相对权威和准确的人口空间数据。由于我国官方未发布过高精度的人口分布，LandScan 数据在我国人口的研究问题中广泛运用。图 14-3 为兰州地区模拟区域的人口分布情况。

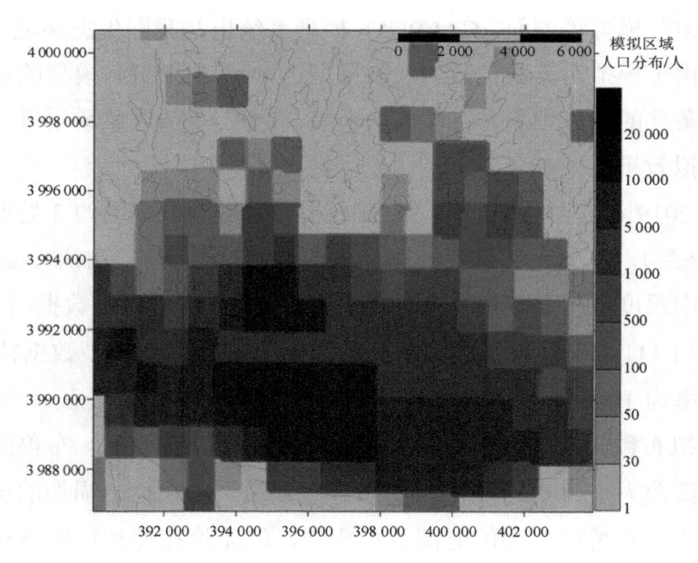

图 14-3 模拟区域人口分布示意

14.2.4 含菌气溶胶扩散对人群潜在影响风险分析方法

基于 2018 年 LandScan 人口空间数据和 CALPUFF 模拟的大气污染物浓度数据，将研究区域划分为 100 m×100 m 的网格 i（i=1，2，…，N），根据每个网格的人口数量和大气污染物浓度，计算出每个网格的人口数量占区域总人数的比值 R_i 和每个网格的大气污染物浓度数值占所有网格的浓度的比值 C_i，计算健康风险值 P_i：

$$P_i = R_i \times C_i \tag{14-1}$$

由于 $\sum_{i=1}^{N} R_i = 1$、$\sum_{i=1}^{N} C_i = 1$，使得 $\sum_{i=1}^{N} P_i = \sum_{i=1}^{N} R_i \times C_i \leqslant 1$，因此需要归纳统一样本的统计数据分布特征，把 P_i 做归一化处理为 $\overline{P_i}$，表征相对风险大小。

$$\overline{P_i} = \frac{P_i}{\sum_i P_i} = \frac{R_i \times C_i}{\sum_i R_i \times C_i} \tag{14-2}$$

14.3　结果与讨论

14.3.1　含菌气溶胶的环境浓度分布

根据排放源对研究区域含菌气溶胶浓度模拟结果（见图 14-4），高值区主要集中于厂区四周，含菌气溶胶长期平均浓度为 1.21×10^{-3}～44.70（假设源强为定值，分析 2019 年 7 月 24 日—8 月 20 日平均浓度的相对大小，量纲一）。含菌气溶胶影响范围主要以厂区为中心，并向四周逐渐扩散，影响大小与距离厂区远近有关，距离厂区越近的区域，含菌气溶胶影响越大；距离厂区越远的区域，含菌气溶胶影响越小。距离厂区西侧 233 m 的 1#地区含菌气溶胶浓度为 0.1～20，距离厂区西南处 3 697 m 的 2#地区的含菌气溶胶浓度为 0.01～0.02。此次含菌气溶胶扩散模拟过程中，含菌气溶胶浓度最大值出现在 1#区域附近，单位区域最大值为 44.70，对比地面气象站风玫瑰图，含菌气溶胶长期平均浓度分布趋势与研究时段的主导风向并不完全一致，主要还与所在区域的复杂地形等其他因素有关。

14.3.2　排放含菌气溶胶对人群健康影响风险分析

本研究区域为含菌气溶胶排放源扩散易感染人群密集的地方，网格的人口密度越高，大气污染物浓度越高，人群暴露风险就越大，所产生的健康影响也随之增大（见图 14-5）。根据式（14-1）计算对人群健康影响风险，以 1#、2#区域为例，其中位于排放源附近的 1#地区受到含菌气溶胶对人群健康的影响值为 253.08～117 886（平均值 24 135.7，方差 30 031），2#地区的人群健康影响值为 198.36～763.29（平均值 340.44，方差 127.35），含菌气溶胶对 1#地区所在的人群健康影响较大，对于 2#地区所在人群健康影响较小。含菌气溶胶对人群健康的影响最高值分布在排放源附近，高值区范围内的人群需要重点关注。

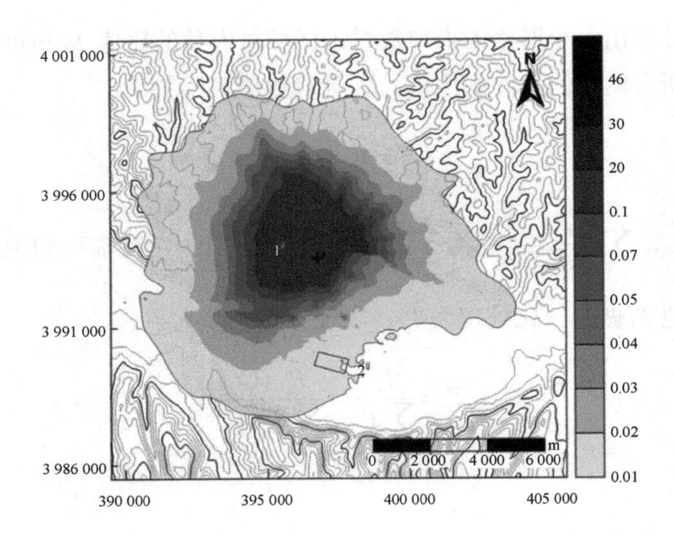

图 14-4 含菌气溶胶的环境浓度分布

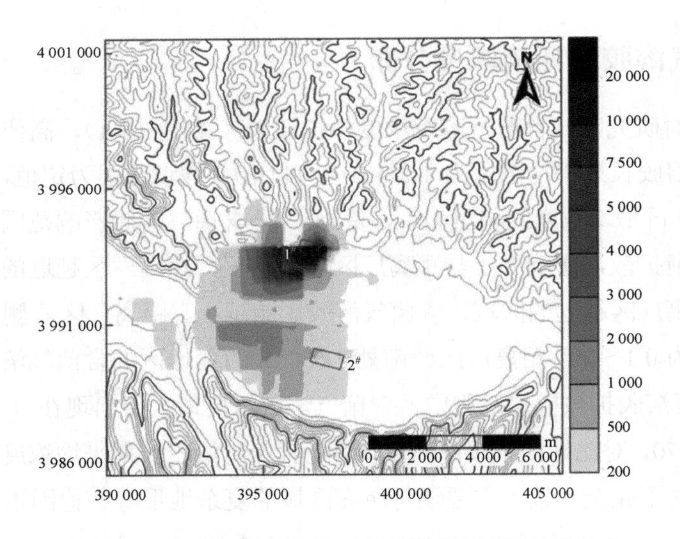

图 14-5 含菌气溶胶排放对人群健康影响风险值分布

14.3.3 模型验证

为验证模型模拟健康风险与发病人数的准确性，根据式（14-2）计算每个网格的人群健康的影响风险，计算地区 1#和 2#范围内的特征分布，1#和 2#地区的健康风险近似服从正态分布。根据每个地区的统计值（均值、方差）服从正态分布，抽取长度为网格个数的一组随机数值，对地区网格的健康相对风险值求和作为地区的健康相对风险。做 10 000 次模拟实验得到 10 000 次模拟结果，求每次模拟的相对风险值，10 000 次模拟的均值（作为健康相对风险估计值）、标准差（作为误差区间）。

根据结果计算 1#、2#地区的健康风险比值的均值与标准差，该标准差作为本次研究误差区间，均值为 36.15，标准差为 8.48。根据大数法则，1#、2#地区的健康风险比值将收敛于期望值。因此，基于人口分布和气溶胶扩散模拟健康相对风险为兰州兽研所健康风险：健康风险=36.15：1。根据《中国农科院兰州兽研所布鲁氏菌抗体阳性事件调查处置情况通报》，兰州大学学生和教职工中陆续检出抗体阳性，截至 2020 年 3 月，共检测 3 365 人次，检出布鲁氏菌抗体阳性 22 人，阳性率 0.65%，兰州兽研所学生和职工血清布鲁氏菌抗体初筛检测累计 671 份，实验室复核检测确认抗体阳性人员累计 181 例，阳性率 26.97%，检测结果中兰州兽研所健康风险：兰州大学健康风险=41.49：1，该结果在模拟健康风险的误差区间（36.15±8.48）范围内，说明本书中含菌气溶胶对人口潜在影响的模拟结果可信。

14.3.4　不确定性分析

研究的不确定性主要有以下几点：

（1）源强不确定性。源强基本信息来自兰州兽研所布鲁氏菌抗体阳性事件公开报道数据、公开环评报告数据等，无法获得真实事故下含菌气溶胶的浓度、排放量、时间谱等信息。

（2）含菌气溶胶不确定性。含菌气溶胶具有物理特性（直径、密度等），是活的生命有机体，具有生物学衰减特性，并受到温度、湿度、紫外线辐射等因素影响，本书未考虑生物学衰减、含菌气溶胶物理性质等特性，可能造成结果高估。

（3）受体人群不确定性。含菌气溶胶感染能力与人群的性别、年龄、体重、健康等情况有关，与人群是否在户外、室内有关，人群空间坐标是随着时间变化的，本书未考虑此部分。

14.4　结论

（1）本书预测结果显示，在复杂峡谷地形-气象场条件下，含菌气溶胶排放源扩散主要分布在排放源厂区四周，并向外扩散。对于含菌气溶胶排放源浓度相对越高、人口密度相对越高的地方，人群暴露健康风险就越大。

（2）以大数法则为依据，模拟健康风险大小与实际发病人数的关系。模拟结果显示，1#和 2#地区健康风险比例在误差区间范围内，说明本书中含菌气溶胶对人口潜在影响的模拟结果可信。

参考文献

[1] 白卫国，庄贵阳，朱守先，2013. 中国城市温室气体清单研究进展与展望[J]. 中国人口·资源与环境，23（1）：63-68.

[2] 伯鑫，王刚，田军，等，2015. AERMOD 模型地表参数标准化集成系统研究[J]. 中国环境科学，35（9）：2570-2575.

[3] 伯鑫，王刚，温柔，等，2015. 京津冀地区火电企业的大气污染影响[J]. 中国环境科学，35（2）：364-373.

[4] 伯鑫，2016. CALPUFF 模型技术方法与应用 [M]. 北京：中国环境出版社.

[5] 伯鑫，段钢，李重阳，等，2017. 首都国际机场大气污染模拟研究[J]. 环境工程，35（3）：97-100.

[6] 伯鑫，雷团团，杨朝旭，等，2020. 企业大气污染预报系统[A]//中国环境科学学会. 2020 中国环境科学学会科学技术年会论文集（第一卷）[C]. 中国环境科学学会：5.

[7] 伯鑫，李时蓓，吴忠祥，等，2016. 基于反演模型的焦炉无组织苯并[*a*]芘排放因子研究[J]. 中国环境科学，36（5）：1340-1344.

[8] 伯鑫，吴忠祥，王刚，等，2014. CALPUFF 模式的标准化应用技术研究[J]. 环境科学与技术，37（S2）：530-534.

[9] 伯鑫，武士蓉，丁峰，等，2013. 基于 AERMOD 模式的固定源对不同楼层大气污染预测研究[J]. 环境污染与防治，35（9）：49-53.

[10] 伯鑫，徐峻，杜晓惠，等，2017. 京津冀地区钢铁企业大气污染影响评估[J]. 中国环境科学，37（5）：1684-1692.

[11] 伯鑫，杨朝旭，马岩，等，2019. 基于空气质量模型 AERMOD 的城市钢铁厂优化布局研究[A]//中国环境科学学会. 2019 中国环境科学学会科学技术年会论文集（第一卷）[C]. 中国环境科学学会：652-656.

[12] 伯鑫，赵春丽，吴铁，等，2015. 京津冀地区钢铁行业高时空分辨率排放清单方法研究[J]. 中国环境科学，35（8）：2554-2560.

[13] 伯鑫，2018. 空气质量模型：技术、方法及案例研究[M]. 北京：中国环境出版集团：104-105.

[14] 陈强，吴焕波，2016. 固定源排放污染物健康风险评价方法的建立[J]. 环境科学，37（5）：1646-1652.

[15] 陈传军，于宪荣，王延安，等，2018. 基于 0-1 整数规划模型的水坝选址问题[J]. 烟台大学学报（自然科学与工程版），31（1）：1-5.

[16] 陈永亮，王小梅，郑兰紫，等，2020. 北京市密云区 2013—2017 年布鲁氏菌病流行特征及调查结果分析 [J]. 中国媒介生物学及控制杂志，31（1）：100-104.

[17] 程念亮，李云婷，张大伟，等，2015. 2013 年 1 月北京市一次空气重污染成因分析[J]. 环境科学，36（4）：1154-1163.

[18] 崔步云，2007. 中国布鲁氏菌病疫情监测与控制[J]. 疾病监测，22（10）：649-651.

[19] 崔建升，雷团团，伯鑫，等，2020. 海南省大气污染源排放清单及环境影响研究[J]. 环境污染与防治，42（6）：651-659，665.

[20] 崔建升，屈加豹，伯鑫，等，2018. 基于在线监测的 2015 年中国火电排放清单[J]. 中国环境科学，38（6）：2062-2074.

[21] 崔磊，屈加豹，王鹏，等，2020. 火电企业超低排放改造对沧州市主城区大气环境影响研究[J]. 环境与发展，32（9）：16-18，20.

[22] 但扬彬，胡恭任，卞雅慧，等，2021. 漳州大气 $PM_{2.5}$ 污染特征与区域传输影响分析[J]. 地球与环境，49（2）：134-146.

[23] 段文娇，郎建垒，程水源，等，2018. 京津冀地区钢铁行业污染物排放清单及对 $PM_{2.5}$ 影响[J]. 环境科学，39（4）：1445-1454.

[24] 范绍佳，黄志兴，刘嘉玲，1994. 大气污染物排放总量控制 A-P 值法及其应用[J]. 中国环境科学，（6）：407-410.

[25] 冯丹，2004. 生物战剂气溶胶施放损伤效应模型的建立 [D]. 北京：中国人民解放军军事医学科学院.

[26] 郭斌，姜晶，2014. 基于 AERMOD 模式的规划大气环境影响预测研究[A]//中国环境科学学会，2014 中国环境科学学会学术年会（第四章）[C]. 中国环境科学学会：1352-1355.

[27] 邯郸市卫生健康委员会，2020. 关于印发近期防控新型冠状病毒感染的肺炎工作方案的通知及解读[EB/OL].http：//wjw.hd.gov.cn/news/20_37_18956.shtml[2022-06-06].

[28] 黄国华，刘传江，涂海丽，2019. 湖北省碳排放清单测算及碳减排潜力分析[J]. 统计与决策，35（12）：102-106.

[29] 中国建筑材料联合会，2021. 建筑材料工业二氧化碳排放核算方法[J]. 江苏建材，（2）：77-79.

[30] 姜海，2020. 布鲁氏菌病诊疗及防控手册[M]. 北京：人民卫生出版社：5-37.

[31] 金山，乌尼，2000. 布鲁氏菌生物学特性研究进展[J]. 内蒙古畜牧科学，21（1）：26-28.

[32] 劳苑雯，朱云，Carey Jang，等，2012. 基于响应面模型的区域大气污染控制辅助决策工具研发[J]. 环境科学学报，32（8）：1913-1922.

[33] 李传亮，2010. 相关系数的意义[J]. 西南石油大学学报（自然科学版），32（6）：74.

[34] 李厚宇，崔磊，贾敏，等，2020. 京津冀地区典型钢铁企业超低排放对空气质量的影响[J]. 环境与发展，32（9）：11-14.

[35] 李林中，陈峰，吴尔翔，等，2017. 口岸炭疽事件危害范围的模拟研究[J]. 口岸卫生控制，22（2）：7-11.

[36] 李振洪，李鹏，丁咚，等，2018. 全球高分辨率数字高程模型研究进展与展望[J]. 武汉大学学报（信息科学版），43（12）：1927-1942.

[37] 梁泽，王玥瑶，岳远紊，等，2020. 耦合遗传算法与 RBF 神经网络的 $PM_{2.5}$ 浓度预测模型[J]. 中国环境科学，40（2）：523-529.

[38] 刘健，祖正虎，许晴，等，2011. 炭疽恐怖事件人员危害定量评估研究状况和前瞻 [J]. 军事医学，35（11）：819-823.

[39] 刘健，2012. 城市小区环境中生物剂气溶胶的扩散模拟方法研究 [D]. 北京：中国人民解放军军事医学科学院.

[40] 刘丽，王体健，蒋自强，等，2012. 东南沿海生物气溶胶的扩散模拟研究 [J]. 环境科学学报，32（11）：2670-2683.

[41] 刘丽，2011. 东南沿海污染气象特征及生物气溶胶的扩散模拟研究[D]. 南京：南京大学.

[42] 刘得守，李景，苏筱倩，等，2021. 基于 CAMx-OSAT 方法的西宁臭氧来源解析[J]. 环境科学学报，41（2）：386-394.

[43] 刘健，潘良宝，1994. 区域大气环境容量与基础工业布局研究——以镇江为例[J]. 长江流域资源与环境，（4）：304-312.

[44] 刘丽珺，吕萍，梁友嘉，2013. 基于 CFD 技术的河谷型城市风环境模拟——以兰州市城关区为例 [J]. 中国沙漠，33（6）：1840-1847.

[45] 刘潘炜，郑君瑜，李志成，等，2010. 区域空气质量监测网络优化布点方法研究[J]. 中国环境科学，30（7）：907-913.

[46] 刘品高，江南，余瑶，等，2007. 基于遗传算法的大气污染总量控制新方法[J]. 环境污染与防治，（3）：233-237.

[47] 吕晨，张哲，陈徐梅，等，2021. 中国分省道路交通二氧化碳排放因子[J]. 中国环境科学，41（7）：3122-3130.

[48] 马岩，2016. 基于 CALPUFF 模型西固石化工业集中区对兰州市主城区污染贡献研究 [D]. 兰州：兰州大学.

[49] 马洁云，易红宏，唐晓龙，等，2013. 基于 AERMOD 及减排政策的昆明市工业 SO_2 情景模拟[J]. 中国环境科学，33（10）：1884-1890.

[50] 孟凡鑫，李芬，刘晓曼，等，2019. 中国“一带一路”节点城市 CO_2 排放特征分析[J]. 中国人口·资源与环境，29（1）：32-39.

[51] 清华大学，2015. 中国多尺度排放清单模型（Multi-resolution Emission Inventory For China， 简称 MEIC）[EB/OL]. http：//www.meicmodel.org/[2022-06-06].

[52] 屈加豹，王鹏，伯鑫，等，2020. 超低改造下中国火电排放清单及分布特征[J]. 环境科学，41（9）：3969-3975.

[53] 沈文海，2014. 气象数据的“大数据应用”浅析——《大数据时代》思维变革的适用性探讨[J]. 中国信息化，（11）：20-31.

[54] 生态环境部，2020. 关于严惩弄虚作假提高环评质量的意见[EB/OL]. http：//www.mee.gov.cn/xxgk2018/xxgk/xxgk03/202009/t20200923_800011.html[2020-09-22].

[55] 生态环境部，2019. 建设项目环境影响报告书（表）编制监督管理办法[EB/OL]. http：//www.mee.gov.cn/xxgk2018/xxgk/xxgk02/201909/t20190925_735606.html[2019-09-20].

[56] 史梦雪，伯鑫，田飞，等，2020. 基于不同空气质量模型的二噁英沉降效果研究[J]. 中国环境科学，40（1）：24-30.

[57] 宋宇，陈家宜，蔡旭晖，2002. 石景山工业区 PM_{10} 污染对北京市影响的模拟计算[J]. 环境科学，（S1）：65-68.

[58] 孙琳，杨春华，2017. 美国近年生物恐怖袭击和生物实验室事故及其政策影响[J]. 军事医学，41（11）：923-928.

[59] 覃小玲，2019. 惠州市工业源温室气体排放清单研究[J]. 节能，38（12）：140-141.

[60] 汤铃，贾敏，伯鑫，等，2020a. 中国钢铁行业排放清单及大气环境影响研究[J]. 中国环境科学，40（4）：1493-1506.

[61] 田飞，伯鑫，薛晓达，等，2019. 基于复杂地形-气象场的二噁英污染物沉降研究 [J]. 中国环境科学，39（4）：1678-1686.

[62] 王莹，韩云平，李琳，2020. 卫生填埋场微生物气溶胶的逸散及潜在风险[J]. 微生物学通报，47（1）：222-233.

[63] 吴文景，常兴，邢佳，等，2017. 京津冀地区主要排放源减排对 $PM_{2.5}$ 污染改善贡献评估[J]. 环境科学，38（3）：867-875.

[64] 肖杨，毛显强，马根慧，等，2008. 基于 ADMS 和线性规划的区域大气环境容量测算[J]. 环境科学研究，（3）：13-16.

[65] 邢佳，王书肖，朱云，等，2019. 大气污染防治综合科学决策支持平台的开发及应用[J]. 环境科学研究，32（10）：1713-1719.

[66] 薛亦峰，周震，黄玉虎，等，2017. 北京市建筑施工扬尘排放特征[J]. 环境科学，38（6）：2231-2237.

[67] 杨雪玲，2018. 兰州市重污染天气过程环流形势与气象条件研究[D]. 兰州：兰州大学.

[68] 杨代才，张冰松，2019. 长江流域气象水文雨量资料一张图分析系统建设与应用[J]. 计算机系统应用，28（1）：47-52.

[69] 詹梨苹，赵锐，刘思瑶，等，2020. 基于清单核算法的社区碳排放时空分布特征[J]. 四川环境，39（3）：182-188.

[70] 张宝军，郎红梅，毕晶秀，等，2020. 唐山新冠肺炎防疫期间空气质量变化特征及污染成因分析[J]. 环境污染与防治，42（8）：1033-1038.

[71] 张宝莹，刘凡，白雪涛，2015. 病原微生物气溶胶对人群健康风险评价研究进展[J]. 环境卫生学杂志，5（3）：287-292.

[72] 张楚莹，王书肖，赵瑜，等，2009. 中国人为源颗粒物排放现状与趋势分析[J]. 环境科学，30（7）：1881-1887.

[73] 张惠珍，魏欣，马良，2014. 求解 0-1 线性整数规划问题的有界单纯形法[J]. 运筹学学报，18（3）：71-78.

[74] 张尚宣，伯鑫，周甜，等，2018.AERMOD 模式在我国环境影响评价应用中的标准化研究[J]. 环境影响评价，40（2）：51-55.

[75] 张玉麟，2018. 兰州市冬防期间火电厂管控对空气质量的影响研究[D]. 兰州：兰州大学.

[76] 赵晴，杜祯宇，胡骏，等，2017. 廊坊市大气污染特征与污染物排放源研究[J]. 环境科学学报，37（2）：436-445.

[77] 朱玉祥，黄嘉佑，丁一汇，2016. 统计方法在数值模式中应用的若干新进展[J]. 气象，42(4)：456-465.

[78] Abdul-Wahab S，Fadlallah S，Al-Rashdi M，2018. Evaluation of the impact of ground-level concentrations of SO_2，NO_x，CO，and PM_{10} emitted from a steel melting plant on Muscat，Oman[J]. Sustainable Cities and Society，38：675-683.

[79] Ashrafi K，Shafiepour-Motlagh M，Aslemand A，et al.，2014. Dust storm simulation over Iran using HYSPLIT[J]. Journal of Environmental Health Science and Engineering，12（1）：1-9.

[80] Bhaduri B，Bright E，Coleman P，et al.，2002. LandScan [J]. Geoinformatics，5（2）：34-37.

[81] Bo X，Wang G，Tian J，et al.，2015. Standard systems of surface parameters in AERMOD [J]. China Environmental Science，35（9）：2570-2575.

[82] Bo X，Wang G，Wen R，et al.，2015. Air pollution effect of the thermal power plants in Beijing-Tianjin-Hebei region [J]. China Environmental Science，35（2）：364-373.

[83] Cai B，Li W，Dhakal S，et al.，2018. Source data supported high resolution carbon emissions inventory for urban areas of the Beijing-Tianjin-Hebei region：Spatial patterns，decomposition and policy implications[J]. Journal of Environmental Management，206：786-799.

[84] Cai B，Cui C，Zhang D，et al.，2019. China city-level greenhouse gas emissions inventory in 2015 and uncertainty analysis[J]. Applied Energy，253（1）：113579.

[85] Chai T，Crawford A，Stunder B，et al.，2017. Improving volcanic ash predictions with the HYSPLIT dispersion model by assimilating MODIS satellite retrievals[J]. Atmospheric Chemistry and Physics，17

（4）：2865-2879.

[86] Chen K，Wang M，Huang C H，et al.，2020. Air pollution reduction and mortality benefit during the COVID-19 outbreak in China[J]. The Lancet Planetary Health，4（6）：210-212.

[87] Chen Y L，Wang X M，Zheng L Z，et al.，2020. Epidemiological characteristics and investigation results of human brucellosis in Miyun district of human brucellosis in Miyun district of Beijing，China，2013-2017 [J]. Chinese Journal of Vector Biology and Control，31（1）：100-104.

[88] Connan O，Smith K，Organo C，et al.，2013. Comparison of RIMPUFF，HYSPLIT，ADMS atmospheric dispersion model outputs，using emergency response procedures，with 85Kr measurements made in the vicinity of nuclear reprocessing plant[J]. Journal of Environmental Radioactivity，124：266-277.

[89] Crawford A M，Stunder B J B，Ngan F，et al.，2016. Initializing HYSPLIT with satellite observations of volcanic ash：A case study of the 2008 Kasatochi eruption[J]. Journal of Geophysical Research：Atmospheres，121（18）：10786-10803.

[90] Cui B Y，2007. Brucellosis surveillance and control in China [J]. Disease Surveillance，22（10）：649-651.

[91] Foley KM，Napelenok SL，Jang C，et al.，2014. Two reduced form air quality modeling techniques for rapidly calculating pollutant mitigation potential across many sources，locations and precursor emission types[J]. Atmospheric Environment，98：283-289.

[92] Gao Y，2016. China's response to climate change issues after Paris Climate Change Conference[J]. Advances in Climate Change Research，（4）：37-42.

[93] Gulia S，Kumar A，Khare M，2015. Performance evaluation of CALPUFF and AERMOD dispersion models quality assessment of an industrial complex[J].Journal of Scientific & Industrial Research，74（5）：302-307.

[94] Kazuyo Yamaji，Toshimasa Ohara，Itsushi Uno，et al.，2008. Future prediction of surface ozone over east Asia using Models-3 Community Multiscale Air Quality Modeling System and Regional Emission Inventory in Asia[J]. Journal of Geophysical Research：Atmospheres，113（D8）：D08306.

[95] Kurokawa J，Ohara T，Morikawa T，et al.，2013. Emissions of air pollutants and greenhouse gases over Asian regions during 2000–2008：Regional Emission inventory in ASia（REAS） version 2[J]. Atmospheric Chemistry and Physics，13（4）：10049-10123.

[96] Yamaji K，Ohara T，Uno I，et al.，2008. Future prediction of surface ozone over east Asia using Models-3 Community Multiscale Air Quality Modeling System and Regional Emission Inventory in Asia[J]. Atmospheric Pollution Research，12（9）：101150.

[97] Kritana P，Taehyeung K，Soyoung K，et al.，2012. Review of air dispersion modelling approaches to assess the risk of wind-borne spread of foot-and-mouth disease virus [J]. Journal of Environmental Protection，3：1260-1267.

[98] Li J, Zhang D, Su B, 2019. The impact of social awareness and lifestyles on household carbon emissions in China[J].Ecological Economics, 160: 145-155.

[99] Li L Z, Chen F, Wu E X, et al., 2017. Simulation study on the hazard range of anthrax incidents at ports [J]. Port Health Control, 22 (2): 7-11.

[100] Li S X, Yang Yu, Wei Y L, 2021. Study on Agricultural Carbon Emission Estimation and Grading Evaluation – Taking Chengdu as an Example[J]. IOP Conference Series: Earth and Environmental Science, 719 (4).

[101] Li Y, Zhu K, Wang S, 2020. Polycentric and dispersed population distribution increases $PM_{2.5}$ concentrations: Evidence from 286 Chinese cities, 2001–2016 [J]. Journal of Cleaner Production, 248: 119202.

[102] Lin T, Yu Y, Bai X, et al., 2013. Greenhouse gas emissions accounting of urban residential consumption: a household survey based approach[J].PloS one, 8 (2): e55642.

[103] Liu J, et al., 2021. Carbon and air pollutant emissions from China's cement industry 1990-2015: trends, evolution of technologies, and drivers[J]. Atmospheric Chemistry and Physics, 21: 1627-1647.

[104] Liu L, Wang T J, Jiang Z Q, et al., 2012. Numerical study on bioaerosol dispersion over southeast coast of China [J]. Acta Scientiae Circumstantiae, 32 (11): 2670-2683.

[105] Liu X, Wang M, 2016. How polycentric is urban China and why? A case study of 318 cities [J]. Landscape and Urban Planning, 151: 10-20.

[106] Liu J, Zheng Y, Geng G, et al., 2020. Decadal changes in anthropogenic source contribution of $PM_{2.5}$ pollution and related health impacts in China, 1990–2015[J]. Atmospheric Chemistry and Physics, 20 (13): 7783-7799.

[107] Liu X Y, He K B, Zhang Q, et al., 2019. Analysis of the origins of black carbon and carbon monoxide transported to Beijing, Tianjin, and Hebei in China[J]. Science of The Total Environment, 653: 1364-1376.

[108] Liu Z, et al., 2015. Reduced carbon emission estimates from fossil fuel combustion and cement production in China[J]. Nature, 524: 33.

[109] Ma Y, 2016. The pollution contribution research of Xigu petrochemical Industrial zone to the main area of Lanzhou based on CALPUFF model [D]. Lanzhou: Lanzhou University.

[110] Mackereth G F, Stone M A B, 2006. Veterinary intelligence in response to a foot-and-mouth disease hoax on Waiheke Island, New Zealand [C]. Proceedings of the 11th International Symposium on Veterinary Epidemiology and Economics.

[111] Moroz B E, Beck H L, Bouville A, et al., 2010. Predictions of dispersion and deposition of fallout from nuclear testing using the NOAA-HYSPLIT meteorological model[J]. Health physics, 99 (2): 252-269.

[112] Ohara T, Akimoto H, Kurokawa J, et al., 2007. An Asian emission inventory of anthropogenic emission sources for the period 1980–2020[J]. Atmospheric Chemistry and Physics, 7（16）: 4419-4444.

[113] Shi M X, Bo X, Tian F, et al., 2020. Study on deposition effects dioxins based on different air quality models [J]. China Environmental Science, 40（1）: 24-30.

[114] Song Y, Zhang M, Cai X, 2006. PM_{10} modeling of Beijing in the winter[J]. Atmospheric Environment, 40（22）: 4126-4136.

[115] Streets D G, Bond T C, Carmichael G R, et al., 2003. An inventory of gaseous and primary aerosol emissions in Asia in the year 2000[J]. Journal of Geophysical Research, 108（D21）: 8809.

[116] Stettler M E J, Boies A M, Petzold A, et al., 2013. Global vivil aviation black carbon emissions[J]. Environmental Science & Technology, 47（18）: 10404-100397.

[117] Sun L, Yang C H, 2017. United States bioterror attacks and laboratory accidents in recent years and the impact on its policy-making [J]. Military Medical Sciences, 41（11）: 923-928.

[118] Tang L, Xue X, Jia M, et al., 2020. Iron and steel industry emissions and contribution to the air quality in China[J]. Atmospheric Environment, 237: 117668.

[119] Tian Huaiyu, Liu Yonghong, Li Yidan, et al., 2020. An investigation of transmission control measures during the first 50 days of the COVID-19 epidemic in China[J]. Science, 368（6491）: 638-642.

[120] Van Leuken J P G, Swart A N, Havelaar A H, et al., 2016. Atmospheric dispersion modelling of bioaerosols that are pathogenic to humans and livestock–A review to inform risk assessment studies [J]. Microbial Risk Analysis, 1: 19-39.

[121] Wang Y, Han Y P, Li L, 2020. Emission and potential risks of bioaerosols in sanitary landfill [J]. Microbiology China, 47（1）: 222-233.

[122] Williams H P, 2009. Logic and Integer Programming[M].New York: Springer-Verlag.

[123] Xing J, Zhang Y, Wang S X, et al., 2011. Modeling study on the air quality impacts from emission reductions and atypical meteorological conditions during the 2008 Beijing Olympics[J]. Atmospheric Environment, 45（10）: 1786-1798.

[124] Yang X L, 2018.The synoptic type and meteorological condition during extreme air pollution events in Lanzhou city [D]. Lanzhou: Lanzhou University.

[125] Zhang B Y, Liu F, Bai X T, 2015. Progress on health risk assessment of pathogenic microorganism aerosol [J]. Journal of Environmental Hygiene, 5（3）: 287-292.

[126] Zhang Q, Streets D G, Carmichael G R, et al., 2009. Asian emissions in 2006 for the NASA INTEX-B mission[J]. Atmospheric Chemistry and Physics, 9（14）: 5131-5153.

[127] Zhang Y L, 2018. The Changing of air influenced by reducing the pollutants discharging from the Coal-fired power plants during winter in Lanzhou city [D]. Lanzhou: Lanzhou University.

[128] Zhao H，Geng G，Zhang Q，et al.，2019. Inequality of household consumption and air pollution-related deaths in China[J]. Nature Communications，10（1）：1-9.

[129] Zheng B，Cheng J，Geng G，et al.，2021. Mapping anthropogenic emissions in China at 1 km spatial resolution and its application in air quality modeling[J]. Science Bulletin，66（6）：612-620.

[130] Zheng B，Tong D，Li M，et al.，2018. Trends in China's anthropogenic emissions since 2010 as the consequence of clean air actions[J]. Atmospheric Chemistry and Physics，18（19）：14095-14111.